中文版

CorelDRAW X6
标准教程

胡 柳 编著

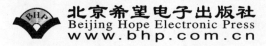
北京希望电子出版社
Beijing Hope Electronic Press
www.bhp.com.cn

内 容 简 介

本书详细地介绍了中文版 CorelDRAW X6 在平面设计中最常用的功能、使用方法与应用技巧。在介绍命令与工具的同时，还提供了精彩的上机实训，使读者能在较短的时间内掌握 CorelDRAW X6 的操作方法与应用技巧。

全书共 13 章，分别介绍了 CorelDRAW X6 的基础知识、工作环境、基本操作、管理对象、绘制图形、填充图形、编辑图形、文本处理、特殊效果、图层、样式和模板、位图处理、滤镜的应用、管理文件与打印、综合案例等内容。本书理论与实践相结合，从软件基础入手，并利用上机练习和综合案例讲解如何应用 CorelDRAW X6 进行设计与创作，其中大部分内容读者可以举一反三，在工作和生活中学以致用。

为了方便学习，本书附赠 1 张 DVD 光盘，其中赠送了本书部分案例素材文件、效果文件、视频教程以及大量相关设计素材。

本书内容详实，通俗易懂，对准备参加有关 CorelDRAW 产品专家和认证讲师考试的人员具有指导意义，也可作为高等院校美术专业计算机辅助设计课程的教材，另外也非常适合其他相关培训班及广大自学人员阅读参考。

图书在版编目（CIP）数据

中文版 CorelDRAW X6 标准教程 / 胡柳编著. —北京：北京希望电子出版社，2013.6

ISBN 978-7-83002-097-2

Ⅰ. ①中… Ⅱ. ①胡… Ⅲ. ①图形软件—教材 Ⅳ. ①TP391.41

中国版本图书馆 CIP 数据核字（2013）第 095532 号

出版：北京希望电子出版社	封面：深度文化
地址：北京市海淀区上地 3 街 9 号	编辑：焦昭君
金隅嘉华大厦 C 座 610	校对：刘 伟
邮编：100085	开本：787mm×1092mm 1/16
网址：www.bhp.com.cn	印张：23.5
电话：010-62978181（总机）转发行部	印数：1-3 500
010-82702675（邮购）	字数：539 千字
传真：010-82702698	印刷：北京市双青印刷厂
经销：各地新华书店	版次：2013 年 6 月 1 版 1 次印刷

定价：48.00 元（配 1 张 DVD 光盘）

CorelDRAW是一款强大的多功能图形设计软件,无论你是一个有抱负的艺术家还是一个有经验的设计师,都能借助其丰富的内容和专业的图形绘制功能,在VI设计、平面广告设计、商业插画设计、产品包装设计、工业造型设计、印刷品排版设计、装修平面图后期处理和网页制作等方面,随心所欲地表达自己的风格与创意。

目前,最新版本CorelDRAW X6在色彩编辑、绘图造型、描摹、照片编辑和版面设计等方面的功能有了很大增强,可以让设计师更加轻松、快捷地完成创意项目。

本书采用通俗易懂的语言,并配合技巧提示,由浅入深地讲解了CorelDRAW X6的概念、功能和使用方法。读者通过本书的学习及每章后面的上机实训和练习题,可以快速、轻松地掌握CorelDRAW X6。

本书共分为13章,各章内容简要介绍如下。

第1章 初识CorelDRAW X6

本章主要讲解CorelDRAW X6的特色功能、新增功能、安装与卸载、基础术语和获取帮助的方法等,使初学者可以对CorelDRAW X6有一个全面、系统的认识。

第2章 CorelDRAW X6的基础操作

本章主要讲解CorelDRAW X6的工作界面构成、新建文件和设置页面的方法、设置工具选项、控制视图的显示模式等。

第3章 绘制基本图形

本章主要讲解在CorelDRAW X6中绘制各种基本图形、线段、曲线、表格、尺寸标注线、智能绘图、流程线的方法和技巧,使读者掌握图形设计创作的基本技能。

第4章 对象的处理与操作

在CorelDRAW X6中,只有熟练掌握操作和管理对象的方法,才能够有效地提高用户的绘图效率。本章主要对选取对象、变换对象、复制对象以及排列、对齐、群组对象的操作方法进行讲解。

第5章 编辑图形

本章主要讲解编辑曲线对象、修整图形、编辑轮廓线、图框精确剪裁对象、切割图形和造形命令的操作方法和技巧。通过本章的学习,读者可以在绘图过程中对不同的形状对象选择准确的工具进行编辑和修改,完成各种复杂形状的绘制。

第6章 颜色和填充

在图形设计过程中,绘制好图形的轮廓和外形只能算是成功了一半,而更加重要的一部分,就是为图形应用合适的色彩,使其更具有生气,从而呈现多彩的效果。本章详细讲解了为对象填充颜色的多个工具,包括均匀填充、渐变填充、图样填充、底纹填充、PostScript填充、使用滴管和应用颜色填充、交互式填充、网状填充、填充开放的路径、智能填充工具、

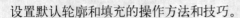

设置默认轮廓和填充的操作方法和技巧。

第7章 特殊效果的编辑

本章主要讲解为对象应用调和效果、轮廓图效果、变形效果、阴影效果、封套效果、立体化效果、透明效果、透镜效果和透视效果的操作方法，使读者掌握如何对图形进行更加丰富的变形效果。

第8章 文本

文字可以直观地传达图形所要表达的信息。在输入文字的基础上进行艺术化的加工，可以增强画面的艺术修饰效果，同时也可以突出所要表达的主题。本章主要讲解CorelDRAW X6中创建文本并对文本进行编辑处理的各种操作方法，如沿路径排列文本、段落文本环绕图形等将文字与图片混合排列的方法。

第9章 位图

CorelDRAW除了具备矢量绘图功能外，还提供了强大的位图处理功能。本章主要讲解在CorelDRAW X6中如何导入和编辑位图、调整位图的颜色和色调、调整位图的色彩效果、修正位图色斑效果、位图颜色遮罩、位图的颜色模式设置以及将位图转换为矢量图的处理方法。

第10章 滤镜的应用

滤镜可以使位图产生丰富的普通编辑难以达到的编辑效果。本章主要讲解在CorelDRAW X6中添加和删除滤镜效果，以及三维效果、艺术笔触效果、模糊效果、相机效果、颜色转换效果、轮廓图效果、创造性效果、扭曲效果、杂点效果和鲜明化效果滤镜组的功能和应用方法。

第11章 图层、样式和模板

本章主要讲解通过图层、样式和模板，使用户可以分别控制对象的堆叠顺序、对象的外观属性、绘图和页面布局等。

第12章 打印与输出

本章主要讲解在CorelDRAW X6中管理和打印文件的常用操作方法，同时简单讲解了一些印刷常识。

第13章 综合案例

通过前面12章内容，读者已经完成CorelDRAW X6的功能学习，但是要熟练掌握软件的使用方法和技巧，还需要一个练习的过程。读者应该多加练习，在操作时多思考，将学到的知识融会贯通，这样才能达到熟能生巧的效果。本章通过不同类型的典型实例练习来加深、巩固所学的功能知识，提高读者的实际操作能力。同时使读者从中领悟到一些设计思路，并引导读者找到设计创作的方法，从而能够独立创作属于自己的设计作品。

本书由胡柳编写，参与本书资料整理和光盘制作的人员还包括：于萍、陈凯、黄进青、张爽、王晓慧、吴婧雯、李悦、高海霞、黄刚、郑爽、葛佳慧、李斌、武传海、史大勇、姚笛、陈立、崔淼、邓志远、姚建慧、范晓玲、付宁、郭聪、郝婷、徐丽莎和李峰等。由于作者水平所限，书中可能存在疏漏之处，望广大读者批评指正！如对本书有何意见或建议，请您发邮件至bhpbangzhu@163.com。如果希望知悉更多的图书信息，可登录北京希望电子出版社的网站www.bhp.com.cn。

编著者

CONTENTS 目录

第1章 初识CorelDRAW X6

第2章 CorelDRAW X6的基础操作

第3章 绘制基本图形

中文版 CorelDRAW X6 标准教程

Contents

第4章　对象的处理与操作

第5章　编辑图形

第6章　颜色和填充

第7章　特殊效果的编辑

第8章　文　本

第9章 位 图

Contents

第10章　滤镜的应用

第11章　图层、样式和模板

第12章　打印与输出

第13章 综合案例

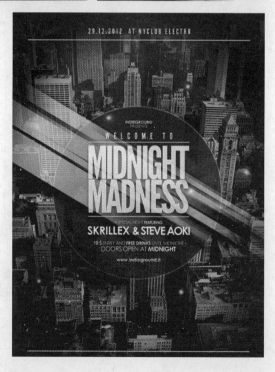

第1章 初识CorelDRAW X6

在全球设计师的翘首期待中，CorelDRAW X6终于横空出世了。这款软件聚集了全面而丰富的矢量绘图、版面设计、网站设计和图像编辑功能，成为目前应用最为广泛的平面设计软件之一。

1.1 CorelDRAW X6软件简介

CorelDRAW是一款专业的矢量绘图软件，该软件是加拿大Corel公司推出的矢量图形制作工具，经过23年的蜕变与发展，CorelDRAW系列已发布了16个版本，而CorelDRAW X6是此系列中的最新版本，如图1-1所示。其完善的内容环境和强大的平面设计功能为设计师提供了充分的施展舞台，是矢量绘图、版面设计、网站设计和位图编辑等方面的神奇利器。

图1-1

1.1.1 不断创新的CorelDRAW版本

1989年，CorelDRAW正式问世，它引入了全色矢量插图和版面设计程序，填补了该领域的空白。

1991年发布CorelDRAW 3，它将矢量插图、版面设计、照片编辑等众多功能融于一个软件中，使计算机图形绘制功能发生巨变，并提供了多个非常先进的增强功能，包括如封套、混色留影、立体和透视等从未在任何绘图软件中出现过的特殊效果。

1998年CorelDRAW 8连续创新，并首次推出第一组交互式工具，从而可以对设计更改提供实时反馈。

1999年发布CorelDRAW 9，在颜色、灵活性和速度方面都有很大的改进。

2002年发布CorelDRAW 11增强许多功能，简化了工作流程，进而前所未有地提高了设计作品的制作速度。

2008年发布的套件CorelDRAW X4增加了新实时文本格式、新交互式表格和独立页面图层，以及便于实时协作的联机服务集成。该版本针对Microsoft操作系统Windows Vista进行了优化。

2010年发布CorelDRAW X5和专业平面图形套装CorelDRAW Graphics Suite X5，拥有

50多项全新及增强功能。

2012年，CorelDRAW X6发布了迄今为止最强大和最稳健的版本。此版本展示了各种新增功能、设计工具和模板，让用户的设计引领潮流。它引入了强大的新版式引擎、多功能颜色和谐及样式工具、通过64位和多核支持改进的性能以及完整的自助设计网站工具，所有这些丰富的功能均可增强任何设计项目。

CorelDRAW Graphics Suite X6是目前最新的产品套装，可提供内容丰富的图像和字体、专业的图形设计工具、照片编辑功能以及网站设计软件。套件包括直观的矢量插图和页面布局应用程序CorelDRAW X6、专业的图像编辑应用程序Corel PHOTO-PAINT X6、位图转换矢量工具CorelPower TRACE X5、一键式屏幕捕获实用工具Corel CAPTURE X6和全屏浏览器Corel CONNECT X6，其图形套件包含的都是用户值得信赖的图形设计软件解决方案。

1.1.2 强大的矢量绘画功能

CorelDRAW X6是目前市场上最有影响力的专业矢量绘图软件之一，在矢量图形的绘制与处理上有很大的优势，CorelDRAW X6已经成为各种绘图设计与图形编辑工作的好帮手。使用CorelDRAW设计的优秀作品如图1-2所示。

图1-2

1.1.3 强悍的位图处理功能

CorelDRAW X6图像软件是一套荣获多项殊荣的图形图像应用软件，用于图像编辑方面，CorelDRAW X6带给用户强大的交互式工具，使用户可以在简单的操作中对位图实现多种绚丽的特殊效果。如图1-3所示为位图处理的优秀作品。

图1-3

1.1.4　专业的文字处理功能

CorelDRAW X6的文字编辑是迄今所有软件中最为完善的，包含了对文字内容编辑的各种功能，其中可以将文字对象转换为矢量图形进行编辑与处理，以专业的效果完美展现用户的构思。对文字的三维处理效果如图1-4所示。

图1-4

1.1.5　完善的版面设计功能

CorelDRAW X6为用户提供了报纸、杂志、产品包装、网页及其他设计的工作平台，提供的智能型绘图工具以人性化的动态向导可充分减少用户的操控难度，使用户更加容易准确地创建物体的尺寸和位置，减少点击步骤，既可以节省设计时间，又能展现高度设计能力。应用于杂志的排版效果如图1-5所示。

图1-5

1.2　CorelDRAW X6新增功能

CorelDRAW X6真正实现了超强设计能力、效率、实用性的完美结合。下面介绍CorelDRAW X6中几个重要的新增功能。

1.2.1　丰富的在线资源

1. 标准成员资格

CorelDRAW X6新增了成为"标准会员资格"功能，用户可通过CorelDRAW会员资格访问在线内容库，如剪贴画、照片、模板和图样填充，丰富的在线字体选择和性能以及稳定性更新。

执行"帮助"|"关于CorelDRAW会员资格"命令，可以打开"会员资格说明"窗

口，单击"成为会员"按钮，即可注册或登录标准会员，如图1-6所示。

2. 访问Corel内容

在CorelDRAW X6中用户可登录标准会员访问Corel内容，其中包括剪贴画、字体、照片、照片图像、图样填充、图像列表等在线内容。

执行"文件"|"搜索内容"命令，可以打开"Connect"泊坞窗，分别从库、收藏文件夹和文件夹3种窗格中搜索图形文件，如图1-7所示。

图1-6   图1-7

"Connect"泊坞窗中3个窗格的作用如下。

- 库：允许用户浏览在线内容和本地内容。
- 收藏文件夹：允许用户浏览收藏的位置。
- 文件夹：允许用户浏览计算机中的文件夹结构。

3. 安装在线字体和图样填充

在CorelDRAW X6中用户可以将找到的字体、位图和矢量图形（剪贴画）作为图样填充安装，以备将来使用。

在"Connect"泊坞窗的"库"窗格中打开字体文件夹，用鼠标右键单击字体缩略图，在弹出的快捷菜单中选择"安装"命令，即可安装，如图1-8所示。

在"Connect"泊坞窗的"库"窗格中打开对象文件夹，用鼠标右键单击位图的缩略图，在弹出的快捷菜单中选择"作为位图图样安装"命令，如图1-9所示，即可安装。

4. 访问在线模板

在CorelDRAW X6中用户可以访问这些在线模板，Corel内容提供了350个专业设计模板以及2000个车辆模板在线模板集合。若是要使用在线模板，需先下载此模板。

执行"文件"|"从模板新建"命令，可以在打开的"从模板新建"对话框中查看模板，用鼠标右键单击模板缩略图，在弹出的快捷命令中选择"下载"命令便可下载模板并进行使用，如图1-10所示。

图1-8   图1-9

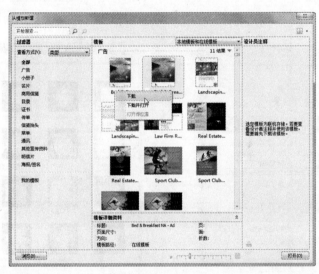

图1-10

5. 访问在线图样填充

在CorelDRAW X6中应用图样填充时，可以访问Corel内容中包含的全色（矢量）在线集合和位图图样填充在线集合。

在绘图页面中选择一个图形对象，执行"编辑"|"对象属性"命令，弹出"对象属性"泊坞窗，如图1-11所示。单击"图样填充"按钮█，以显示图样填充的选项，单击█按钮，在弹出的"填充挑选器"中单击"更多"按钮，如图1-12所示，最后可以在出现的"Corel内容-图样"对话框中选择应用在线图样填充，如图11-13所示。

6. 访问在线相框

CorelDRAW X6中的Corel内容还包含了供用户访问和搜索的在线相框集合，可以通过添加预设的相框来为照片和其他图像创建框架。

在绘图页面中选择一个位图对象，执行"位图"|"创造性"|"框架"命令，在弹出的

"框架"对话框中单击 按钮，并在弹出的"填充挑选器"中单击"更多"按钮，如图1-14所示，最后可以在出现的"Corel内容-相框"对话框中选择在线相框，如图1-15所示。

图1-11

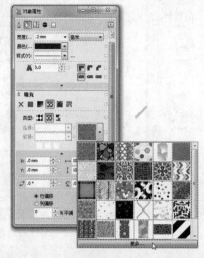

图1-12

图1-13

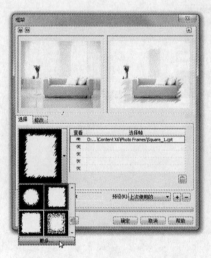

图1-14

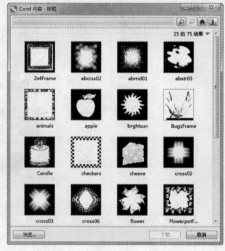

图1-15

1.2.2　对亚洲文字提供更好的OpenType字体支持

CorelDRAW X6软件借助诸如上下文和样式替代、连字、装饰、小型大写字母、花体变体之类的高级OpenType版式功能创建精美文本。OpenType尤其适合跨平台设计工作，它提供了全面的语言支持，使用户能够自定义适合工作语言的字符。可从一个集中菜单控制所有OpenType选项，并通过交互式OpenType功能进行上下文更改。

1.2.3　更完善的对齐与分布泊坞窗

CorelDRAW X6提供了新的对齐与分布泊坞窗，其中包含的所有选项均可从同一个位置访问、用户在泊坞窗中修改了选项，可立即预览效果，在默认情况下，对象根据其路径进行对齐与分布，用户还可以从对象的轮廓边缘对齐与分布对象。

1.2.4　智能化的颜色样式泊坞窗

CorelDRAW X6新增了颜色样式泊坞窗，并提供了通过拖动来对颜色进行重新排序、视觉指示器可显示所选的颜色、可指定所选颜色的亮度值等新功能。

1.2.5　内置的扫描应用

在CorelDRAW X6中，用户可通过使用扫描仪的TWAIN驱动程序或 Microsoft Windows Image Acquisition（WIA），直接从应用程序中扫描图像。

1.2.6　为PowerClip图文框选择默认行为

在CorelDRAW X6中可以创建PowerClip对象，并对其默认行为进行设置。为PowerClip图文框设置默认选项的步骤如下。

执行"工具"|"选项"命令，在打开的选项对话框中，单击左侧"工作区"类别列表中的"PowerClip图文框"，在右侧设置默认行为，分别包括：可以将内容拖动至PowerClip图文框中、在PowerClip图文框中创建新内容、标记空的PowerClip图文框。

1.3　CorelDRAW X6安装与卸载

CorelDRAW X6是一款大型的绘图软件，因此对电脑系统的性能要求比较高，在安装CorelDRAW X6之前，需要电脑达到以下的最低配置。

- Microsoft® Windows® 7（32 位或 64 位版本）、Windows Vista®（32 位或 64 位版本）或 Windows® XP（32 位版本），均安装有最新的 Service Pack
- Intel® Pentium 4、AMD Athlon™ 64 或 AMD Opteron™
- 1GB RAM
- 1.42GB 硬盘空间（适用于不含内容的典型安装 - 安装期间可能需要额外的磁盘空间）
- 鼠标或写字板
- 1024×768 屏幕分辨率
- DVD 驱动器
- Microsoft® Internet Explorer® 7 或更高版本

CorelDRAW X6运行安装时，每一个安装步骤都会在安装过程中有相关的提示，下面来演示CorelDRAW X6的安装过程。

01 首先双击运行下载的CorelDRAWGraphicsSuiteX6Installer_CS32Bit.exe应用程序文件，该程序将立即执行自动解压缩过程，如图1-16所示。

02 安装过程开始，系统将拷贝和载入安装程序文件，如图1-17所示。

图1-16 图1-17

03 安装文件准备完成之后，即可打开CorelDRAW X6安装界面，如图1-18所示，单击"继续"按钮。

04 当出现"最终用户许可协议"界面时，单击"我接受"按钮即可，如图1-19所示。

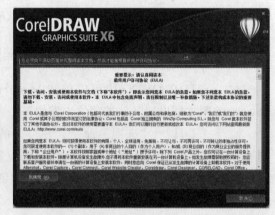

图1-18 图1-19

05 当出现"请输入您的信息"画面时，输入用户名，然后选择"我没有序列号，我想试用产品"单选按钮，然后单击"下一步"按钮，如图1-20所示。

06 在出现安装选项选择对话框时，单击"典型安装"即可，如图1-21所示。

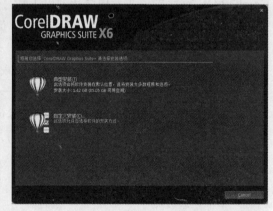

图1-20 图1-21

07 CorelDRAW将立即开始安装过程。由于安装过程较长，所以用户可以欣赏到一些CorelDRAW作品，如图1-22所示。

08 安装完成之后，单击"完成"按钮即可，如图1-23所示。

09 在操作系统的桌面上双击CorelDRAW X6图标，启动CorelDRAW X6，首次使用将出现欢迎试用的画面，单击"继续"按钮即可，如图1-24所示。

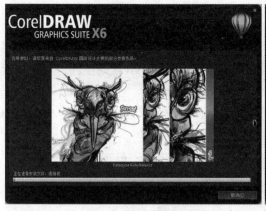 

图1-22

 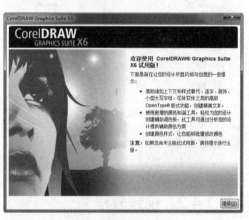

图1-23　　　　　　　　　　　　　　　图1-24

10 由于新版本的CorelDRAW X6提供了丰富的网络资源，所以CorelDRAW会要求登录会员账号。如果没有账号，可以在左侧画面中立即注册；如果已经注册，则可以在右侧画面中登录，如图1-25所示。

11 登录完成之后，就可以打开CorelDRAW X6使用了。

图1-25

1.4 在CorelDRAW X6中获取帮助

　　CorelDRAW X6中内置了很多教学内容，可以帮助用户快速学习和掌握CorelDRAW的使用方法，创作出个性化的作品。

1.4.1　帮助主题

CorelDRAW X6的"帮助主题"是一个以网页形式提供的互助式教育平台，可以为用户提供全面的CorelDRAW操作基础知识。要打开和使用CorelDRAW帮助主题，可以执行"帮助"|"帮助主题"命令，如图1-26所示。

CorelDRAW将立即在默认浏览器中打开帮助主题。用户可以选择查看自己感兴趣的内容，如图1-27所示。

图1-26

图1-27

1.4.2　视频教程

如果要以更加直观的方式学习CorelDRAW X6的应用，则可以访问CorelDRAW提供的视频教程，其访问方法是执行"帮助"|"视频教程"命令，此时用户将看到新弹出的Corel Video Tutorials（Corel 视频教程）窗口，如图1-28所示。

图1-28

　　"视频教程"需要连接到网络，所以，如果在打开该窗口时发现无教程显示，请查看本机网络连接。

1.4.3 指导手册

执行"帮助"|"指导手册"命令，可以打开CorelDRAW X6的指导手册PDF文档，该文档对于用户学习和查询都有很大的帮助，里面包含了CorelDRAW X6各项功能的使用方法和编辑技巧的详细介绍，如图1-29所示。

图1-29

1.4.4 专家见解

CorelDRAW X6为用户提供了基于项目的教程，介绍了CorelDRAW X6的基本功能和高级功能。

执行"帮助"|"专家见解"命令，弹出"学习工具"窗口，如图1-30所示。该页面以教程项目的形式介绍了CorelDRAW X6应用教程。

图1-30

1.4.5 提示

CorelDRAW X6在默认状态下，"提示"泊坞窗处于开启状态。关闭"提示"泊坞窗

后，可以执行"帮助"|"提示"命令，将其重新打开。"提示"泊坞窗中包含了有关程序内部的工具箱中所有工具的相关使用信息和视频。

在工具箱中选择任意一个工具，"提示"泊坞窗中将显示该工具的使用提示，如1-31所示。

单击"提示"泊坞窗中的"视频"选项卡，可切换至相应的内容，用户可通过窗口内提供的视频学习使用工具的方法，如图1-32所示。

图1-31

图1-32

1.4.6 技术支持

执行"帮助"|"Corel支持"命令，CorelDRAW将立即在默认浏览器中打开帮助主题，单击"Corel 支持服务"选项，即可进入"Corel技术服务中心"页面，如图1-33所示。用户可在该网站中获得有关产品功能、规格、价格、上市情况、服务及技术支持等方面的信息。

图1-33

1.5 CorelDRAW X6基础术语和概念

为了帮助用户更加高效率地学习CorelDRAW X6中各项软件功能，下面先来了解一下CorelDRAW X6 中经常要运用到的相关术语与概念。

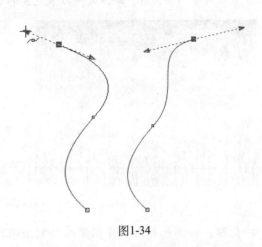

图1-34

- 对象：指在绘图页面中的一个元素，如形状、直线、图像、曲线、文本或符号。

- 曲线：任意一条连续的线条都称为曲线，通过调整节点的位置、切线的方向和长度，可以控制曲线的形状，如图1-34所示。

- 节点：节点对曲线的形状起了决定性的作用，它是曲线中的控制点。节点是分布在图形或线条中的方块点，可用于调整形状，如图1-35所示。

- 路径：绘制时产生的线条称为路径，它是由一个或多个直线段或曲线段组成。

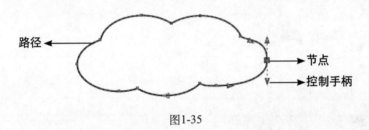

图1-35

- 泊坞窗：泊坞窗是一种对象数据管理器，是以窗的形式放置颜色、纹理等，如图1-36所示。泊坞窗通常显示在绘图窗口的右侧。

- 轮廓线：是图形的边缘轮廓，可以编辑其粗细、形状、笔触和颜色，用户可为图形设置轮廓线，也可将轮廓线去除。如图1-37所示为图形中的轮廓线。

图1-36

图1-37

- 矢量图：矢量图也称为面向对象的图像或绘图图像，是计算机图形学中用点、直线或者多边形等基于数学方程的几何图元表示图像。矢量图形的特点就是无论放大、缩小或旋转等不会失真；缺点是难以表现色彩层次丰富的逼真图像效果，如图1-38所示。

图1-38

- 位图：位图也称为点阵图像或绘制图像，是由无数个像素（图片元素）的单个点组成的。这些点可以进行不同的排列和染色以构成图样。当放大位图时，可以看见构成整个图像的无数单个方块，如图1-39所示。

图1-39

- 段落文本：使用文本工具在绘图页面中拖动鼠标绘制文本框后，再输入的文本就是段落文本，适用于编辑大量的文本，如图1-40所示。
- 美术文本：使用文字创建的一种文字类型，可在字数较少时使用，如图1-41所示。美术文本中可以制作路径文字、应用图形效果等其他效果。

图1-40

图1-41

- 展开工具栏：在工具箱中使用鼠标左键按住一个工具，便可展开工具组，如图1-42所示。

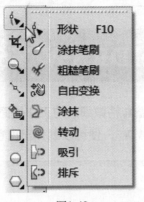

图1-42

- 属性：指对象的颜色、大小以及文本格式等基本参数。
- 样式：控制特定类型对象外观属性的一种集合，包括颜色样式、文本样式和图形样式。

1.6 练习题

一、填空题

1．CorelDRAW是一款专业的_____软件，该软件是加拿大_____公司推出的矢量图形制作工具。

2．对象是指在绘图页面中的一个_____，如形状、直线、图像、曲线、文本或符号。

3．在工具箱中任意选择一个工具，"_____"泊坞窗中将显示该工具的使用提示。

二、问答题

1．安装CorelDRAW X6软件时，电脑需要的最低配置有哪些？

2．矢量图形的特点和缺点是什么？

3．CorelDRAW X6内置了哪些教学内容？

第2章 CorelDRAW X6的基础操作

CorelDRAW X6提供了一整套精微细致的工作界面，为用户带来极大的便利。只要正确、合理地使用CorelDRAW X6，便可以制作出出色的平面作品。

2.1 了解CorelDRAW X6的工作界面

执行"开始"|"所有程序"|"CorelDRAW Graphics Suite X6"命令，即可启动CorelDRAW X6程序，启动程序后将出现如图2-1所示的启动界面。

程序启动完成后，会出现如图2-2所示的欢迎屏幕。

单击欢迎屏幕中的"新建空白文档"，弹出"创建新文档"对话框，如图2-3所示。

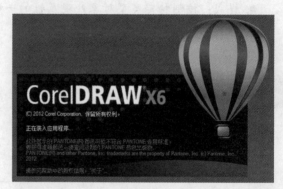

图2-1

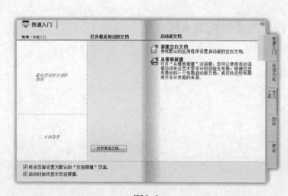

图2-2

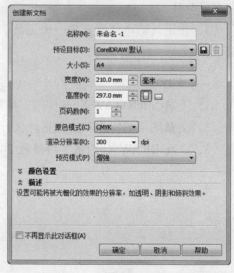

图2-3

单击"确定"按钮，即可创建默认空白图形文件，进入到CorelDRAW X6文档操作的工作界面。其工作界面包括常见的标题栏、菜单栏、标准工具栏、属性栏、绘图窗口、绘图页面、工具箱和状态栏等，如图2-4所示。

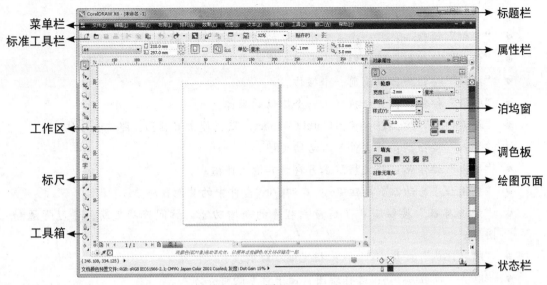

菜单栏 ————
标准工具栏 ————

———— 标题栏
———— 属性栏

———— 泊坞窗

工作区 ————

———— 调色板

标尺 ————

———— 绘图页面

工具箱 ————

———— 状态栏

图2-4

2.1.1 标题栏

CorelDRAW X6标题栏位于窗口的最顶端，显示该软件当前打开文件的路径和名称。标题栏中也包含程序图标、"最小化"、"最大化"、"还原"和"关闭"按钮。

2.1.2 菜单栏

菜单栏位于标题栏的下方，其中放置了CorelDRAW X6软件的常用命令，其中包括"文件"、"编辑"、"视图"、"布局"、"排列"、"效果"、"位图"、"文本"、"表格"、"工具"、"窗口"和"帮助"共12组菜单命令，如图2-5所示。各个菜单中包含有软件的各项功能命令。

文件(F) 编辑(E) 视图(V) 布局(L) 排列(A) 效果(C) 位图(B) 文本(X) 表格(T) 工具(O) 窗口(W) 帮助(H)

图2-5

2.1.3 标准工具栏

标准工具栏中集合了一些常用的命令按钮，操作方便快捷，为用户节省了从菜单中选择命令的时间。标准工具栏如图2-6所示，各按钮的功能如下。

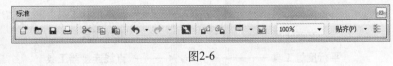

图2-6

- "新建"按钮 ：开始一个新文档。
- "打开"按钮 ：打开现有文档。
- "保存"按钮 ：保存活动文档。
- "打印"按钮 ：选择打印选项，打印活动文档。

17

- "剪切"按钮 ✄：将一个或多个对象移动到剪贴板。
- "复制"按钮 ▤：将一个或多个对象的副本复制到剪贴板。
- "粘贴"按钮 ▥：将剪贴板内容放入文档中。
- "撤销"按钮 ↩：取消前一个操作。
- "重做"按钮 ↪：重新执行上一个撤销的操作。
- "搜索内容"按钮 ▤：使用Corel Connect泊坞窗搜索剪贴画、照片和字体。
- "导入"按钮 ▰：将文件导入活动文档。
- "导出"按钮 ▱：将文档副本另存为其他文件格式。
- "应用程序启动器"按钮 ▯·：启动Corel套件中的其他程序。
- "欢迎屏幕"按钮 ▨：了解应用程序的新增功能，访问产品更新、学习资源和图库。
- "缩放比例"按钮 100% ▾：指定缩放级别。
- "贴齐"按钮 贴齐(P) ▾：选择绘图页面中对象的对齐方式。
- "选项"按钮 ▤：设置绘图窗口首选项。

2.1.4 属性栏

属性栏中会显示正在使用工具的属性设置，选取的工具不同，属性栏的选项也不同。图2-7所示为选择矩形工具时的属性栏设置。

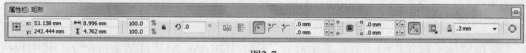

图2-7

2.1.5 工具箱

CorelDRAW X6工具箱中包含了绘制、编辑图形工具和各种填充对话框。部分工具默认可见，其他工具则以展开工具栏的形式进行分组，如图2-8所示。

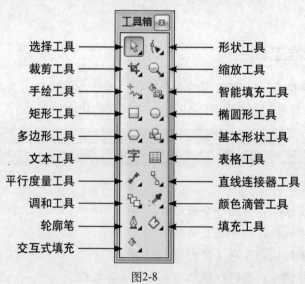

图2-8

在工具按钮右下角显示有黑色小三角标记的，表示该工具是一个工具组，使用鼠标左键按住该按钮，即可展开隐藏的工具栏，如图2-9所示。在显示工具图标的同时，还显示了工具名称，更便于用户的识别。

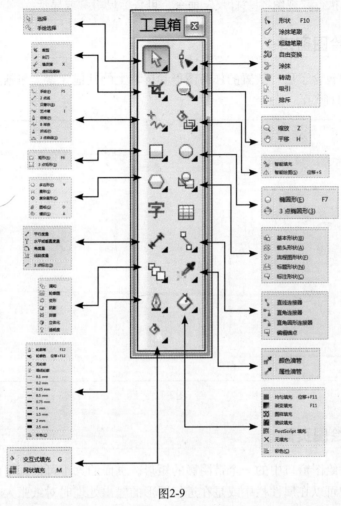

图2-9

2.1.6 泊坞窗

CorelDRAW X6中包含了多种泊坞窗，泊坞窗是各种管理器和编辑命令的工作面板。执行"窗口"|"泊坞窗"命令，选择其中需要的泊坞窗命令，即可打开选择的泊坞窗，如图2-10所示。

图2-10

19

2.1.7　标尺

标尺可以帮助用户准确地定位对象、缩放和对齐对象。CorelDRAW X6默认启动软件即可显示标尺，执行"视图"|"标尺"命令，可将标尺隐藏或显示。

2.1.8　绘图窗口

绘图窗口中包含了用户放置的任何图形和屏幕上的其他元素，包括绘图页面和后台区域等，如图2-11所示。

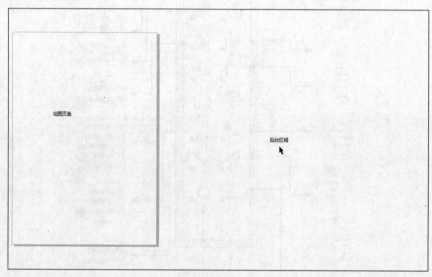

图2-11

2.1.9　绘图页面

绘图页面是绘图窗口中的一个带阴影的矩形。页面的大小可根据用户实际需要对其进行调整。用户可以在属性栏中或是在进行图形的输出处理时对纸张大小进行设置，同时对象必须在绘图页面范围之内，否则无法完成输出。

2.1.10　状态栏

状态栏位于CorelDRAW X6工作界面的最下方，分为上下两条信息栏。可以在绘图过程中显示相应的提示，帮助用户了解对象信息，以及熟悉各种功能的使用方法和操作技巧；单击信息栏右侧的▶按钮，可以在弹出的列表中选择要在该栏中显示的信息类型，如图2-12所示。

(358.722, 24.486)
文档颜色预置文件: RGB: sRGB IEC61966-2.1; CMYK: Japan Color 2001 Coated; 灰度: Dot Gain 15% ▶

图2-12

2.1.11　调色板

CorelDRAW X6中将调色板默认放在工作界面的右侧，其中放置了默认的各种颜色

色标。它默认的色彩模式为CMYK模式。执行"工具"|"调色板编辑器"命令，即可出现"调色板编辑器"对话框，如图2-13所示。在该对话框中可以对调色板属性进行设置，包括修改默认色彩模式、编辑颜色、添加颜色、删除颜色、将颜色排序和重置调色板等。

图2-13

2.2　新建文件和设置页面

在CorelDRAW X6中展开任何一项操作之前，首先要新建文件。在新建文件后，用户可根据自己的需求进行相应的设置，这样有利于节省后期制作的时间。

2.2.1　新建和打开图形文件

在CorelDRAW X6中新建一个图形文件有多种方法，常用的有以下几种。

● 方法一：在CorelDRAW X6中，单击属性栏中的"新建"按钮或者执行"文件"|"新建"命令，或按组合键Ctrl+N，在弹出的"创建新文档"对话框中设置好文档属性（如大小、页数、原色模式和分辨率等），即可生成需要的空白文档，如图2-14所示。

● 方法二：启动CorelDRAW X6后，在弹出的欢迎屏幕中单击"新建空白文档"选项，即可弹出"创建新文档"对话框，在该对话框中设置好文档属性，即可生成需要的空白文档。

● 方法三：在欢迎屏幕中单击"从模板新建"选项，或者在CorelDRAW X6中执行"文件"|"从模板新建"命令，即可弹出"从模板新建"对话框，如图2-15所示。单击对话框左侧的"全部"选项，可以显示系统预设的全部模板文件，选择一个模板，单击"打开"按钮，即可从模板中新建一个文档。

图2-14

图2-15

在CorelDRAW X6中打开图形文件的常用方法有两种。

● 方法一：单击属性栏中的"打开"按钮，或执行"文件"|"打开"命令，或者按组合键Ctrl+O，即可在CorelDRAW X6中将选取的绘图文件打开，如图2-16所示。

● 方法二：在欢迎屏幕中单击"打开其他文档"按钮，打开"打开绘图"对话框。单击"查找范围"下拉按钮，从弹出的下拉列表中查找到文件保存的位置，并在文件列表框中选择文件，单击"打开"按钮，即可打开绘图文件，如图2-17所示。

图2-16

图2-17

提示　　如果需要同时打开多个文件，在"打开绘图"对话框的文件列表框中，按住Shift键的同时选择连续排列的多个文件，或者按住Ctrl键的同时选择不连续排列的多个文件，然后单击"打开"按钮，便可按照文件排列的先后顺序将选取的所有文件打开。

2.2.2 保存和关闭图形文件

为避免在绘图过程中文件丢失，需要及时将编辑好的文件保存到磁盘中。保存文件的操作方法如下。

01 执行"文件"|"保存"命令，或者按组合键Ctrl+S，还可以单击标准工具栏中的"保存"按钮，即可弹出"保存绘图"对话框，如图2-18所示。

02 选择保存路径，输入文件名称，在"保存类型"下拉列表中可以选择保存文件的格式。

图2-18

03 在"版本"下拉列表中可以选择保存文件的版本（CorelDRAW X6高版本可以打开低版本的文件，但低版本不能打开高版本的文件）。

04 完成保存设置后，单击"保存"按钮，即可将文件保存到指定的目录中。

提示　　如果想在当前文件的基础上进行修改，那么在保存文件时，执行"保存"命令，新保存的文件数据会覆盖原有的文件。如果在保存时，要将原文件备份，可执行"文件"|"另存为"命令，在弹出的"保存绘图"对话框中，重命名或更改文件的存储路径后进行保存，这样就可以将当前文件存储为一个新的文件。

为了避免占用太多的内存空间，完成文件的编辑后，可以将当前的文件关闭。关闭文件的方式有以下两种。

- 方法一：执行"文件"|"关闭"命令，或者单击菜单栏右侧的关闭按钮 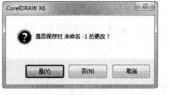，即可关闭当前文件。

- 方法二：执行"文件"|"全部关闭"命令，即可关闭所有打开的文件。如果弹出如图2-19所示的提示对话框，说明关闭的文件还未保存，单击"是"按钮或者是按Enter键，即可在保存文件后自动将该文件关闭；单击"否"按钮，不保存而直接关闭文件；单击"取消"按钮，取消关闭操作。

图2-19

2.2.3　设置页面

绘图应该从指定页面的大小、方向与版面样式设置开始。设置页面有以下3种方法。

- 方法一：在工具箱中单击"选择工具" ，使用鼠标左键双击页面中的阴影区域，即可弹出"选项"对话框并显示"页面尺寸"选项组，如图2-20所示。选择页面的方向、尺寸、分辨率、出血后，单击"确定"按钮，即可更新当前页面设置。

图2-20

"页面尺寸"各选项功能如下。

- 大小：在该下拉列表中选择需要的预设页面大小样式。

- 宽度/高度：可输入数值或选择单位类型，设置需要的尺寸。单击后面的"纵向"按钮 ，可以设置页面为纵向；单击"横向"按钮 ，设置页面为横向。

- 只将大小应用到当前页面：当前文件中存在多个页面时，选择该复选框，就只可以对当前页面进行调整。

- 分辨率：可以设置图像的渲染分辨率。

- 出血：可以设置页面四周的出血宽度。

- 方法二：在工具箱中单击"选择工具" ，在绘图窗口的空白区域单击，此时切换到没有选取对象的状态，在属性栏中即可对页面大小、方向进行调节，如图2-21所示。

图2-21

- 方法三：执行"布局"|"页面设置"命令，即可弹出"选项"对话框并显示"页面尺寸"选项，或者执行"工具"|"选项"命令，并展开"文档/页面尺寸"选项。

2.3 设置工具选项

CorelDRAW X6的辅助工具包括标尺、辅助线、网格等，使用它们可以帮助用户精确绘图，所以在绘图之前最好先根据工作需要进行一些设置。

2.3.1 设置标尺

标尺可以帮助用户精确地绘制、缩放和对齐对象。设置标尺的方法如下。

01 执行"视图"|"设置"|"网格和标尺设置"命令，如图2-22所示。

02 打开"选项"对话框，在"文档"类别列表中单击"标尺"选项，如图2-23所示。

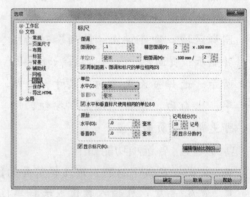

图2-22　　　　　　　　　　　　　　　　　图2-23

> **提示**　使用鼠标左键双击标尺也可以直接访问标尺设置。

03 在"单位"选项组中，从"水平"下拉列表中选择一种测量单位。

> **提示**　如果希望对垂直标尺使用不同的测量单位，可取消勾选"水平和垂直标尺使用相同的单位"复选框，然后在"垂直"下拉列表中选择一种测量单位。

04 在"原始"选项组的"水平"和"垂直"文本框中输入一个值，即可设置原点的坐标位置，默认值均为0。

05 在"记号划分"文本框中键入一个值，可以更改标尺中刻度记号的显示单位，默认为10，即一个刻度记号为10毫米。

> **提示**　如果更改了标尺的测量单位，微调距离的测量单位也会随之自动更改，除非首先禁用了微调区域中的"再制距离、微调和标尺的单位相同"复选框。

06 单击"确定"按钮，即可应用标尺的新设置。

2.3.2 设置辅助线

辅助线是可以放置在绘图窗口任意位置的线条，用来帮助定位对象。添加和设置辅助线的方法如下。

01 执行"视图"|"设置"|"辅助线设置"命令，打开"选项"对话框，如图2-24所示。可以选择是否显示辅助线，以及辅助线的颜色设置。

02 在"类别"列表中单击"水平"或"垂直"选项，如图2-25所示。

图2-24

03 在"水平"辅助线设置界面的文本框中，输入数字5，单位按默认的"毫米"，如图2-26所示。

图2-25

图2-26

04 单击"添加"按钮，即可在绘图窗口中看到新添加的红色水平辅助线，如图2-27所示。

图2-27

提示 辅助线在选取状态下默认显示为红色，取消选择之后显示为蓝色。用户也可以通过拖动绘图窗口中的水平或垂直标尺来添加辅助线。

05 要使用CorelDRAW预设的辅助线，可以单击"预设"类别，然后选择一种预设，例如"三栏通讯"，单击"应用预设"按钮，应用之后的辅助线预设效果如图2-28所示。

图2-28

06 单击"辅助线"类别，设置新的坐标位置和角度，单击"添加"按钮，即可在页面上添加倾斜辅助线，并且新建辅助线名称也被添加在列表框中，如图2-29所示。

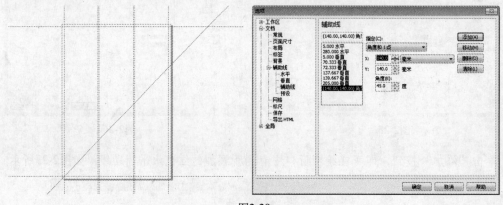

图2-29

07 在列表框中选择辅助线名称，在右侧修改其坐标和角度，单击"移动"按钮，即可修改选择的辅助线位置和角度。

08 单击"确定"按钮，完成辅助线设置操作。

2.3.3 设置贴齐

用户可以将对象与其他对象、页面元素（例如页面中心）、文档网格、像素网格、基线网格或辅助线贴齐。移动或绘制对象时，可以将它与绘图中的另一个对象贴齐。当移动指针接近贴齐点时，贴齐点将突出显示，表示该贴齐点是指针要贴齐的目标。

贴齐模式确定了对象中可使用的贴齐点，其中包括了节点、交叉点、中点、象限、切线、垂直、边缘、中心和文本基线。

1. 打开或关闭贴齐

打开或关闭贴齐功能的方法如下。

- 方法一：执行"视图"|"贴齐"|"贴齐对象"命令，可打开贴齐功能。再次执行该命令可关闭贴齐功能。
- 方法二：单击标准工具栏中的"贴齐"按钮 <u>贴齐(P)</u> ﹀，在弹出的下拉列表中勾选需要贴齐的选项，例如勾选"贴齐对象"复选框，可打开贴齐对象，如图2-30所示。取消勾选，即可关闭贴齐功能。

图2-30

2. 贴齐对象

贴齐对象的操作方法如下。

01 开启贴齐功能后，在工具箱中单击"选择工具" ⬚，使用鼠标左键单击对象，并用鼠标左键按住选择对象的中心点，向右移动光标到目标对象上的中心点位置，当选择对象与目标对象的中心对齐时，会显示中心贴齐标记以及"中心"字样，如图2-31所示。

图2-31

02 松开鼠标按键后，选取的对象与目标对象贴齐，如图2-32所示。

3. 设置对齐选项

用户通过设置"贴齐对象"选项，可以选择节点、交集、中点、象限、正切、垂直、边缘、中心和文本基线是否设置为贴齐点。

执行"视图"|"设置"|"贴齐对象设置"命令，即可打开"选项"对话框中的"贴齐对象"选项设置，如图2-33所示。

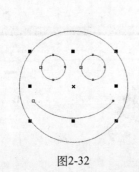

图2-32

图2-33

"贴齐对象"各选项功能如下。

- 贴齐对象：勾选该复选框，可打开贴齐对象功能。
- 贴齐半径：可设置光标周围的贴齐区域半径。
- 贴齐页面：勾选该复选框，当对象接近页面边缘时，即可激活贴齐功能，对齐到当前靠近的页面边缘。

- 显示贴齐位置标记：勾选该复选框，可在贴齐对象时显示贴齐点标记。反之，则隐藏贴齐点标记。
- 屏幕提示：只有在勾选"显示贴齐位置标记"复选框的前提下，该复选框才可激活。勾选该复选框，可显示屏幕提示，反之则隐藏屏幕提示。
- 模式：在该选项栏中可以选择多个贴齐选项。单击"选择全部"按钮，可开启所有贴齐模式。单击"全部取消"按钮，可禁用所有贴齐模式但不关闭贴齐功能。

提示　可以禁用部分或全部贴齐模式，以加快CorelDRAW X6运行速度，如需要此功能可重新开启。

2.3.4　设置网格

网格可以帮助用户精确地放置对象，并可自行设置网格线或点之间的距离，从而使定位更加精确。网格分为文档网格和基线网格，网格的显示和设置方法如下。

1. 文档网格

用户可以使用文档网格准确对齐和放置对象，它是一组可在绘图窗口显示的交叉线条。文档网格的显示方法有以下两种。

- 方法一：执行"视图"|"网格"|"文档网格"命令，即可显示文档网格。文档网格命令左侧的复选标记表示已显示文档网格，如图2-34所示。再次执行该命令，可关闭网格显示。
- 方法二：执行"视图"|"设置"|"网格和标尺设置"命令，即可弹出"选项"对话框，勾选对话框中的"显示网格"复选框，单击"确定"按钮，绘图窗口中即可显示网格，如图2-35所示。

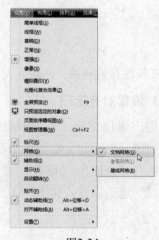

图2-34

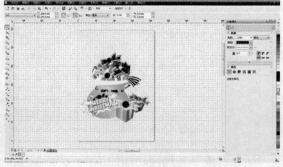

图2-35

2. 基线网格

基线网格是横格的笔记本样式，并只显示在页面内部，方便用户对齐文本。显示基线网格，将段落文本与基线网格对齐的方法如下。

01 执行"视图"|"网格"|"基线网格"命令，绘图页面即可显示基线网格，如图2-36所示。

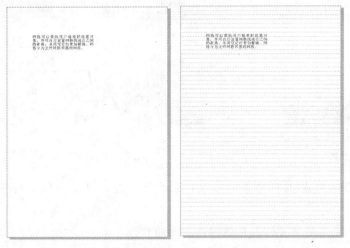

图2-36

02 在工具箱中单击"选择工具" ![arrow]，使用鼠标左键单击一个段落文本，执行"文本"|"与基线网格对齐"命令，段落文本即可与基线网格对齐，其行间距会自动进行调整，使文本行位于基线网格上，如图2-37所示。

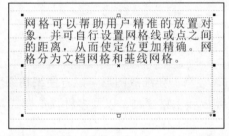
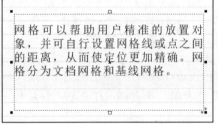

图2-37

3.设置网格选项

执行"视图"|"设置"|"网格和标尺设置"命令，在打开的"选项"对话框中，用户可根据绘图需要自定义网格的频率和间隔距离，如图2-38所示。

"网格"各选项功能如下。

- 水平/垂直：文本框中输入的数值用于设置网格线之间的距离，或者每毫米的网格数量。

- 每毫米的网格线数/毫米间距：以每1毫米距离中所包含的线数。单

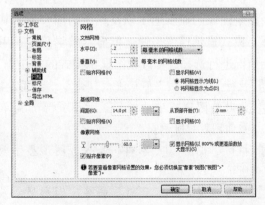

图2-38

击此选项，可在弹出的下拉菜单中选择"毫米间距"命令，如图2-39所示。选中此选项可以设置指定水平或垂直方向上网格线的间距距离。

- 贴齐网格：勾选该复选框，移动选定的对象时，系统会自动将对象中的节点按网格点对齐，如图2-40所示。

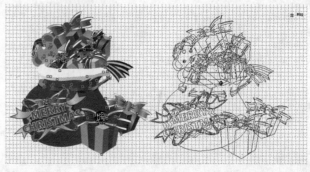

图2-39   图2-40

- 将网格显示为线/将网格显示为点：用户可通过此单选按钮切换网格显示为线或是点。
- 间距：在文本框中可输入基线网格间距的数值。
- 从顶部开始：在顶部距离框中键入值，设定基线与页面顶部之间的距离。将此值设为0，基线网格的第一行会与绘图页面的上边缘重叠。
- 像素网格：移动"不透明度"滑块，可调节网格的不透明度效果。右侧色样可以选择网格的颜色。

2.4 视图显示控制

在使用CorelDRAW X6绘制图形的过程中，经常需要缩放图形，以方便编辑细节或观察整体设计效果，为此CorelDRAW X6提供了缩放和平移工具，以及多种预览模式。

2.4.1 设置视图的显示模式

CorelDRAW X6提供了多种视图显示模式，显示模式会影响图像的显示速度以及显示的细节量。其中"简单线框"模式显示速度最快，但显示效果最差，用户可根据实际情况进行选择。修改视图显示模式的方法如下。

01 执行"视图"|"简单线框"命令，如图2-41所示。

02 此时绘图窗口中的图形显示模式为"简单线框"，效果如图2-42所示。

03 执行"视图"|"草稿"命令，图形显示效果如图2-43所示。

04 执行"视图"|"正常"命令，图形显示效果如图2-44所示。

05 执行"视图"|"增强"命令，图形显示效果如图2-45所示。

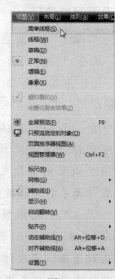

图2-41

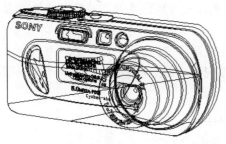

图2-42

图2-43

图2-44

图2-45

提示

　　增强模式显示时，还可以选择"模拟叠印"和"光栅化复合效果"。

显示模式包括以下几种。

- 简单线框：只显示绘图的轮廓线，所有的图形对象只显示原始图像的外框，位图会以单色显示。使用此模式可以快速预览绘图的基本元素。
- 线框：在简单的线框模式下显示绘图及中间调和形状。
- 草稿：显示低分辨率的填充和位图。使用此模式可以消除某些细节，能够解决绘图中的颜色均衡问题。
- 正常：显示图形时不显示PostScript填充或高分辨率位图。使用此模式时，刷新及打开速度比"增强"模式稍快。
- 增强：增强视图可以使轮廓形状和文字的显示效果更加柔和，可以消除锯齿边缘。
- 像素：显示了基于像素的图形，允许用户放大对象的某个区域来更准确地确定对象的位置和大小。此视图还可查看导出为位图文件格式的图形。
- 模拟叠印：在增强模式的基础上，模拟目标图形被设置成套印后的变化，用户可以非常方便而直观地预览图像套印的效果。
- 光栅化复合效果：光栅化复合效果的显示，如"增强"视图中的透明、斜角和阴影。该选项对于预览复合效果的打印情况非常有用。为确保成功打印复合效果，大多数打印机都需要光栅化复合效果。

2.4.2　使用缩放工具查看对象

　　缩放工具可以用来放大或缩小视图的显示比例，方便用户对图形的局部浏览和编辑。缩放工具的操作方法如下。

01 在工具箱中单击"缩放工具"按钮🔍,当光标变为🔍形状时,在页面上单击鼠标左键,即可将页面逐级放大。单击鼠标右键,可逐级缩小。双击"缩放工具"按钮🔍,可将页面缩放至合适的比例,全部显示在绘图窗口中。

02 在页面上按下鼠标左键,移动光标拖动出虚线显示的矩形选区,矩形内部即为需要放大显示的范围,如图2-46所示。

图2-46

03 释放鼠标按键后,即可将选区内的视图放大显示,并且最大范围地显示在整个绘图窗口中,如图2-47所示。

图2-47

04 在工具箱中单击"选择工具"按钮,单击人物图像中的眼白,被选中的眼白显示出控制点,如图2-48所示。

05 在工具箱中单击"缩放工具"按钮🔍后,属性栏中会显示缩放工具的相关选项,如图2-49所示。

图2-48

328% ▾ 🔍 🔍 🔍 🔍 🔍 🔍 🔍

图2-49

缩放工具属性栏各按钮的功能如下。

● 缩放级别 62% ▾ :可以输入指定显示的百分比数值,也可以单击右侧的三角形,在弹出的下拉列表中选择预设值。

- 放大：单击该按钮，可以将视图放大两倍显示。
- 缩小：单击该按钮，可以将视图缩小为原来的50%显示。
- 缩放选定对象：将选定的对象最大化地显示在绘图窗口中。
- 缩放全部对象：将对象全部显示在绘图窗口中。
- 显示页面：将页面最大化地全部显示在绘图窗口中。
- 按页宽显示：按页面宽度显示页面。
- 按页高显示：按页面高度显示页面。

06 在属性栏中单击"缩放选定对象"按钮，选中的眼白图像会最大化地显示在绘图窗口内，如图2-50所示。

图2-50

2.4.3 平移和滚动绘图窗口

平移和滚动是查看绘图特定区域的另外两种方式。使用较高的放大倍数或者处理大型图形设计时，可能无法看到全部图形。平移和滚动功能可让用户在绘图窗口内移动页面来查看之前隐藏的区域。平移和滚动绘图窗口的操作方法如下。

01 在工具箱中单击"缩放工具"按钮，在图像上单击，放大图形。

02 在工具箱中单击"平移工具"，在绘图窗口中单击并拖动鼠标，直到显示要查看的区域，如图2-51所示。

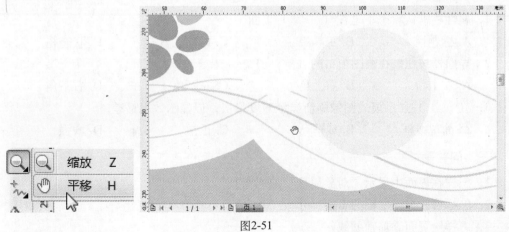

图2-51

03 在进行平移操作时，滚动鼠标滚轮，默认状态下会执行放大和缩小操作。

 提示 平移和缩放同时操作，不必再交替使用两个工具，简化了操作步骤。

04 在绘图窗口右下角的导航器按钮 上按住鼠标左键，或者按N键，在弹出的导航器窗口中拖动十字形指针，绘图区即可显示导航器指针处的图形，如图2-52所示。

提示 导航器的优点是无需缩小图形即可选择任意需要显示的范围。

05 在绘图窗口右侧和下端有移动滑块，也可以快速上下左右移动图形显示范围。

06 鼠标的滚轮其实还可以快捷切换到"快速平移"模式，在工具箱中单击任意选择工具、绘图工具或造型工具后，按住鼠标滚轮并在绘图窗口中拖动，即可平移视图。

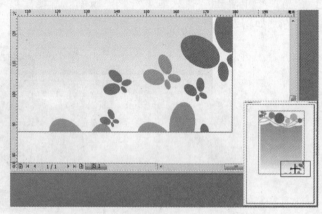

图2-52

2.5 练习题

一、填空题

1. CorelDRAW X6保存文档的默认后缀名为_____。

2. CorelDRAW X6的工作界面包括常见的标题栏、_____、标准工具栏、_____、绘图窗口、绘图页面、_____和状态栏等。

3. 使用绘图工具编辑操作时，使用_____可以快捷切换到平移操作。

二、选择题

1. 属性栏默认状态下是在（   ）下面。
   A. 标题栏   B. 工具箱   C. 标准工具栏   D. 状态栏

2. 导航器按钮 在绘图窗口的（   ）。
   A. 左上角   B. 右上角   C. 左下角   D. 右下角

3. （   ）显示模式图像刷新显示速度最快，但显示效果最差。
   A. 简单线框   B. 线框   C. 正常   D. 增强

三、问答题

1. 怎样在界面中显示"对象属性"泊坞窗？

2. 怎样修改当前文档的页面尺寸？

3. 怎样给页面添加辅助线？

第3章　绘制基本图形

　　CorelDRAW X6作为专业的平面图形绘制软件，具有丰富的图形绘制工具和曲线编辑功能。掌握各种图形的绘制和编辑方法，是使用CorelDRAW X6进行平面设计的基本技能。本章将详细讲解CorelDRAW X6中各种基本图形绘制工具的使用方法和技巧。

3.1　绘制曲线与线段

　　在绘制图形的过程中，曲线的绘制是基本的操作方法之一，通过绘制曲线可以创造出不同形状的图形。本节主要介绍应用各种曲线工具绘制图形的操作方法，以及如何对曲线绘制工具进行基本属性的设置。

3.1.1　使用手绘工具

　　使用手绘工具绘制线条时，操作方法如下。

01 在工具箱中单击"手绘工具" ，光标显示为 形状，这时即可开始绘制线条。

02 在页面上单击鼠标左键，确定直线的起点。

03 将光标移到理想的位置再次单击鼠标左键，即可完成直线的绘制，如图3-1所示。

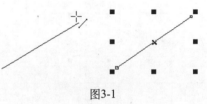

图3-1

04 在属性栏中设置起始箭头、线形、线宽和终止箭头符号，如图3-2所示。

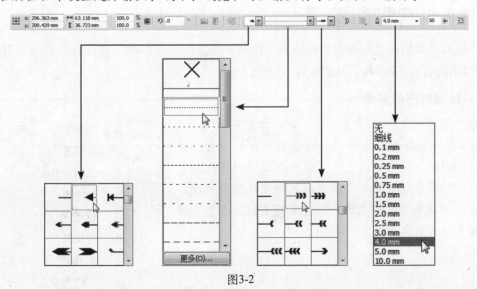

图3-2

05 此时手绘工具绘制出的直线效果被重新设置成为箭头图形，如图3-3所示。

06 在工具箱中单击"选择工具" ，在空白处单击，取消箭头图形的选择状态。

07 选择"手绘工具" ，在属性栏中设置新样式，按住鼠标左键并移动光标，在合适的位置松开鼠标后，一条曲线即可绘制完成，如图3-4所示。

图3-3

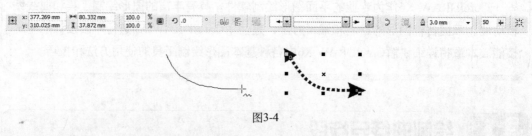

图3-4

08 如果是绘制连续的折线，在已经完成的直线端点上单击，然后移动到直线以外的地方再次单击即可。绘制连续的折线还有个便捷的方法：单击鼠标以决定直线的起点，然后在每个转折处双击鼠标，一直到终点再单击鼠标，即可快速完成折线的绘制，如图3-5所示。

09 使用"手绘工具"也可以绘制封闭的曲线图形，当曲线的终点回到起点位置时，光标变为 形状后单击鼠标左键，即可绘制出封闭图形，如图3-6所示。

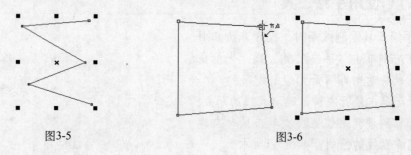

图3-5　　　　　　　　　　　　　　　图3-6

3.1.2　使用2点线工具

2点线工具是通过连接起点和终点来绘制一条直线，并且此工具还可以创建与对象垂直或相切的直线。2点线工具的操作方法如下。

1. 绘制数据信息图

01 在工具箱中单击"2点线工具" ，如图3-7所示。

02 在2点线工具属性栏中的各选项使用默认设置，按住Ctrl键，并在页面上按下鼠标左键，向右拖动鼠标，松开鼠标后，一条黑色的水平直线绘制完成；在右侧调色板的黄色块上单击鼠标右键，水平直线颜色改为黄色，如图3-8所示。

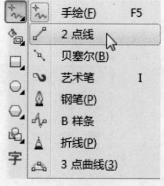

	手绘(F)	F5
	2 点线	
	贝塞尔(B)	
	艺术笔	I
	钢笔(P)	
	B 样条	
	折线(P)	
	3 点曲线(3)	

图3-7

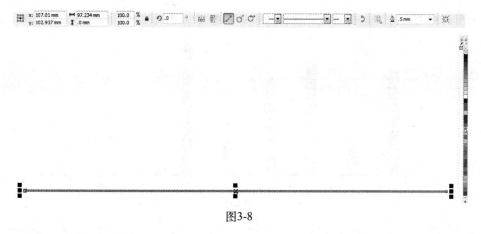

图3-8

03 在属性栏中单击"垂直2点线"按钮 ♂，在直线上按住鼠标左键并向上拖动，此时会出现一条垂直线，移动光标，这条垂直线会同时移动，并且会始终垂直于水平黄线，如图3-9所示。

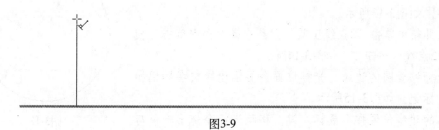

图3-9

04 松开鼠标后，一条垂直线就绘制完成了，如图3-10所示。

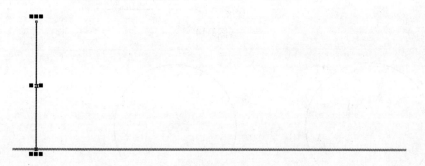

图3-10

05 在属性栏中，将"轮廓宽度"设置为2.5，在右侧调色板的黄色块上单击鼠标右键，此时垂直线增加了宽度并改变了颜色，如图3-11所示。

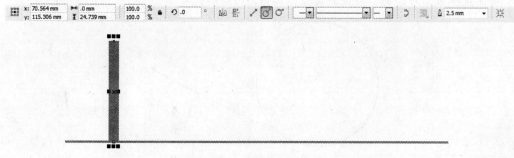

图3-11

06 采用同样的方法，绘制其他的数据柱形条，数据信息图绘制完成后如图3-12所示。

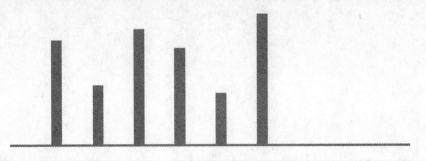

图3-12

2. 绘制圆的切线

01 在工具箱中单击 "椭圆形工具" ◯，按住Ctrl键，并在
页面上按下鼠标左键，拖动鼠标，松开鼠标后，绘制出
圆形，如图3-13所示。

02 在工具箱中单击 "2点线工具" ✐，在属性栏中单击 "相
切的2点线" 按钮 ⃝，如图3-14所示。

03 将光标移至圆的边缘，光标位置会显示边缘文字标记和
切线标记，如图3-15所示。

04 在圆的边缘位置按下鼠标左键，移动光标会拖出一条与
圆相切的直线，如图3-16所示。

图3-13

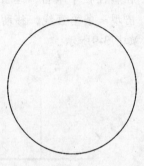

图3-14

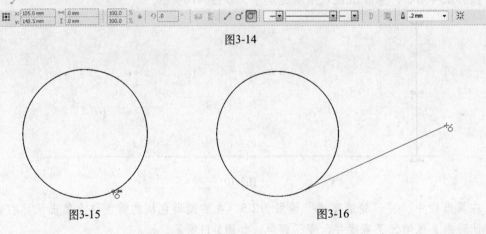

图3-15　　　　　　　　　　　　　　　　图3-16

05 松开鼠标后，可绘制一条圆的切线，如图3-17所示。

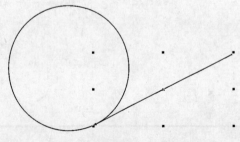

图3-17

提示　使用"2点线工具"<span></span>绘制图形之后，单击空白区域，即可取消图形的选择状态。

3.1.3　使用贝塞尔工具

　　贝塞尔工具用于绘制平滑、精确的曲线，通过改变节点和控制点的位置，可以控制曲线的弯曲度。绘制完曲线以后，通过调整控制点，可以调节直线和曲线的形状。使用贝塞尔工具绘制曲线的方法如下。

01 在工具箱中单击"贝塞尔工具"<span></span>，在页面上按下鼠标左键并拖动鼠标，确定起始节点（第一个锚点）的位置。此时该节点两侧将出现两个控制点，连接控制点的是一条蓝色的控制线，如图3-18所示。

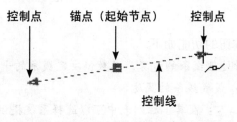

图3-18

02 松开鼠标后，将光标移至适当的位置按下鼠标左键并拖动，这时第2个锚点的控制线长度和角度都将随光标的移动而改变，同时曲线的弯曲度也在发生变化。调整好曲线形态以后，松开鼠标即可，如图3-19所示。按Enter键，完成这条曲线的绘制。

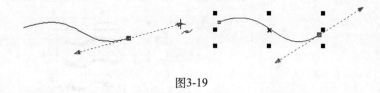

图3-19

　　使用贝塞尔工具绘制直线/折线更加简单，其操作方法如下。

01 单击"贝塞尔工具"<span></span>，在页面上单击，确定第一个节点，然后将光标移到下一个位置，再次单击确定第二个节点，这时两节点之间就会出现一条直线，如图3-20所示。

02 再次移动光标并单击鼠标，确定第三个节点，此时得到下一条线段，采用同样的方法继续创建线段，在得到需要的线条图形后，双击鼠标左键，完成折线的绘制，如图3-21所示。按Enter键，完成这条曲线的绘制。

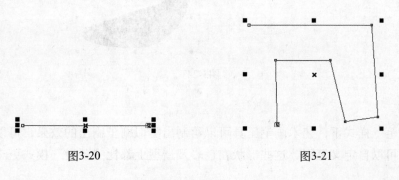

图3-20　　　　　　　　　　　　　　　图3-21

3.1.4 使用艺术笔工具

使用艺术笔工具绘制的线条路径不是以单独的线条来表示，它是根据用户所选择的笔触样式来创建由预设图形围绕的路径效果。艺术笔工具在属性栏中分为5种样式，即预设、笔刷、喷涂、书法和压力。

1. 预设

在"预设"样式下，艺术画笔工具使用预设的矢量形状绘制图形，其操作方法如下。

01 在工具箱中单击"艺术笔工具" 后，在属性栏中会默认选择"预设"按钮，如图3-22所示。

图3-22

预设样式属性栏中各按钮的功能如下。

● 手绘平滑 ：平滑处理线条的边缘，其数值决定线条的平滑程度。
● 线条的宽度 ：设置线条的宽度。
● 预设笔触列表 ：在其下拉列表中可以选择系统提供的笔触样式。
● 随对象一起缩放笔触 ：单击该按钮后缩放绘制的笔触，笔触线条宽度随缩放而改变。
● 边框 ：使用曲线工具时，用于切换边框的显示和隐藏。

02 在属性栏中单击"笔触列表"，在下拉列表框中选择预设线条的形状，在"手绘平滑"文本框中设定曲线的平滑度，在"线条的宽度"文本框中输入宽度数值，如图3-23所示。

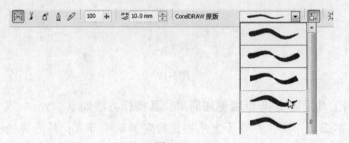

图3-23

03 在绘图页面中单击并拖动鼠标即可按预设的形状绘制出曲线，如图3-24所示。

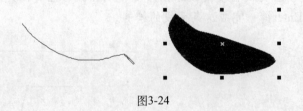

图3-24

2. 笔刷

在"画笔"样式下，艺术画笔工具可以绘制出类似刷子刷出的效果，可以选择笔刷的形状，还可以自定义笔刷，这些形状在色彩及造型上都比"预设"模式更丰富，其操作方法如下。

01 在工具箱中单击"艺术笔工具" ✎ 后，在属性栏中单击"笔刷"按钮 ，单击"艺术"类别按钮，从列表中选择"飞溅"类别，如图3-25所示。

图3-25

画笔样式属性栏中各按钮的功能如下。

- 类别 艺术 ▼：在其下拉列表中可选择要使用的笔刷类型。
- 笔刷笔触 ------- ▼：在其下拉列表中可选择当前笔刷类型可用的笔触样式。
- 浏览 ：可浏览硬盘中的文件夹，从中选择笔触文件。
- 保存艺术笔触 ：自定义笔触后，将其保存到笔触列表。
- 删除自定义艺术笔刷 ：将保存的自定义笔刷删除。

02 单击"笔刷笔触"按钮 ------- ▼，从列表中选择一种笔刷效果，如图3-26所示。

03 在页面上单击鼠标左键并拖动，松开鼠标后，绘制出飞溅的墨汁图形，如图3-27所示。

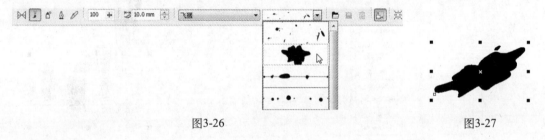

图3-26

图3-27

3. 喷涂

在"喷涂"样式下，艺术画笔工具通过喷射一组预设图案进行图形的绘制，可以绘制出由预设图形组描述的路径效果。利用"喷涂"样式可以创建出形态各异的图案，并且可以对图形组中的单个对象进行细致的编辑工作，其操作方法如下。

01 在工具箱中单击"艺术笔工具" ✎ 后，在属性栏中单击"喷涂"按钮 ，单击"笔刷笔触"类别按钮，在其下拉列表中选择"食物"，如图3-28所示。

图3-28

喷涂样式属性栏中各按钮的功能如下。

- 喷涂对象大小 ：用于设置喷涂对象的缩放比例。

- 类别 笔刷笔触：在其下拉列表中可选择要使用的喷涂笔触类型。
- 喷射图样：在其下拉列表中可选择系统提供的喷涂笔触样式。
- 喷涂顺序 顺序：在其下拉列表中提供有"随机"、"顺序"、"按方向"3个选项，选择其中一种喷涂顺序应用到对象上。
- 喷涂列表选项：用来设置喷涂对象的排列顺序和添加喷涂对象。
- 每个色块中的图像素和图像间距：在上方的文本框中输入数值，可以设置每个喷涂色块中的图像数。在下方的文本框中输入数值，可以调整喷涂笔触中各个色块之间的距离。
- 旋转：使喷涂对象按指定角度旋转。
- 偏移：使喷涂对象中各个元素产生位置上的偏移，分别单击"旋转"和"偏移"按钮，可以打开对应的面板设置。

02 单击"喷射图样"按钮，在其下拉列表中选择饮料图样，如图3-29所示。

03 在页面上单击鼠标左键并拖动，松开鼠标后，绘制出多个按鼠标拖动路径排列的饮料图形，如图3-30所示。

图3-29　　　　　　　　　　　　　　　　　图3-30

4. 书法

在"书法"样式下，艺术画笔工具可以绘制根据曲线的方法改变粗细的曲线，类似于使用书法笔效果。书法线条的粗细会随着线条的方向和笔头的角度而改变，其操作方法如下。

01 在工具箱中单击"艺术笔工具" 后，在属性栏中单击"书法"按钮，其属性栏选项如图3-31所示。

图3-31

书法样式属性栏中各按钮的功能如下。

- 手绘平滑 100：平滑处理线条的边缘。
- 笔触宽度 30.0 mm：设置笔刷的宽度。
- 书法角度 .0：指定书法笔触的角度。笔触宽度是线条的最大宽度，书法角度可以控制所绘线条的实际宽度。

● 随对象一起缩放笔触▣：缩放时为线条宽度应用变换。

02 在页面上单击鼠标左键并拖动，松开鼠标后，绘制出有书法效果的图形，如图3-32所示。

03 在属性栏中提高"书法角度"值，直到图形满意为止，效果如图3-33所示。

图3-32　　　　　　　　　　　　　　　　图3-33

5. 压力

在"压力"样式下，艺术画笔工具模拟使用压感笔绘图的效果，不同的压力数值下所绘制路径各部分宽度不同，其操作方法如下。

01 在工具箱中单击"艺术笔工具" 🖌️ 后，在属性栏中单击"压力"按钮 ✏️，在属性栏中设置笔触宽度，如图3-34所示。

02 在页面上单击鼠标左键并拖动，松开鼠标后，绘制出有压力效果的图形，如图3-35所示。

图3-34　　　　　　　　　　　　　　　　图3-35

3.1.5　使用钢笔工具

钢笔工具绘制图形的方法与贝塞尔工具相似，也是通过节点和手柄来达到绘制图形的目的。不同的是，在使用钢笔工具的过程中，可以在确定一个锚点之前预览到曲线的当前状态。

1. 钢笔工具的属性栏设置

在工具箱中单击"钢笔工具" 🖊️ 后，该工具的属性栏默认设置如图3-36所示。

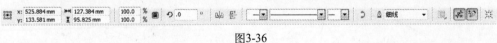

图3-36

● 闭合曲线▣：绘制曲线后单击该按钮，可以在曲线开始与结束点之间自动添加一条直线，使曲线首尾闭合。

● 预览模式▣：该按钮在激活状态下，绘制曲线时在确定下一节点之前，可预览到曲线的当前形状，否则将不能预览。

● 自动添加或删除节点▣：该按钮在激活状态下，在曲线上单击可自动添加或删除节点。

2. 绘制曲线

钢笔工具主要用于绘制曲线图形，其操作方法如下。

01 单击"钢笔工具" 🖋，在页面上单击鼠标，指定曲线的起始节点，然后移动光标到下一个位置，按下鼠标左键并向另一方向拖动鼠标，即可绘制出相应的曲线，如图3-37所示。

02 在绘图过程中，可以在曲线上添加新的节点或删除已有的节点，以便对曲线进行进一步的编辑。将光标放在节点位置，当显示删除节点光标 🖋_ 时，单击鼠标左键，即可删除该节点，如图3-38所示。

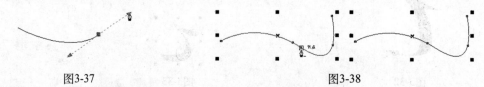

图3-37   图3-38

03 将光标放在曲线任意位置上，当显示添加节点光标 🖋₊ 时，单击鼠标左键，即可在该位置添加一个节点，如图3-39所示。

3. 绘制直线

使用钢笔工具也可以绘制直线，操作方法如下。

01 单击"钢笔工具" 🖋，在页面上单击鼠标左键，指定直线的起点。

02 拖动鼠标到另一个位置，双击鼠标左键，即可完成直线的绘制，如图3-40所示。

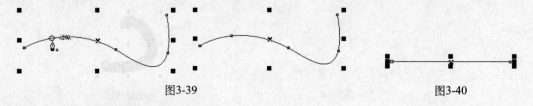

图3-39   图3-40

3.1.6　使用B样条工具

B样条工具使用的是轮廓控制点来塑造线条形状，其操作方法如下。

01 在工具箱中单击"B样条工具" 〰 后，单击鼠标左键，移动光标在需要变向的位置单击鼠标左键，添加一个轮廓控制点，继续拖动即可改变曲线轨迹，如图3-41所示。

02 继续添加轮廓控制点，在绘制过程中双击鼠标左键，可以结束B样条曲线的绘制，如图3-42所示。

图3-41   图3-42

提示　在绘制过程中，如果将鼠标移动到起始点并单击鼠标左键，可以自动闭合曲线。

03 需要调整其形状时，单击工具箱中的"形状工具" ⟍，单击B样条曲线后，会显示轮廓控制点，单击并移动轮廓控制点，即可轻松调整曲线或闭合图形的形状，如图3-43所示。

图3-43

3.1.7　使用折线工具

使用折线工具可以方便地创建多个节点连接成的折线，操作方法如下。

在工具箱中单击"折线工具" ，在页面中依次单击鼠标，即绘制多点线，如图3-44所示。按Enter键，可以结束绘图操作。

 提示　　按住Ctrl键或Shift键并拖动鼠标，可以绘制15°倍数方向的线段。按住并拖动鼠标，则可以沿鼠标轨迹绘制曲线，如图3-45所示。

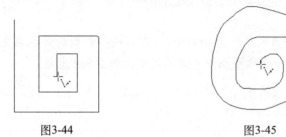

图3-44　　　　　　　　　　　　　　图3-45

3.1.8　使用3点曲线工具

3点曲线工具允许用户通过指定曲线的宽度和高度来绘制简单曲线。使用此工具可以快速创建弧形，而无需控制节点。

01　在工具箱中单击"3点曲线工具" ，在起始点按下鼠标左键不放，向另一方拖动鼠标，如图3-46所示。

02　松开鼠标后，移动光标来指定弯曲的方向，当弯曲效果满意后单击鼠标左键，可完成曲线的绘制，如图3-47所示。

图3-46　　　　　　　　　　　　　　图3-47

3.2　绘制形状

任何复杂的图形都是由简单的图形元素构成，要创作出较为理想的图形，首先需要熟练掌握和运用各种基本绘图工具，本节将具体讲解基本几何图形工具及其属性栏的配合使用方法。

3.2.1　绘制矩形和方形

使用"矩形工具"可以绘制出矩形、正方形和带圆角的矩形。3点矩形工具可以绘制具有一定倾斜角度的矩形。绘制矩形的方法如下。

01 在工具箱中单击"矩形工具"□，在卡通面左上角处按下鼠标左键并向右下角拖动光标，松开鼠标后完成矩形的绘制，如图3-48所示。

 提示 在使用矩形工具时，按住Shift键，将以起始点为中心绘制矩形；若按住Ctrl键，可绘制正方形；若这两键同时按住，则是以起始点为中心绘制正方形。

图3-48

02 在属性栏中修改"轮廓宽度"为10.0mm，在右侧调色板的黄色块上单击鼠标右键，将轮廓线改为黄色，为卡通画添加了黄色边框，如图3-49所示。

| x: 103.279 mm | 178.452 mm | 100.0 | | .0 | | .0 mm | .0 mm | | | 10.0 mm |
| y: 151.369 mm | 178.452 mm | 100.0 | | | | .0 mm | .0 mm | | | |

图3-49

提示 在属性栏中可以设置矩形宽度⊣和高度⊺值，或者移动矩形周围的控制点来修改矩形的大小，直到合适为止。

03 在属性栏中修改"圆角半径"为3.0mm，并依次单击"圆角"按钮、"扇形角"按钮和"倒棱角"按钮，矩形框会依次产生不同的变化，效果如图3-50所示。

| x: 47.06 mm | 23.029 mm | 20.5 | % | .0 | | 3.0 mm | 3.0 mm | | 10 px |
| y: 138.544 mm | 24.695 mm | 20.5 | % | | | 3.0 mm | 3.0 mm | | |

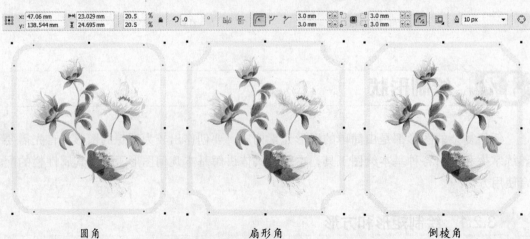

圆角   扇形角   倒棱角

图3-50

04 按Delete键，删除当前选择的矩形。

05 在工具箱中单击"3点矩形工具" ▭ ，如图3-51所示。

06 在页面上按住鼠标左键，拖动鼠标绘制出一条斜线，如图3-52所示。

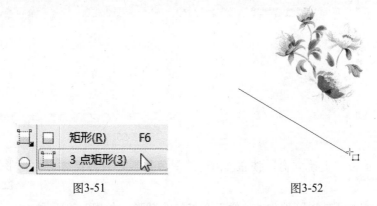

图3-51   图3-52

07 松开鼠标后，再次拖动鼠标，此时以这条斜线为基线，绘制出矩形的高度，产生的矩形是有倾斜角度的，并且可以在属性栏中修改角度，如图3-53所示。

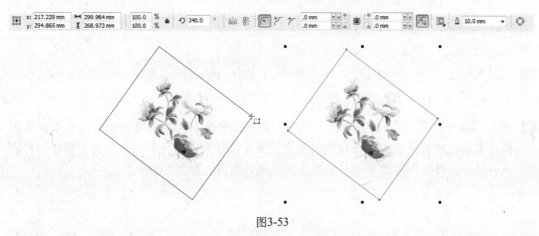

图3-53

3.2.2 绘制椭圆形、圆形、饼弧形和弧形

使用同一个工具组中的"椭圆形工具"和"3点椭圆形工具"，可以绘制椭圆、圆、饼形和弧形。绘制椭圆形的操作方法如下。

01 在工具箱中单击"椭圆形工具" ○ ，在页面中按下鼠标左键并拖动光标，松开鼠标后完成椭圆形的绘制，如图3-54所示。

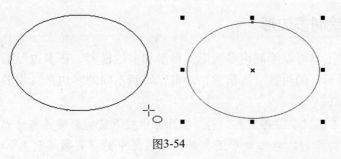

图3-54

02 单击"椭圆形工具" ⊙，按下Ctrl键的同时，在页面中按下鼠标左键并拖动光标，松开鼠标后完成圆形的绘制，如图3-55所示。

03 在属性栏中单击"饼形"按钮，圆形会切换为饼形，如图3-56所示。

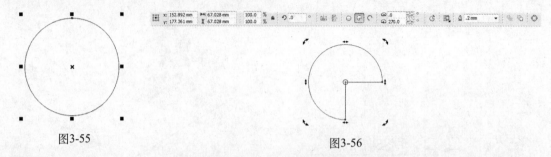

图3-55   图3-56

04 在属性栏中单击"更改方向"按钮 ⊙，所绘制的饼形切换为反方向的饼形，如图3-57所示。

05 在属性栏中单击"弧形"按钮 ⊙，饼形会切换为弧形，如图3-58所示。

06 在属性栏中修改弧形起始和结束角度后的弧形效果如图3-59所示。

图3-57   图3-58   图3-59

07 在工具箱中单击"3点椭圆形工具" ⊙，在页面中按下鼠标左键并拖动出一条任意方向的直线，作为椭圆的一条轴线的长度，松开鼠标后，将光标向上或向下移动，再次单击鼠标左键，即可创建出任意起点和角度的椭圆，如图3-60所示。

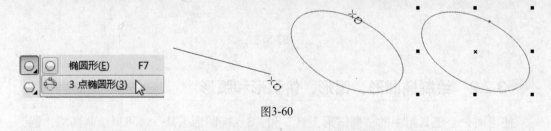

图3-60

提示　　3点椭圆形工具的属性栏设置与椭圆形工具相同，都可以通过属性栏对椭圆形的属性进行设置。

 ### 3.2.3　绘制多边形

使用多边形工具可以绘制出多边形、星形和多边星形。在多边形工具的属性栏中更改多边形（或星形）的边数（或角数），可以得到不同的多边形（或多角星）。多边形工具操作方法如下。

01 在工具箱中单击"多边形工具" ⊙，在页面中按下鼠标左键并拖动光标，松开鼠标后完成多边形的绘制，在多边形工具属性工具栏中的"点数或边数"数值选用默认值

5，如图3-61所示。

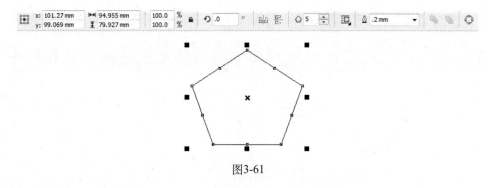

图3-61

02 在多边形工具属性工具栏中将"点数或边数"数值设置为3，五边形切换为三角形，如图3-62所示。

提示　当输入的边数越大时绘制的图形越接近于圆。多边形的边数最少为3，最大为500。

03 在工具箱中单击"形状工具"，单击并移动一条边上的节点位置，其余各边的节点也会产生相应的变化，如图3-63所示。

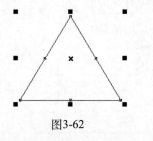

图3-62

图3-63

3.2.4　绘制星形和复杂星形

CorelDRAW X6可以绘制两类星形：完美和复杂。完美星形是外观传统的星形，可以对整个星形应用填充。复杂星形各边相交，而且可以通过应用多种颜色填充产生更丰富的效果。星形工具操作方法如下。

01 在工具箱中单击"星形工具"，属性栏中应用默认设置，在页面中按下鼠标左键并拖动光标，松开鼠标后绘制出五角星，如图3-64所示。

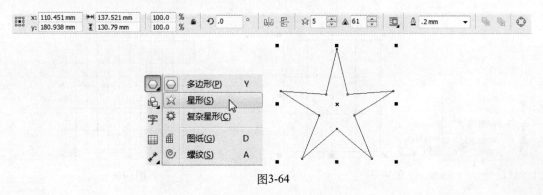

图3-64

02 在属性栏中增加"点数或边数"和"锐度"值,产生的多角星形效果如图3-65所示。

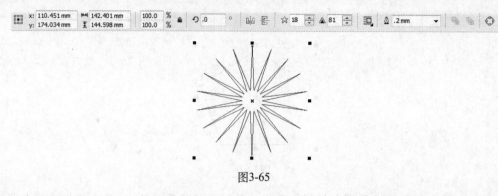

图3-65

03 在工具箱中单击"复杂星形工具" ✿,在页面中按下鼠标左键并拖动光标,松开鼠标后绘制出复杂星形,如图3-66所示。

04 在属性栏中修改"点数或边数"为6,效果如图3-67所示。

图3-66   图3-67

提示　当复杂星形工具的端点数低于7时,不能设置锐度。

3.2.5　绘制图纸

　　使用图纸工具可以绘制不同行数和列数的网格图形。绘制出的网格由一组矩形或正方形群组而成,可以取消其群组,使其成为独立的矩形或正方形。图纸工具操作方法如下。

01 在工具箱中单击"图纸工具" 田,属性栏中应用默认设置,在页面中按下鼠标左键并拖动光标,松开鼠标后完成图纸的绘制,如图3-68所示。

02 在图纸工具属性栏中修改"图纸行和列数"数值,再次绘制图纸,如图3-69所示。

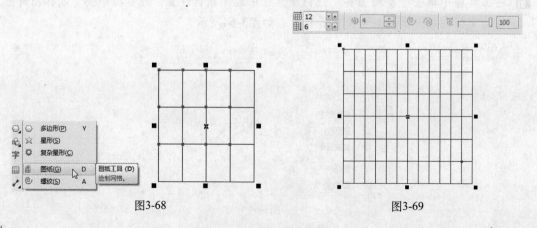

图3-68   图3-69

提示 由于当图纸绘制完成之后，无法修改已经建好的图纸行数和列数，因此用户可以在单击图纸工具后立即设置行数和列数，然后再绘制图纸。

03 执行"排列"|"取消群组"命令，将图纸网格解散为多个独立的矩形。

04 在工具箱中单击"选择工具" ，在页面空白处单击，取消对象的全部选择状态，再依次单击独立的矩形并移动位置，如图3-70所示。

提示 如果没有使用选择工具在空白处单击，将无法选中独立矩形，仍然会选中图纸整体。

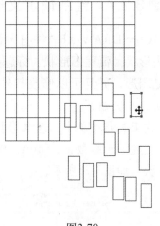

图3-70

3.2.6 绘制螺纹

螺纹工具可以绘制两类螺纹：对称式和对数式。对称式螺纹均匀扩展，因此每个回圈之间的距离相等。对数式螺纹扩展时，回圈之间的距离不断增大，并且可以设置对数式螺纹向外扩展的比率。螺纹工具的操作方法如下。

01 在工具箱中单击"螺纹工具" ，在属性栏中设置"螺纹回圈"数值为5，选用默认的"对称式螺纹"按钮 ，如图3-71所示。

02 在页面中按下鼠标左键并拖动光标，松开鼠标后可绘制出对称式螺纹，如图3-72所示。

03 在属性栏中设置"螺纹回圈"数值为4，单击"对数螺纹"按钮 ，在页面中按下鼠标左键并拖动光标，松开鼠标后可绘制出对数螺纹，如图3-73所示。

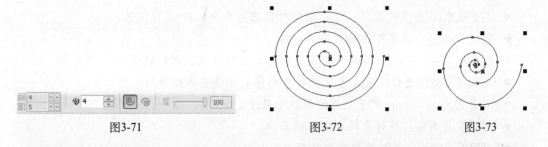

图3-71　　　　　　　　　　图3-72　　　　　　　　　　图3-73

提示 螺纹绘制完成之后，无法修改"螺纹回圈"数值和螺纹类型，因此用户应该在单击螺纹工具后立即设置属性栏参数，然后再绘制螺纹。

04 在属性栏中移动"螺纹扩展参数"的滑块，更改螺纹向外移动的扩展量，如图3-74所示。

05 在页面上再次绘制螺纹，效果如图3-75所示。

图3-74

图3-75

第 **1** 章　初识 CorelDRAW X6

第 **2** 章　CorelDRAW X6 的基础操作

第 **3** 章　绘制基本图形

第 **4** 章　对象的处理与操作

3.2.7　绘制预定义形状

CorelDRAW X6软件将大量的基本图案集中在预定义形状工具组中，包括基本形状、箭头形状、流程图形状、标题形状和标注形状5个工具。预定义形状工具组可以快速绘制常见图形，并且可以修改其外观的轮廓，在形状里面或外面添加文本。快速绘制预定义形状的方法如下。

01 在工具箱中单击"基本形状工具" 🀄，在属性栏的"线条样式"中选择虚线，"轮廓宽度"选择数值2.5mm，单击"完美形状"挑选器按钮🔲，然后从列表中选择一种形状，如图3-76所示。

图3-76

基本形状工具属性栏中的各按钮功能如下。

- 对象原点 🀄：定位或缩放对象时，设置要使用的参考点。
- 坐标位置 🀄：指定对象对于页面的x轴和y轴坐标位置。
- 对象大小 🀄：指定对象的宽度和高度。
- 缩放因子 🀄：指定对象的宽度和高度的比例设置。
- 锁定比例 🔒：当锁打开时可单独调整宽度和高度以及对其宽度和高度的比例单独设置；当锁住时只要改变其中一个参数，另一参数值按其比例自动变化。
- 旋转角度 🀄：可设置图形对象的旋转角度。
- 水平镜像 🀄/垂直镜像 🀄：可对图形对象进行水平翻转/垂直翻转。
- 完美形状 🔲：单击可选择更多的形状。
- 线条样式 ▭：选择线条或轮廓样式，如虚线、点划线等。
- 文本换行 🀄：选择段落文本环绕对象的样式并设置偏移距离。
- 轮廓宽度 🀄细线：用于设置轮廓粗细尺寸。
- 到图层前面 🀄：将对象移到图层前面。
- 到图层后面 🀄：将对象移到图层后面。

02 在页面中按下鼠标左键并拖动光标，松开鼠标后可绘制出选择的形状，如图3-77所示。

03 单击"完美形状"挑选器按钮🔲，然后从列表中单击心形，在页面上单击并拖出心形，如图3-78所示。

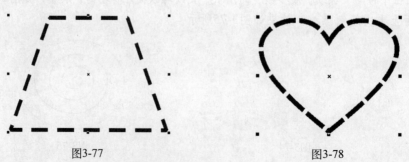

图3-77　　　　　　　　　　　　　　　图3-78

04 在属性栏中再次修改"线条样式"和"轮廓宽度"设置，如图3-79所示。

05 此时心形的线条和轮廓转换为新设置，如图3-80所示。

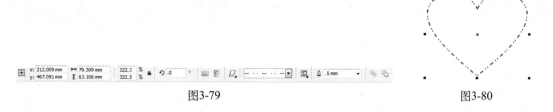

图3-79　　　　　　　　　　　　　　　　　图3-80

> **提示** 　　预定义形状绘制完成之后，无法再修改形状，但可以修改"线条样式"和"轮廓宽度"。

06 在工具箱中单击"箭头形状工具" ，在属性栏中单击"完美形状"挑选器按钮 ，然后在列表中单击一种形状，如图3-81所示。

图3-81

07 在页面中按下鼠标左键并拖动光标，松开鼠标后可绘制出选择的箭头形状，如图3-82所示。

08 箭头轮廓线上有一个红色控制点，叫做"轮廓沟槽的菱形手柄"，移动"轮廓沟槽的菱形手柄"的位置，可以改变箭头的外形，如图3-83所示。

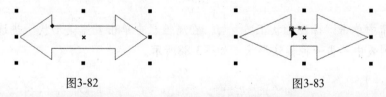

图3-82　　　　　　　　　　　　　　　图3-83

> **提示** 　　基本形状、箭头形状、标题形状和标注形状这4种形状包含"轮廓沟槽的菱形手柄"，可以拖动轮廓沟槽来修改形状的外观。

09 在工具箱中单击"流程图形状工具" ，在属性栏中单击"完美形状"挑选器按钮 ，然后在列表中单击一种形状，如图3-84所示。

图3-84

10 在页面中按下鼠标左键并拖动光标，松开鼠标后可绘制出选择的流程图形状，如图3-85所示。

11 在工具箱中单击"标题形状工具" ，在属性栏中单击"完美形状"挑选器按钮 ，然后在列表中单击一种标题形状，如图3-86所示。

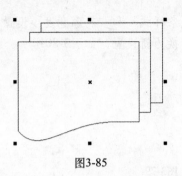

图3-85

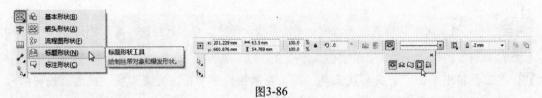

图3-86

12 在页面中按下鼠标左键并拖动光标，松开鼠标后可绘制出选择的标题形状，如图3-87所示。

图3-87

13 在工具箱中单击"标注形状工具" ⬚，在属性栏中单击"完美形状"挑选器按钮 ⬚，然后在列表中单击一种标注形状，如图3-88所示。

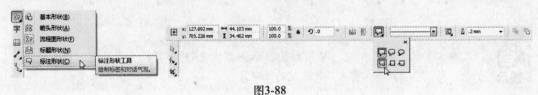

图3-88

14 在页面中按下鼠标左键并拖动光标，松开鼠标后可绘制出选择的标注形状，如图3-89所示。

15 移动标注左上角的红色"轮廓沟槽的菱形手柄"，改变标注的方向，如图3-90所示。

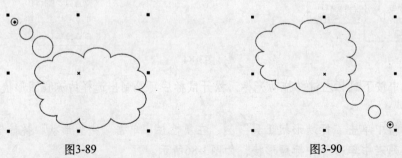

图3-89   图3-90

3.3　绘制表格

　　表格工具提供了一种结构布局，通过修改表格属性和格式，可以轻松地更改表格的外观。

3.3.1　添加表格

　　使用表格工具可以绘制出表格图形，操作方法如下。

01　在工具箱中单击"表格工具"⊞，在属性栏中输入"行数"值为4，"列数"值为5，如图3-91所示。

图3-91

02　在页面中按下鼠标左键并拖动光标，松开鼠标后可绘制出表格，如图3-92所示。

03　执行"表格"|"创建新表格"命令，在弹出的对话框中设置行数、列数、高度和宽度，如图3-93所示。

04　在该对话框中单击"确定"按钮，在页面中间即可创建一个表格，如图3-94所示。

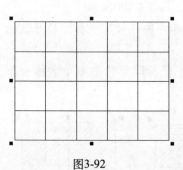

图3-92

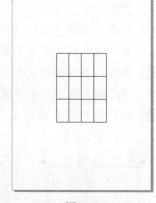

图3-93　　　　　图3-94

3.3.2　选择表格的行和列

　　只有在先选择表格的行和列之后，才能对其进行统一编辑。选择表格的行和列的操作方法如下。

01　在工具箱中单击"表格工具"⊞，在页面中单击表格，执行"表格"|"选择"|"表格"命令，如图3-95所示。

02　此时表格中所有的单元格全部被选中，如图3-96所示。

03　要选择某一行，可在需要选择的行中单击，此时

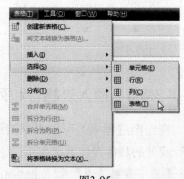

图3-95

该行的单元格中会插入文本输入光标，执行"表格"|"选择"|"行"命令，即可选中该行，如图3-97所示。

04 将光标移到需要选择的行左侧的表格边框上，当光标变为➡状态时，单击鼠标，即可选中该行，如图3-98所示。

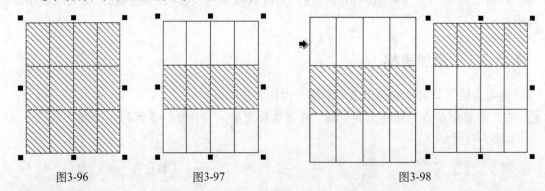

图3-96　　　　　　　图3-97　　　　　　　　　　图3-98

> **提示**　必须单击"表格工具"后，菜单栏中"表格"命令下的编辑表格子命令才能有效使用。

05 要选择某一列，可在需要选择的列中单击，此时该列的单元格中会插入文本输入光标，执行"表格"|"选择"|"列"命令，即可选中该列。或者将光标移到需要选择的列上方的表格边框上，当光标变为⬇状态时，单击鼠标，即可选中该列，如图3-99所示。

06 单击一个单元格，单元格中会显示文本插入光标，执行"表格"|"选择"|"单元格"命令，或者按下组合键Ctrl+A，当前单元格被选中，如图3-100所示。

07 要选择连续排列的多个单元格，可以在单元格上按下鼠标左键，拖动光标，松开鼠标后，即可选中多个单元格，如图3-101所示。

08 将光标移到表格的左上角，当光标变为🖰状态时，单击鼠标即可选中整个表格，如图3-102所示。

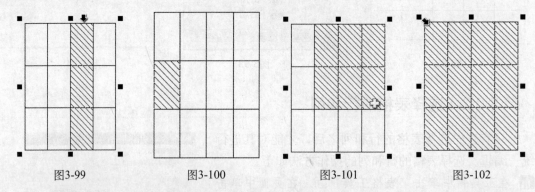

图3-99　　　　　　　图3-100　　　　　　　图3-101　　　　　　　图3-102

3.3.3　插入表格行和列

在绘图过程中，可以根据图形或文字编排的需要，在绘制的表格中插入行或列。插入行或列的具体操作方法如下。

01 单击"表格工具"▦，在单元格上按下鼠标左键，拖动光标，松开鼠标后，选中两个单元格，如图3-103所示。

02 执行"表格"｜"插入"｜"行上方"命令，如图3-104所示。

03 在选择单元格上方插入一行，如图3-105所示。

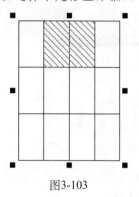  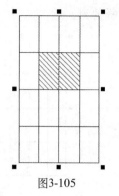

图3-103　　　　　　　图3-104　　　　　　　图3-105

04 执行"表格"｜"插入"｜"列左侧"命令，在选择单元格左侧插入两列，如图3-106所示。

05 执行"表格"｜"插入"｜"插入列"命令，在弹出的对话框中设置插入"栏数"为3，"位置"选择"在选定列左侧"选项，如图3-107所示。

06 单击"确定"按钮，在选择单元格的左侧添加3列，如图3-108所示。

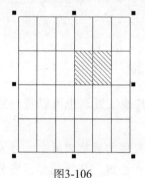 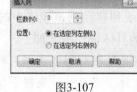 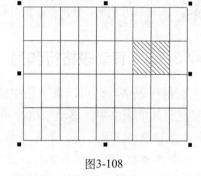

图3-106　　　　　　　图3-107　　　　　　　图3-108

"表格"｜"插入"命令下的子命令功能如下。

- 行上方：可在选择单元格上方插入相应数量的行。
- 行下方：可在选择单元格下方插入相应数量的行。
- 列左侧：可在选择单元格左侧插入相应数量的列。
- 列右侧：可在选择单元格右侧插入相应数量的列。
- 插入行：可打开"插入行"对话框，在其中可以设置插入行的行数和位置。
- 插入列：可打开"插入列"对话框，在其中可以设置插入列的栏数和位置。

提示　　插入的行数或列数由所选择的行数或列数决定。

3.3.4　删除表格行和列

在绘图过程中，可以根据图形或文字编排的需要，删除表格中的行或列。删除行或列的具体操作方法如下。

01 单击"表格工具" 🃓 ，单击表格，然后将光标移到需要选择的列上方的表格边框上，当光标变为 状态时，单击鼠标，即可选中该列，如图3-109所示。

02 按Delete键，或者执行"表格"|"删除"|"列"命令，如图3-110所示，即可删除选择的列。

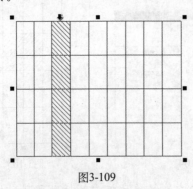

图3-109　　　　　　　　　　　　　　　　　　图3-110

03 将光标移到需要选择的行左侧边框上，当光标变为 状态时，单击鼠标，即可选中该行，按Delete键，或者执行"表格"|"删除"|"行"命令，即可删除选择的行。

04 执行"表格"|"删除"|"表格"命令，即可删除整个表格。

提示　　　如果选择某行，却选择了用于删除列的命令或者如果用户选择某列，但选择了用于删除行的命令，则将删除整个表格。

3.3.5　移动表格行和列

　　在创建表格后，可以将表格中的行或列移动到该表格中的其他位置，也可以将行或列移动到其他表格中。移动表格行和列的具体操作方法如下。

01 单击"表格工具" 🃓 ，单击表格，将光标移到需要选择的行左侧的表格边框上，当光标变为 ➡ 状态时，单击鼠标，选中该行；在该行位置按下鼠标左键，拖动鼠标，将其拖到其他位置，如图3-111所示。

02 将光标移到需要选择的列上方的表格边框上，当光标变为 ⬇ 状态时，单击鼠标，选中该列；在该行位置按下鼠标左键，拖动鼠标，将其拖动到其他位置，如图3-112所示。

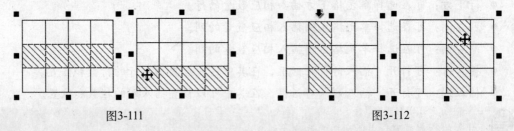

图3-111　　　　　　　　　　　　　　　　　　图3-112

03 选择一个表格的一列单元格，如图3-113所示。

04 按下组合键Crtl+X，剪切选择的一列单元格，然后在另一个表格中选择一列，如图3-114所示。

05 按下组合键Crtl+V，弹出"粘贴列"对话框，在其中选择插入列的位置，如图3-115所示。

06 单击"确定"按钮，插入列的效果如图3-116所示。

07 选择需要移动的行，按下组合键Crtl+X进行剪切，然后在另一个表格中选择一行单元格，按下组合键Crtl+V，弹出"粘贴行"对话框，在其中选择插入行的位置，如图3-117所示。单击"确定"按钮，即可插入剪切的一行单元格。

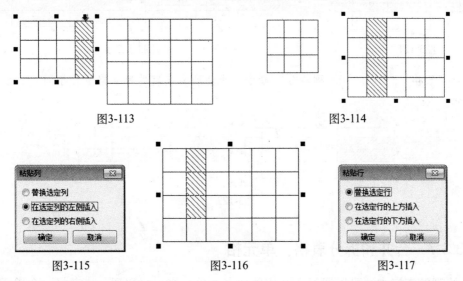

图3-113　　　　　　　　　　　图3-114

图3-115　　　　　　　　图3-116　　　　　　　图3-117

3.3.6 调整表格单元格、行和列的大小

　　用户可以调整单元格、行和列的大小，使表格的行或列进行重新分布，具体操作方法如下。

01 单击"表格工具"▦，选择需要调整的单元格，属性栏中显示所选中单元格的"宽度"和"高度"值，如图3-118所示。

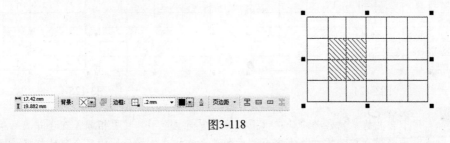

图3-118

02 在属性栏中修改"宽度"值后，效果如图3-119所示。

03 在属性栏中修改"高度"值后，效果如图3-120所示。

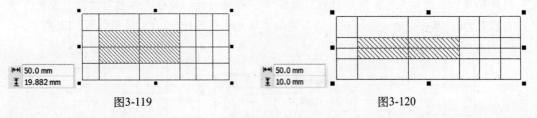

图3-119　　　　　　　　　　　图3-120

04 将光标移动至边框线上，按下鼠标左键并移动鼠标，即可进行边框线的调整，改变表格的结构，如图3-121所示。松开鼠标完成调整。

05 选择要分布的表格单元格，执行"表格"|"分布"|"行均分"命令，即可使所有选定的单元格高度相同，如图3-122所示。

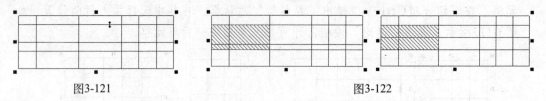

图3-121   图3-122

06 执行"表格"|"分布"|"列均分"命令，可使所有选定的单元格宽度相同，如图3-123所示。

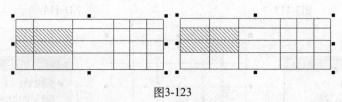

图3-123

3.3.7 合并和拆分表格、单元格

在绘制的表格中，可以通过合并相邻的多个单元格、行和列，或者将一个单元格拆分为多个单元格，以便调整表格的布局。合并和拆分表格、单元格的方法如下。

01 单击"表格工具" ▦，选择要合并的单元格，然后执行"表格"|"合并单元格"命令，合并效果如图3-124所示。

02 选择合并后的单元格，然后执行"表格"|"拆分单元格"命令，拆分效果如图3-125所示。

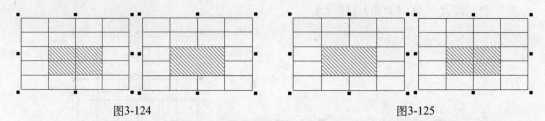

图3-124   图3-125

> **提示** 用于合并的单元格必须是在水平或垂直方向呈矩形，且要相邻。在合并表格单元格时，左上角单元格的格式将决定合并后的单元格格式。拆分后的每个单元格格式保持拆分前的格式不变。

03 选择需要拆分的单元格，然后执行"表格"|"拆分为行"命令，弹出对话框，设置拆分的行数为2，单击"确定"按钮，选择的每个单元格都拆分为2行，效果如图3-126所示。

图3-126

Chapter **03**

04 选择需要拆分的单元格，然后执行"表格"|"拆分为列"命令，弹出对话框，设置拆分的栏数为2，单击"确定"按钮，此时选择的每个单元格都拆分为2列，效果如图3-127所示。

图3-127

3.3.8　选择表格/单元格边框的宽度、颜色和线条样式

表格和单元格边框可以调整宽度或颜色，其操作方法如下。

01 单击"表格工具"<img>，在属性栏中单击"边框选择"按钮<img>，在弹出的下拉列表中选择"外部"，如图3-128所示。

图3-128

02 在属性栏中设置"边框宽度"值为2.00mm，此时表格外框增加了宽度，如图3-129所示。

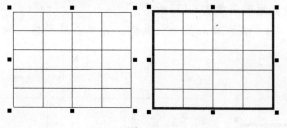

图3-129

03 单击属性栏上的轮廓颜色挑选器，然后单击调色板上的颜色，修改边框颜色后效果如图3-130所示。

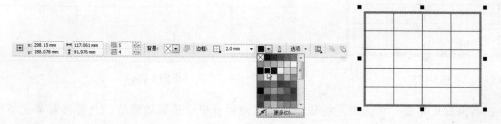

图3-130

提示 单击属性栏上的轮廓笔按钮，在弹出的"轮廓笔"对话框中对更多的属性进行调整，如图3-131所示。

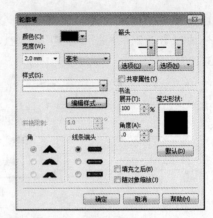

图3-131

3.3.9 修改表格单元格页边距、单元格边框间距

单元格页边距可以增加单元格边框和单元格中文本内容之间的间距。默认情况下，表格单元格边框会重叠，从而形成网格状态。但是，用户可以增加单元格边框间距以便移动边框，使之相互分离。修改表格单元格页边距、单元格边框间距的操作方法如下。

01 单击"表格工具"⊞，并单击表格，然后单击属性栏上的"选项"按钮，再选择"单独的单元格边框"选项，设置间距值，如图3-132所示。

图3-132

02 单元格边框产生的间距效果如图3-133所示。

03 单击"表格工具"⊞，然后单击另一个表格，并单击单元格，输入文字，如图3-134所示。

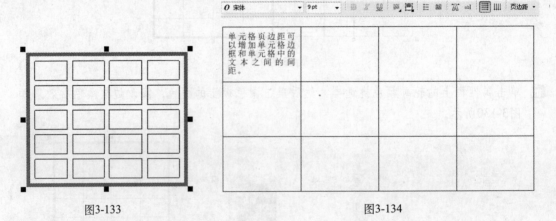

图3-133　　　　　　　　　　　　　　　　图3-134

04 在属性栏中单击"页边距"按钮，在弹出的列表中设置页边距值，此时当前单元格中的文字与单元格边框间距产生了变化，由于文字无法全部显示在单元格中，因此文本

周围会显示红色框作为警示，如图3-135所示。

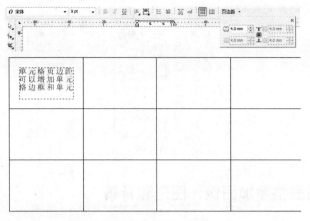

图3-135

05 将光标移到表格的左上角，当光标变为 🖱 状态时，单击鼠标即可选中整个表格，如图3-136所示。

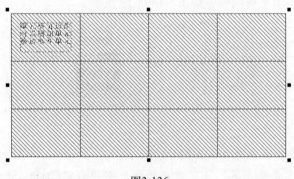

图3-136

06 单击"页边距"按钮，在弹出的列表中单击数值框右侧的箭头，调节页边距数值，如图3-137所示。

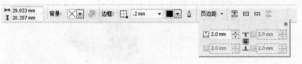

图3-137

07 重新设置页边距后文字与边框间距发生改变，如图3-138所示。

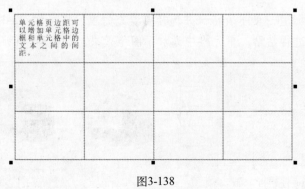

图3-138

08 在属性栏中单击"边框"按钮 ⊞，在弹出的列表中选择"全部"选项，如图3-139所示，在右侧可以设置边框的线宽和颜色。

图3-139

3.3.10 向表格添加图像、图形和背景

可以为表格单元格添加图像和图形，也可以填充背景颜色，使表格更加美观，更富于变化。向表格添加图像、图形和背景的操作方法如下。

01 单击"表格工具" ⊞，选择要填充背景的单元格，在属性栏中单击"背景"按钮，在弹出的列表中选择填充的颜色，如图3-140所示。

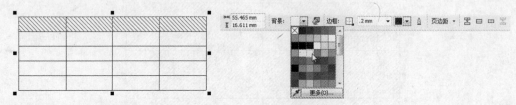

图3-140

02 选择的单元格填充颜色效果如图3-141所示。

03 在工具箱中单击"选择工具" ▷，单击图像，按组合键Ctrl+C进行复制，如图3-142所示。

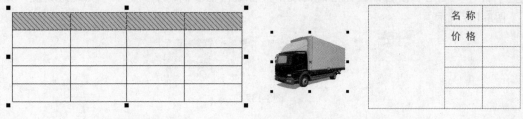

图3-141   图3-142

04 单击"表格工具" ⊞，单击表格，并选择要填充的单元格，如图3-143所示。

05 按组合键Ctrl+V进行粘贴，单元格中添加了图像效果，如图3-144所示。

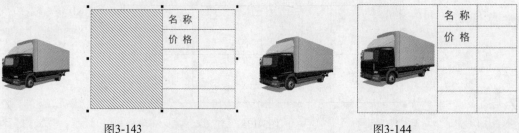

图3-143   图3-144

06　在图像上按住鼠标右键，将图像拖动到单元格上，如图3-145所示。

07　松开鼠标右键，然后在弹出的快捷菜单中选择"置于单元格内部"命令，如图3-146所示。

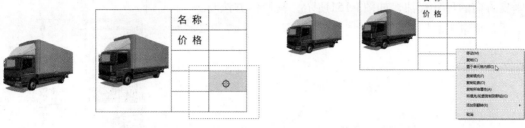

图3-145　　　　　　　　　　　　　　　　　　　图3-146

08　此时图像被插入单元格中，如图3-147所示。

09　按住鼠标并移动图像四周的控制点，缩小图像后效果如图3-148所示。

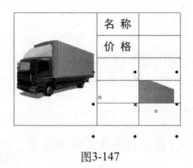

图3-147　　　　　　　　　　　　　　　　　　图3-148

3.4　绘制尺寸标注线

使用度量工具可以方便、快捷地测量出对象的水平、垂直距离以及倾斜角度等。

3.4.1　平行度量工具

平行度量工具可以绘制倾斜的尺寸标注，具体操作方法如下。

01　在工具箱中单击"平行度量工具" ✐ 后，在其属性栏中设置好需要的参数。

02　在测量对象的边缘或任意位置按住鼠标左键后，移动鼠标至另一边缘点或位置再次单击鼠标，出现标注线后，向任意一侧拖动标注线，调整好标注线与对象之间的距离后单击，系统将自动添加两点之间的距离标注，如图3-149所示。

03　在属性栏中可以设置尺寸单位、文本位置、线型和箭头等标注样式，如图3-150所示。

图3-149

图3-150

3.4.2　水平或垂直度量工具

　　"水平或垂直度量工具" ⊤允许用户绘制水平或垂直方向的尺寸标注，如图3-151所示，其操作方法与"平行度量工具"相同。

图3-151

3.4.3　角度量工具

　　角度量工具可以准确地测量出所定位的角度，操作方法如下。

01 在工具箱中单击"平行尺度工具" ，在两条线相交的位置按住鼠标左键，移动光标至第一条线端点位置松开鼠标。

02 在第二条线的端点位置单击。

03 移动光标，拖动出尺寸线，在适当的位置单击，标出两条线之间的角度，如图3-152所示。

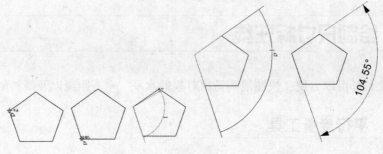

图3-152

3.4.4　线段度量工具

　　线段度量工具可以自动捕获图形曲线上两个节点之间的距离，其操作方法如下。

　　在工具箱中单击"线段度量工具" ，用鼠标左键单击线段，并移动光标，松开鼠标后，即可标出所选线段的长度，如图3-153所示。

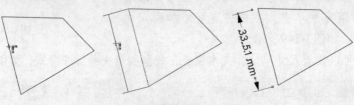

图3-153

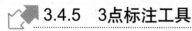

3.4.5 3点标注工具

3点标注工具可以快捷地为对象添加带箭头的折线标注文字，其操作方法如下。

01 在工具箱中单击"3点标注工具" ⤹，移动鼠标到需要标注的起点位置后按下鼠标，然后将光标拖到对象外合适的位置松开鼠标，确定标注线的折点位置，继续拖动，标注线将形成一个折线，如图3-154所示。

02 单击鼠标左键即可确定折线终点，此时光标自动进入文本输入状态，可以手动添加文字标注，如图3-155所示。

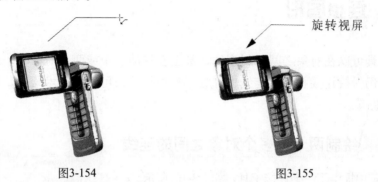

图3-154　　　　　　　　　　　　　　　图3-155

3.4.6 智能绘图

智能绘图工具能够自动识别多种形状，如圆形、矩形、箭头、菱形和梯形，并能对随意绘制的曲线进行组织和优化，使线条自动平滑。智能绘图工具操作方法如下。

01 在工具箱中单击"智能绘图工具" △，如图3-156所示。

02 在智能绘图工具属性栏中设置"形状识别等级"和"智能平滑等级"选项为"中"，如图3-157所示。

图3-156　　　　　　　　　　　　图3-157

属性栏各选项的功能如下。

- 形状识别等级：用于选择系统对形状的识别程度。
- 智能平滑等级：用于选择系统对形状的平滑程度。
- 轮廓宽度：用于选择或设置形状的轮廓线宽度。

03 在页面中按下鼠标左键并拖动光标绘制一个大致的圆形，松开鼠标后，系统会对该图形进行自动平滑处理，使其成为一个标准的圆形，如图3-158所示。

04 再次绘制一个梯形，系统自动校正的效果如图3-159所示。

05 在智能绘图工具属性栏中设置"形状识别等级"和"智能平滑等级"选项为"最高"，如图3-160所示。

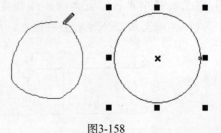

图3-158

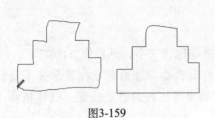
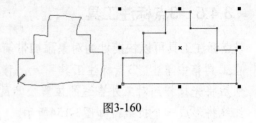

图3-159　　　　　　　　　　　图3-160

3.5 连接图形

连接工具可以在对象之间绘制连线，甚至在移动一个或两个对象时，通过这些线条连接的对象仍保持连接状态。连线也称为"流程线"，可用于技术绘图，例如图表、流程图和电路图等。

3.5.1 绘制两个或多个对象之间的连线

在工具箱中提供了三个连接工具，如图3-161所示。

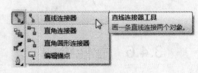

- **直线连接器**：用于以任意角度创建直线连线。
- **直角连接器**：用于创建包含构成直角的垂直和水平线段的连线。

图3-161

- **直角圆形连接器**：用于创建包含构成圆直角的垂直和水平元素的连线。

连接图形的操作方法如下。

01 在工具箱中单击"直线连接器工具" ，可从第一个对象上的锚点拖至第二个对象上的锚点，如图3-162所示，即可创建两个图形之间的连线。

02 要更改连线的位置，可以单击并移动节点至新的位置，如图3-163所示。

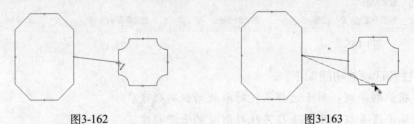

图3-162　　　　　　　　　　　图3-163

03 在工具箱中单击"直角连接器工具" ，使用鼠标左键单击第一个对象上的锚点，拖至第二个对象上的锚点，绘制出直角连线，如图3-164所示。

04 在工具箱中单击"直角圆形连接器工具" ，使用鼠标左键单击第一个对象上的锚点，并拖至第二个对象上的锚点，绘制出直角圆形连线，如图3-165所示。

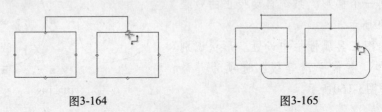

图3-164　　　　　　　　　　　图3-165

05 在属性栏中修改直角圆形连线的圆角、线形、尺寸、起始和终止箭头等设置，修改后的连线样式如图3-166所示。

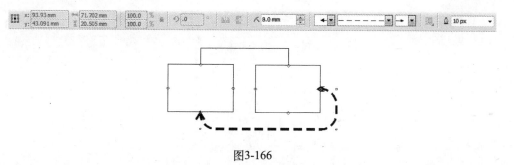

图3-166

 提示　　还可以在工具箱中单击"形状工具" ，单击连线，然后将节点拖动至新的位置，即可更改连线的位置。

06 在工具箱中单击"选择工具" ，单击并移动一个连接对象，对象之间仍然保持连接状态，如图3-167所示。

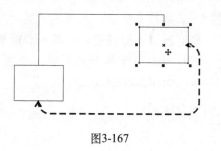

图3-167

3.5.2　编辑锚点

使用"编辑锚点工具" 可以为图形添加、移动和删除锚点，具体操作方法如下。

01 在工具箱中单击"编辑锚点工具" ，双击对象上的任意位置，即可在对象上增加锚点，如图3-168所示。

02 单击轮廓上的锚点并拖动到另一位置，即可将锚点沿对象轮廓移动到任意位置。

03 要删除锚点，单击要删除的锚点，然后单击属性栏中的"删除锚点"按钮 即可，如图3-169所示。

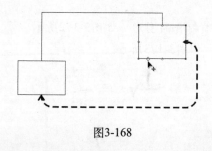

图3-168

图3-169

3.6　上机实训：促销招贴海报

本节实例主要通过综合运用艺术笔、矩形、星形和圆形等工具快速制作招贴画，从而进一步掌握绘图工具的操作方法，具体操作方法如下。

01 在工具箱中单击"矩形工具" □，在页面上绘制一个矩形，在右侧调色板黄色块上单击鼠标左键，为矩形内部填充黄色，如图3-170所示。

图3-170

02 在工具箱中单击"艺术笔工具" ✎ 后，在属性栏中单击"喷涂"按钮，单击"笔刷笔触"类别按钮，在其下拉列表中选择"对象"，单击"喷射图样"按钮，在其下拉列表中选择服装图样，在页面中绘制一条曲线，完成服装图形沿曲线路径分布，如图3-171所示。

图3-171

03 采用同样的方法，使用"艺术笔工具" ✎ 喷射食品图形，如图3-172所示。

04 选择一种曲线绘制工具，绘制曲线和图形，如图3-173所示。

图3-172

图3-173

提示 也可以打开曲线素材文件，拷贝并粘贴到招贴画中。

05 在工具箱中单击"星形工具"☆，在属性栏中设置星形线宽、边数和锐度；在页面中按下鼠标左键并拖动光标，松开鼠标后绘制星形；在右侧调色板灰色块上单击鼠标左键，为矩形内部填充灰色，如图3-174所示。

图3-174

06 按组合键Ctrl+C复制星形，按组合键Ctrl+V粘贴星形，并在属性栏中重新设置X轴值，移动其位置，使下面的灰色星形产生阴影效果，如图3-175所示。

07 使用"椭圆形工具"○绘制多彩圆形，如图3-176所示。

08 在工具箱中单击"文本工具"字，在属性栏中设置文字的大小和字体，在页面上单击输入文字后，促销招贴画完成，如图3-177所示。

图3-175

图3-176

图3-177

提示 文本工具的使用方法将在后面的章节中详细介绍。

3.7 练习题

一、填空题

1．预定义形状工具组中＿＿＿＿＿＿＿、＿＿＿＿＿＿＿＿、＿＿＿＿＿＿＿和＿＿＿＿＿＿＿＿这4种形状工具包含"轮廓沟槽的菱形手柄"，可以拖动轮廓沟槽来修改形状的外观。

2．艺术笔工具在属性栏中分为5种样式，包括＿＿＿＿＿＿＿、＿＿＿＿＿＿＿、＿＿＿＿＿＿＿、＿＿＿＿＿＿＿、＿＿＿＿＿＿＿。

3．多边形工具可以绘制出＿＿＿＿＿＿＿、＿＿＿＿＿＿＿和＿＿＿＿＿＿＿。

二、选择题

1．（　　　）工具可以自动捕获图形曲线上两个节点之间的距离。

    A. 角度量　　　　B. 3点标注　　　　C. 线段度量　　　　D. 水平或垂直度量

2．在使用矩形工具时按住（　　　）键，可绘制正方形。

    A. Tab　　　　B. Alt　　　　C. Shift　　　　D. Ctrl

3．钢笔工具绘制图形的方法与（　　　）工具相似，也是通过节点和手柄来达到绘制图形的目的。

    A. 2点线工具　　B. 手绘工具　　　C. B样条工具　　　D. 贝塞尔

三、问答题

1．哪个工具是使用轮廓控制点来塑造线条形状？

2．使用哪两个工具，可以绘制椭圆、圆、饼形和弧形？

3．怎样向表格添加图像、图形和背景？

四、绘图题

使用绘图工具绘制如图3-178所示的图形。

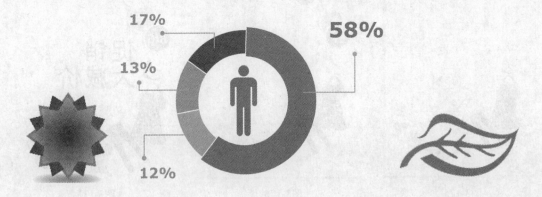

图3-178

第4章　对象的处理与操作

在CorelDRAW X6中，所有的编辑处理都需要在选择对象的基础上进行，所以选择对象是进行图形编辑的第一步。在绘图过程中，通常都需要对绘制的对象进行复制、旋转、缩放等操作，才能得到理想的绘图效果。本章将详细讲解选择对象、复制对象、变换对象、控制对象、对齐和分布对象的操作方法。

4.1 选取对象

在CorelDRAW X6中，必须先选定对象，然后才能更改对象。可以选择可见对象、视图中被其他对象遮挡的对象以及群组或嵌套群组中的单个对象。此外，还可以按创建顺序选择对象、一次选择所有对象以及取消选择对象。

4.1.1　选取单一对象

需要选择单个对象时，在工具箱中单击“选择工具”，单击要选取的对象，选定对象的周围会显示控制点，中心显示一个“×”，表明对象已经被选中，如图4-1所示。使用“选择工具”在空白处单击，即可取消选择对象。

图4-1

如果对象是处于组合状态的图形，要选择组合对象中的单个元素，可在按下Ctrl键的同时再单击此图形，此时图形四周将出现控制点，表明该图形已经被选中，如图4-2所示。也可以使用组合键Ctrl+U将对象解组后，再选择单个图形。

选择对象时，也可以在页面中对象以外的地方按下鼠标左键不放，拖动鼠标拉出一个虚线框，松开鼠标后，即可看到对象处于被选中的状态，如图4-3所示。

提示　利用空格键可以从其他工具快速切换到“选择工具”，再按一下空格键，则切换回原来的工具。在实际工作中，用户会亲身体验到这种切换方式所带来的便利。

  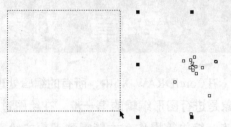

组合的对象　　　选择组合中的单个对象　　　　拉出虚线框选中对象

图4-2　　　　　　　　　　　　　　　　图4-3

 ## 4.1.2　选取多个对象

在实际工作中，经常需要同时选择多个对象进行编辑。选择多个对象的操作方法如下。

01 在工具箱中单击"选择工具" ，单击其中一个对象，将其选中，如图4-4所示。

02 按住Shift键不放，逐个单击其余的对象即可，如图4-5所示。

图4-4　　　　　　　　　　　　　　　　图4-5

也可以与选择单个对象一样，在对象以外的地方按下鼠标左键不放，拖动鼠标拉出一个虚线框，松开鼠标后，即可看到虚线框范围内的对象都被选中。

 提示　在框选多个对象时，如选取了多余的对象，可按下Shift键不放，单击多选的对象，即可取消对该对象的选取。

 ## 4.1.3　选取全部对象

选中全部对象是指选择绘图窗口中所有的对象。执行不同的全选命令会得到不同的全选结果，即分类选择对象，如图形对象、文本、辅助线和相应的对象上的所有节点，具体操作方法如下。

01 执行"编辑"|"全选"|"对象"命令，如图4-6所示。

02 此时选取了绘图窗口中所有的对象，如图4-7所示。

 提示　双击工具箱中的"选择工具" ，或者按组合键Ctrl+A，也可以选取全部对象。

图4-6 图4-7

03 执行"编辑"|"全选"|"文本"命令，所有的文本对象被选中，如图4-8所示。

04 执行"编辑"|"全选"|"辅助线"命令，所有的辅助线被选中，选中后的辅助线呈红色状态，如图4-9所示。

图4-8 图4-9

05 单击"选择工具" ，单击人物剪影图形，如图4-10所示。

06 执行"编辑"|"全选"|"节点"命令，人物剪影图形对象的全部节点都被选中，如图4-11所示。

图4-10 图4-11

07 在空白区域单击，可取消所有对象的选择。

> 提示　　必须在选取对象之后，才能执行"编辑"|"全选"|"节点"命令，并且选取的对象必须是曲线对象。

4.1.4　按顺序选取对象

使用快捷键可以很方便地按对象的创建顺序，从创建的第一个对象或者创建的最后一个对象开始快速地依次选取对象，并依次循环选取，其操作方法如下。

01 绘制三个图形，在工具箱中单击"选择工具" ▷，按Tab键，可以直接选中最后绘制的图形，如图4-12所示。

02 再次按Tab键，系统会按照用户绘制图形的先后顺序从后到前逐步选取对象，选中绘制的第二个图形，如图4-13所示。

图4-12　　　　　　　　　　　　　　　　图4-13

03 在对象以外的空白区域单击，取消选择的所有对象。

04 单击"选择工具" ▷，按住Shift键的同时按Tab键一次或多次，此时会从创建的第一个对象开始依次选中对象。

4.1.5　选取重叠对象

使用选择工具选择被覆盖在对象下面的图形时，总是会选到最上层的对象。要方便地选取重叠的对象，可通过以下的操作方法来完成。

01 在工具箱中单击"选择工具" ▷，按住Alt键的同时单击重叠对象，即可选取单击位置最顶端的对象，如图4-14所示。

02 再次单击鼠标，则可以选取下一层的对象，依次类推，重叠在后面的图形就可以被选中，如图4-15所示。

图4-14　　　　　　　　　　　　　　　　图4-15

4.2 变换对象

图形的变换操作包括改变图形的位置、大小、比例，旋转图形、镜像图形和倾斜图形，是在绘图编辑中需要经常使用的操作。

执行"排列"|"变换"命令，在展开的子菜单中选择任一项命令，都可打开如图4-16所示的泊坞窗。通过"变换"泊坞窗，可以对所选对象进行位置、旋转角度、比例、大小、镜像等精确的变换设置。另外"变换"泊坞窗中的复制副本命令，可在变换对象的同时，将设置应用于复制的副本对象，而原对象保持不变。

图4-16

4.2.1 移动对象

使用"选择工具" 选择对象后，在对象上按下鼠标左键并拖动，即可任意移动对象的位置。如果要精确移动对象的位置，可以通过以下的操作步骤来完成。

01 使用"选择工具" 选中信封图形对象，如图4-17所示。

02 执行"排列"|"变换"|"位置"命令，在界面右侧显示"变换"泊坞窗，此时泊坞窗显示的是"位置"选项组，选择"相对位置"复选框，在"水平"和"垂直"数值框中输入对象移动后的目标位置参数，如图4-18所示。

图4-17

图4-18

提示 "相对位置"是指将对象或者对象副本以原对象的锚点作为相对的坐标原点，沿某一方向移动到相对于原位置指定距离的新位置上。

03 单击"应用"按钮，信封图形移动位置，如图4-19所示。

04 在"副本"文本框中输入需要复制的份数1，单击"应用"按钮，可保留原来的对象不变，将设置应用到复制的对象上，如图4-20所示。

图4-19 图4-20

除了使用"变换"泊坞窗移动对象外，还可使用"微调"的方式来完成。选取需要移动的对象，然后按下键盘上的方向键（←、→、↑、↓）即可。

按住Ctrl键的同时，按下键盘上的方向键，可按照"微调"的指定距离移动选定的对象。

按住Shift键的同时，按下键盘上的方向键，可按照"微调"距离的倍数移动选定的对象。

提示　　　如果要对"微调"距离进行设置，可使用"选择工具"单击对象以外的空白区域，取消对所有对象的选取，然后在属性栏的"微调偏移"数值框中将默认值0.1毫米修改为所需要的偏移值即可，如图4-21所示。

微调距离

图4-21

4.2.2 旋转对象

使用"选择工具" 单击对象两次，对象四周的控制点将变为双箭头形状，移动鼠标到对象四周的控制点上，当鼠标指针变成　形状时，按下鼠标左键沿顺时针或逆时针方向拖动鼠标，即可使对象围绕基点⊙按顺时针或逆时针方向旋转，如图4-22所示。

图4-22

改变对象中旋转基点☉的位置，在旋转对象时，对象将围绕新的基点按顺时针或逆时针方向旋转，如图4-23所示。

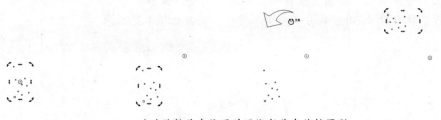

移动旋转基点位置并围绕新基点旋转图形

图4-23

除了使用手动方式旋转对象外，还可以通过"转换"泊坞窗按指定的角度旋转对象。

01 选中对象，单击"变换"泊坞窗中的"旋转"按钮☉，即可将泊坞窗切换到"旋转"选项，如图4-24所示。

02 在泊坞窗中单击新的旋转基点位置为"右中"，如图4-25所示。

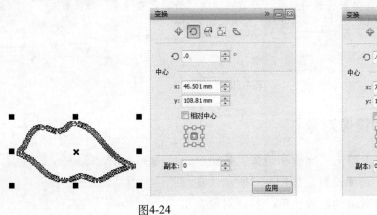

图4-24

图4-25

03 设置旋转角度为30，然后单击"应用"按钮，旋转效果如图4-26所示。

04 使用"选择工具"☐选中对象，用鼠标左键按住旋转基点☉移动位置，如图4-27所示。

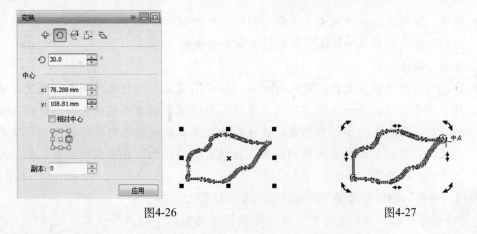

图4-26   图4-27

05 设置旋转角度为40，在"副本"文本框中输入需要复制的份数8，单击"应用"按钮，在保留原对象的基础上，将设置应用到复制的对象上，轻松编辑出具有规则变化的组合图形，如图4-28所示。

06 在标准工具栏中单击“撤销”按钮，撤销上一次的操作。

07 重新设置旋转角度为-30，单击“应用”按钮，效果如图4-29所示。

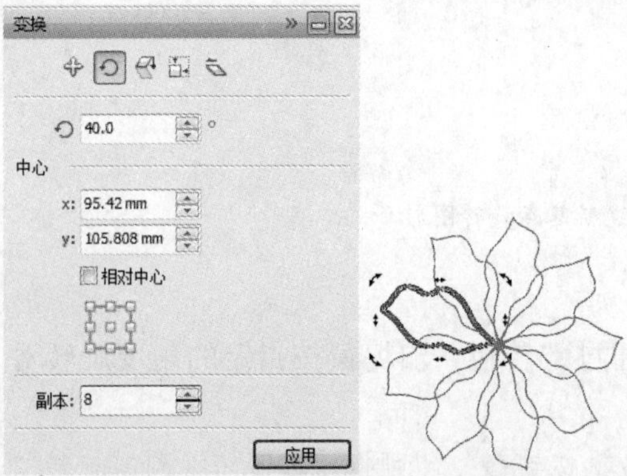

图4-28

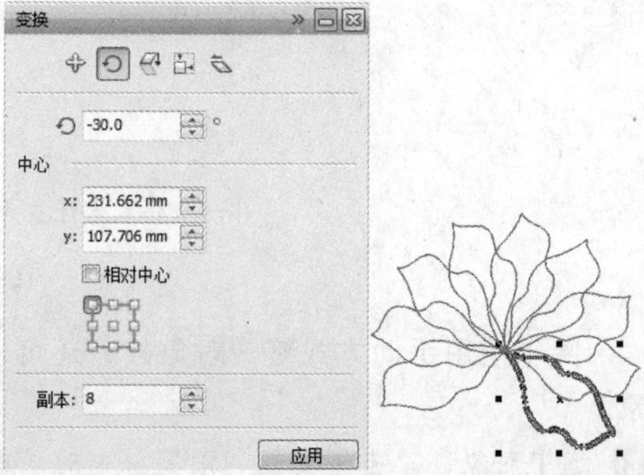

图4-29

> **提示** 也可以先选择需要旋转的对象，然后在属性栏的“旋转角度”数值框中输入角度值，如图4-30所示。按Enter键后，即可旋转对象。

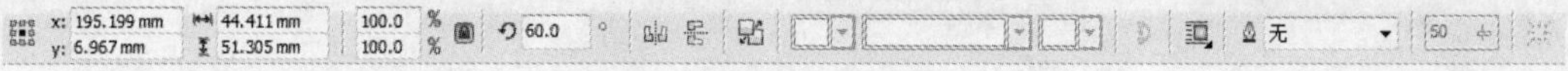

图4-30

4.2.3 缩放和镜像对象

在“变换”泊坞窗中单击“缩放和镜像”按钮，切换到“缩放和镜像”选项设置，如图4-31所示。在该选项中，用户可以调整对象的缩放比例，并使对象在水平或垂直方向上镜像。

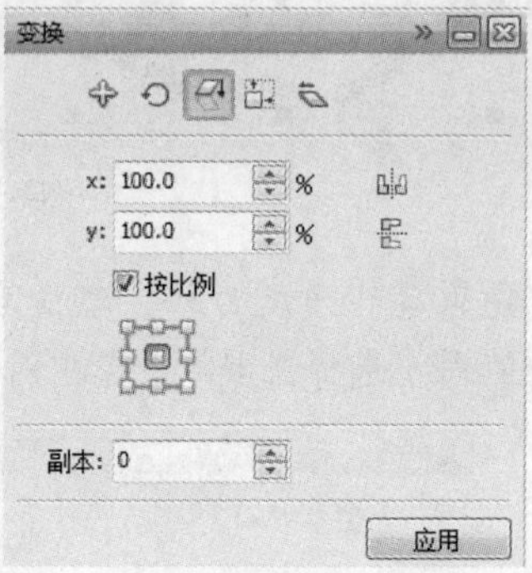

图4-31

- 缩放：调整对象在水平和垂直方向上的缩放比例。
- 镜像：使对象在水平或垂直方向上翻转。单击按钮，可使对象水平镜像；单击按钮，则使对象垂直镜像。
- 按比例：选中该复选框，可以对当前“缩放”设置中的数值比例进行锁定，调整其中一个数值，另一个也相对发生变化；取消选中该复选框，则两个数值在调整时不相互影响。需要注意的是，在使对象按等比例缩放之前，“按比例”复选框将长宽百分比值调整为相同的数值，再取消“按比例”复选框的选取，然后再进行下一步的操作。

使用“变换”泊坞窗精确缩放和镜像对象的操作方法如下。

01 使用“选择工具”单击对象，在“变换”泊坞窗的“缩放和镜像”选项中，单击“水平镜像”按钮；单击“右中”锚点，“副本”设置为1，单击“应用”按钮，对图形进行水平的镜像复制，如图4-32所示。

图4-32

02 在"变换"泊坞窗的"缩放和镜像"选项中，再次单击"水平镜像"按钮🔁，取消水平镜像；单击"垂直镜像"按钮🔁，启用垂直镜像功能；单击"右上"锚点，单击"应用"按钮，对图形进行垂直的镜像复制，如图4-33所示。

图4-33

03 在"变换"泊坞窗的"缩放和镜像"选项中，取消"按比例"复选框的选取，X数值设置为50，即宽度缩小50%；Y数值设置为100，即高度保持不变；再次单击"水平镜像"按钮🔁，启用水平镜像功能；单击"应用"按钮，对图形进行水平和垂直的非等比例镜像复制，如图4-34所示。

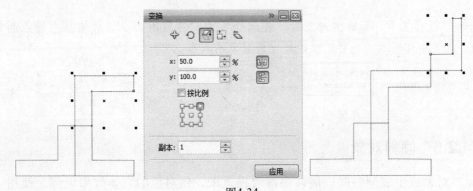

图4-34

04 在属性栏中，也可以使用"缩放因子"值来调整对象的缩放比例，并且也提供了"水平镜像"按钮🔁和"垂直镜像"按钮🔁，如图4-35所示。

图4-35

4.2.4　改变对象的大小

绘制好的图形可以重新改变其尺寸。改变对象大小的方法有多种，如通过拖动控制点、变换泊坞窗、属性栏等，具体操作方法如下。

01 使用"选择工具" 单击对象，拖动对象四周任意一个角的控制点，即可调整对象的大小，如图4-36所示。

图4-36

02 在"变换"泊坞窗中单击"大小"按钮 ，切换至"大小"选项，输入X和Y数值，单击"应用"按钮，对象调整宽度和高度后如图4-37所示。

图4-37

03 使用"选择工具" 单击对象后，在属性栏的"对象的大小"数值框中输入新的数值，如图4-38所示，也可以精确地设置对象的大小。

图4-38

4.2.5　倾斜对象

倾斜对象或生成倾斜面，能够获得透视效果，使对象的立体效果更强。使用"变换"泊坞窗中的"倾斜"选项，能够精确地对图形的倾斜度进行设置，操作方法如下。

01 使用"选择工具" 选中对象，在"变换"泊坞窗中单击"倾斜"按钮 ，在水平X轴数值框中输入数值30，如图4-39所示。

02 单击"应用"按钮,对象的倾斜效果如图4-40所示。

图4-39   图4-40

03 在工具箱中单击"矩形工具" □ ,绘制一个矩形,并用鼠标左键单击右侧调色板中的蓝色。

04 在"变换"泊坞窗的"倾斜"选项中选中"使用锚点"复选框后,下面的复选框将被激活,再单击"左下"锚点,水平方向X值设为20,垂直方向Y值设为10,"副本"设置为12,单击"应用"按钮,选定锚点后创建的倾斜副本效果如图4-41所示。

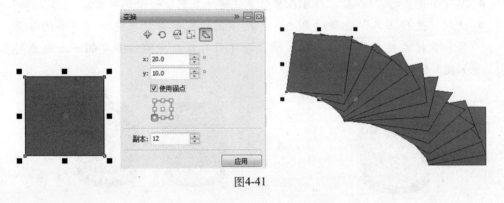

图4-41

提示   使用"选择工具" ▷ 选中对象,当对象四周出现双箭头形状的控制点时,将光标移动到四周居中的控制点上,当光标变为 ⇌ 或 ↕ 形状时,按下鼠标左键并进行拖动,松开鼠标后,也可以使对象倾斜,如图4-42所示。

图4-42

4.3 复制对象

CorelDRAW X6提供了多种复制对象的方法，包括对象的基本复制、再制和复制对象的属性。

4.3.1 对象的复制

选择对象以后，将对象复制的操作方法有以下几种。

● 执行"编辑"|"复制"命令后，再执行"编辑"|"粘贴"命令，即可将对象粘贴到原位置。

● 用鼠标右键单击对象，在弹出的快捷菜单中选择"复制"命令。

● 使用"选择工具" ▶ 选择对象后，按组合键Ctrl+C将对象复制，再按组合键Ctrl+V将对象粘贴到文件中。

● 单击标准工具栏中的"复制"按钮 🗐，再单击"粘贴"按钮 🗐。

● 按下小键盘的"+"键，即可在原位置快速地复制出一个新对象。

● 使用"选择工具"选择对象之后，按下鼠标左键将对象拖动到适当的位置，在释放鼠标左键之前按下鼠标右键，即可将对象在当前位置复制一个副本对象，如图4-43所示。

图4-43

4.3.2 对象的再制

"对象的再制"是指快捷地将对象按一定的方式复制为多个对象，其操作方法如下。

01 使用"选择工具" ▶ 选择对象之后，按下鼠标左键将对象拖动到适当的位置，在释放鼠标左键之前按下鼠标右键，即可将对象在当前位置复制一个副本对象，如图4-44所示。

02 执行"编辑"|"再制"命令，或者按组合键Ctrl+D，即可按上一步复制对象的间距和角度复制出一个副本。该命令使用一次只能复制一个副本，连续执行三次"再制"命令，效果如图4-45所示。

图4-44   图4-45

03 在空白区域单击，取消对象的选择状态，在属性栏上修改"再制距离"X和Y的数值，如图4-46所示。

图4-46

04 按组合键Ctrl+D，将以新的再制距离复制对象，如图4-47所示。

图4-47

4.3.3 复制对象属性

复制对象的属性是一种比较特殊、重要的复制方法，它可以方便而快捷地将指定对象中的轮廓笔、轮廓色、填充和文本属性通过复制的方法应用到所选对象中。复制对象属性的具体操作方法如下。

01 使用"选择工具"选择对象，如图4-48所示。

02 执行"编辑"|"复制属性"命令，弹出"复制属性"对话框，选择需要复制的对象属性选项"轮廓笔"、"轮廓色"和"填充"，如图4-49所示。

图4-48   图4-49

03 单击"确定"按钮，当光标变为➡状态后，单击用于复制属性的源对象，即可将该对象的属性按设置复制到所选择的对象上，如图4-50所示。

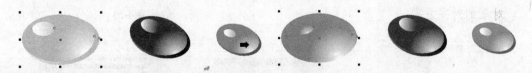

图4-50

提示　　用鼠标右键按住一个对象不放，将对象拖动到另一个对象上，释放鼠标后，在弹出的菜单中选择"复制填充"、"复制轮廓"或"复制所有属性"命令，即可将选择对象中的填充、轮廓线或所有属性复制到另一个对象上，如图4-51所示。

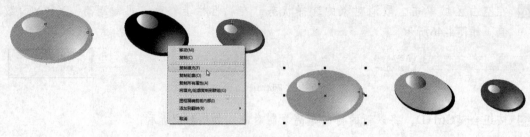

图4-51

4.4 对齐与分布对象

在CorelDRAW X6中，可以准确地排列、对齐对象，以及使各个对象按一定的方式进行分布，下面分别进行介绍。

选择需要对齐的所有对象以后，执行"排列"|"对齐和分布"命令，如图4-52所示，然后在展开的下一级子菜单中选择相应的命令，使所选对象按一定的方式对齐和分布。

图4-52

4.4.1 对齐对象

除了使用菜单命令对齐选择对象外，还可以使用泊坞窗中的按钮执行对齐操作。将对象按指定方式对齐的操作步骤如下。

01 使用"选择工具" 选中需要对齐的所有对象，如图4-53所示。

02 在属性栏中单击"对齐与分布"按钮后，界面右侧显示"对齐与分布"泊坞窗，如图4-54所示，在该选项中可以设置对象的对齐方式。

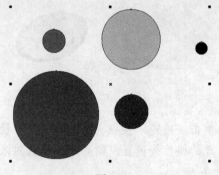

图4-53

图4-54

03 在"对齐与分布"泊坞窗中单击"顶端对齐"按钮 后，对象立即顶端对齐，如图4-55所示。

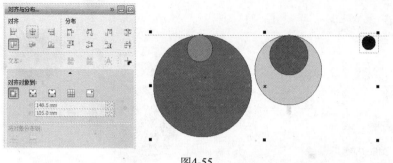

图4-55

04 在"对齐与分布"泊坞窗中单击"水平居中对齐"按钮 后，对齐效果如图4-56所示。

05 在"对齐与分布"泊坞窗中单击"垂直居中对齐"按钮 后，对齐效果如图4-57所示。

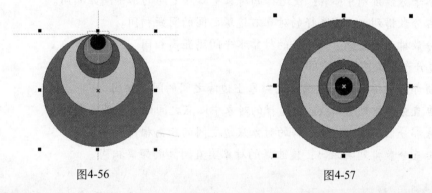

图4-56   图4-57

提示　　用来对齐左、右、顶端或底端边缘的参照对象，是由对象创建的顺序或选择顺序决定的。如果在对齐前已经框选对象，则最后创建的对象将成为对齐其他对象的参考点；如果每次选择一个对象，则最后选定的对象将成为对齐其他对象的参考点。

4.4.2　分布对象

分布对象功能主要用来控制选择对象之间的距离，有利于满足均匀间距的要求。通常用于选择三个或三个以上的物体，将它们之间的距离平均分布。分布对象的具体操作方法如下。

01 使用"选择工具" 选中需要均匀分布的所有对象，如图4-58所示。

02 在"对齐与分布"泊坞窗中单击"左分散排列"按钮 后，从对象的左边缘起以相同间距排列对象，如图4-59所示。应用分布功能后，使每个对象的间隙都是一样的。

图4-58

图4-59

水平分布对象按钮功能如下。

● 左分散排列▣：使选择的对象左边缘之间的间距相同。

● 水平分散排列中心▣：使选择的对象中心点之间的水平间距相同。

● 右分散排列▣：使选择的对象右边缘之间的间距相同。

● 分散排列间距▣：使选择的对象水平间隔距离相同。

垂直分布对象按钮功能如下。

● 顶部分散排列▣：使选择的对象上边缘之间的间距相同。

● 垂直分散排列中心▣：使选择的对象中心点之间的垂直距离相同。

● 底部分散排列▣：使选择的对象底边之间的距离相同。

● 垂直分散排列间距▣：使选择的对象垂直间隔的距离相同。

4.5　控制对象

在绘图过程中，为了达到所需要的绘图效果，绘图窗口中的一些对象需要进行相应的控制操作，如使对象群组或结合、解散对象的群组或打散对象、调整对象的叠放顺序等。另外，有时还需要将一些编辑好的对象锁定起来，使其不受其他移动或修改等操作的影响。掌握这些控制对象的方法，可以帮助用户更好、更高效地完成绘图操作。

4.5.1　锁定与解锁对象

在编辑复杂的图形时，有时为了避免对象受到操作的影响，可以对已经编辑好的对象进行锁定。被锁定的对象将不能进行任何编辑操作。

要锁定对象，可使用"选择工具"▣选中对象，然后执行"排列"|"锁定对象"命令，或者使用鼠标右键单击对象，在弹出的快捷菜单中选择"锁定对象"命令即可，如图4-60所示。

锁定对象后，对象四周的控制点将变为 ▣ 状态，如图4-61所示。

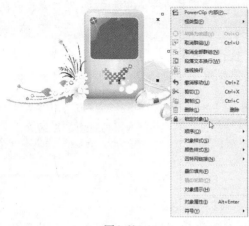

图4-60

图4-61

锁定对象后，只能选择锁定对象，但不能再对该对象进行任何的编辑操作。如果要继续编辑该对象，就必须解除对象的锁定。选择锁定的对象后，执行"排列"|"解锁对象"命令，或者在对象上单击鼠标右键，从弹出的快捷菜单中选择"解锁对象"命令，如图4-62所示。

图4-62

 执行"排列"|"对所有对象解锁"命令，可以将当前文件中所有的锁定对象解除锁定状态。

提示

4.5.2 群组对象与取消群组

在进行比较复杂的绘图编辑时，通常会有很多的图形对象。为了方便操作，可以对一些对象进行群组；群组以后的多个对象，将被作为一个单独的对象进行选择或其他编辑操作。

01 使用"选择工具" 选中需要群组的对象。

02 执行"排列"|"群组"命令，或者按组合键Ctrl+G，即可将选取的所有对象创建为一个群组，如图4-63所示。

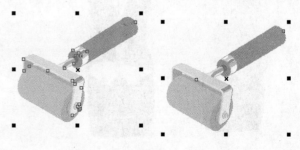

图4-63

03 使用"选择工具"选中需要解组的对象，执行"排列"|"取消群组"命令，或者按组合键Ctrl+U，也可以单击属性栏中的"取消群组"按钮，即可将群组对象分解。

4.5.3 合并与拆分对象

　　合并两个或多个对象可以创建带有共同填充和轮廓属性的单个对象。可以合并矩形、椭圆形、多边形、星形、螺纹、图形或文本，以便将这些对象转换为单个曲线对象。如果需要修改从独立对象合并而成的对象的属性，可以拆分合并的对象。合并与群组的区别：合并是把多个不同对象合成一个新的对象，其对象属性也随之发生改变；而群组只是单纯地将多个不同对象组合在一起，各个对象属性不会发生改变。合并对象和拆分对象的操作方法如下。

01 使用"选择工具"选择需要合并的对象，执行"排列"|"合并"命令，或者按组合键Ctrl+L，也可以在属性栏中单击"合并"按钮，即可将所选对象合并为一个有相同属性的对象，如图4-64所示。

02 使用"选择工具"选择已经合并的对象，执行"排列"|"拆分曲线"命令，或者按组合键Ctrl+K，也可以在属性栏中单击"拆分"按钮，即可将选择的合并对象拆分，创建多个对象和路径，如图4-65所示。填充和轮廓属性将沿用合并时的属性。

图4-64　　　　　　　　　　　　　　　　　　　　　　图4-65

4.5.4 排列对象

通过将对象发送到其他对象的前面或后面，可以更改图层或页面上对象的堆叠顺序，还可以将对象按堆叠顺序精确定位，并且可以反转多个对象的堆叠顺序。调整对象的上下排列顺序的方法有两种。

方法一：使用"选择工具" 选择需要调整顺序的对象，执行"排列"|"顺序"|"向前一层"命令，选择的对象堆叠顺序即可向前移一层，如图4-66所示。

图4-66

方法二：单击"选择工具" ，用鼠标右键单击对象，在弹出的快捷菜单中选择相应的命令来完成顺序的调整，如图4-67所示。

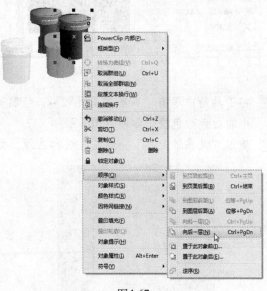

图4-67

调整顺序的命令具体功能如下。

- 到页面前面：将选定对象移到页面上所有其他对象的前面。
- 到页面后面：将选定对象移到页面上所有其他对象的后面。
- 到图层前面：将选定对象移到活动图层上所有其他对象的前面。
- 到图层后面：将选定对象移到活动图层上所有其他对象的后面。
- 向前一层：将选定的对象向前移动一个位置。如果选定对象位于活动图层上所有其他对象的前面，则将移到图层的上方。
- 向后一层：将选定的对象向后移动一个位置。如果选定对象位于所选图层上所有其他对象的后面，则将移到图层的下方。
- 置于此对象前：将选定对象移到在绘图窗口中单击的对象的前面。
- 置于此对象后：将选定对象移到在绘图窗口中单击的对象的后面。
- 逆序：将选择的多个对象堆叠顺序按原来相反的顺序排列。

4.6 上机实训：卡通欧式结婚请柬

本节实例练习使用素材元素，并运用绘图、复制、大小和对齐等工具快速制作卡通欧式结婚请柬，从而进一步掌握对象的处理与操作，具体操作方法如下。

01 在工具箱中单击"均匀填充工具" 🖍️，在弹出的"选择颜色"对话框中单击"模型"选项卡，"模型"选择颜色模式"CMYK"，设置颜色值为（C:25、M:22、Y:34、K:0），单击"确定"按钮，如图4-68所示。

02 在工具箱中单击"矩形工具" 🔲，在页面上绘制一个矩形，并且内部被填充了上一步骤指定的颜色，如图4-69所示。

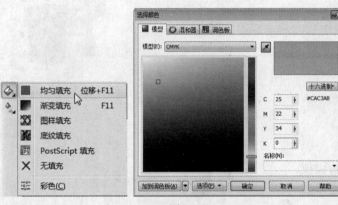

图4-68   图4-69

03 在工具箱中单击"贝塞尔工具" 🖊️，绘制蛋糕状封闭的曲线轮廓，并单击右侧调色板中的白色颜色块，如图4-70所示。

04 使用"贝塞尔工具" 🖊️绘制直线和曲线，如图4-71所示。

图4-70

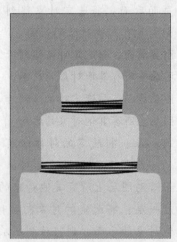

图4-71

05 打开人偶素材文件，使用"选择工具" 🔧选择人偶对象后，按组合键Ctrl+C将对象复制，并关闭人偶素材文件；在结婚请柬文件中，按组合键Ctrl+V将对象粘贴到文件中。

06 使用"选择工具" ▷ 选择人偶图形对象后，在对象上按下鼠标左键并拖动人偶图形至蛋糕图形顶端，拖动对象四周任意一个角的控制点，调整大小如图4-72所示。

07 采用同样的方法，将花元素复制并粘贴到结婚请柬文件中，并调整大小和位置，如图4-73所示。

图4-72

图4-73

08 在工具箱中单击"文本工具" 字，在属性栏中设置文字的大小和字体，在页面上单击输入结婚英文"wedding"，再次单击，输入请柬英文"invitation"。

09 在工具箱中单击"选择工具" ▷，单击一个文字对象，按住Shift键不放，单击另一个文字对象，执行"排列"|"对齐和分布"|"垂直居中对齐"命令，居中效果如图4-74所示。卡通欧式结婚请柬设计完成。

图4-74

4.7　练习题

一、填空题

1．按组合键＿＿＿＿＿＿＿＿＿，即可按上一步复制对象的间距和角度复制出一个副本。

2．对齐与分布之间的区别是，＿＿＿＿＿＿针对物体的相对位置，而＿＿＿＿＿＿针对的是物体的间距。

3．按组合键＿＿＿＿＿＿＿＿，即可将选取的所有对象创建为一个群组。

二、选择题

1．选择对象以后，按下小键盘的（　　　）键，即可在原位置快速地复制出一个新对象。

　　A. /　　　　　　　B. *　　　　　　　C. +　　　　　　　D. -

2．在工具箱中单击"选择工具"　，按（　　）键，可以直接选中最后绘制的图形。

　　A. Tab　　　　　　B. Alt　　　　　　C. Shift　　　　　　D. Ctrl

3．分布对象通常用于选择（　　）个或（　　）个以上的物体，将它们之间的距离平均分布。

　　A. 一　　　　　　B. 二　　　　　　C. 三　　　　　　D. 四

三、问答题

1．复制对象属性命令的功能是什么？

2．怎样对齐选择对象？

3．合并与群组的区别是什么？

四、绘图题

通过复制、旋转、镜像和缩放素材对象组成一束花图形，如图4-75所示。

图4-75

第5章 编辑图形

在使用CorelDRAW X6绘图过程中，会经常调整对象的外形，才能获得满意的造型效果。通过本章的学习，读者可以很熟练地掌握编辑图形形状、修饰图形、设置轮廓线、造型对象和精确剪裁对象等方法。

5.1 编辑曲线对象

曲线绘制完成后，经常需要进行精确的调整，以达到需要的效果。本节将详细讲解曲线的编辑操作方法。

5.1.1 添加和删除节点

在CorelDRAW X6编辑曲线过程中，通过添加节点，可以将曲线形状调整得更加精确，也可以通过删除多余的节点，使曲线更加平滑。添加和删除节点的操作方法如下。

01 在工具箱中单击"矩形工具" □，在页面上绘制一个矩形。

02 在属性栏中单击"转换为曲线"按钮 ○，将该图形转换为曲线，如图5-1所示。

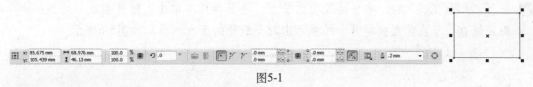

图5-1

> **提示** 除螺纹、手绘线条和贝塞尔线条外，大多数添加至绘图中的对象都不是曲线对象。因此，如果要自定义对象形状或文本对象，可将对象转换为曲线对象。

03 在工具箱中单击"形状工具" ⟩，在矩形需要添加节点的位置单击鼠标左键，在形状工具属性栏中单击"添加节点"按钮 □□，即可在该位置添加一个新的节点，如图5-2所示。

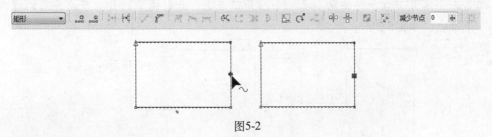

图5-2

04 用鼠标左键按住一个节点并拖动，在适合的位置松开鼠标后，可以移动节点的位置，如图5-3所示。

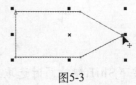

图5-3

>
> **提示**　为对象添加节点的另一个简便方法是，直接使用"形状工具" ，在曲线上需要添加节点的位置双击鼠标左键即可。

05 使用"形状工具" ，单击或框选出所要删除的节点，然后单击属性栏中的"删除节点"按钮 ，如图5-4所示。

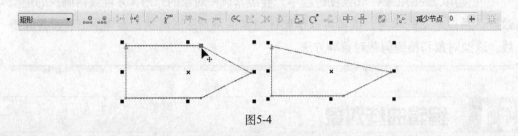

图5-4

> **提示**　为对象删除节点的另外两个简便方法是，直接使用"形状工具" ，双击曲线上需要删除的节点，或者选中节点后按Delete键。

5.1.2　连接和断开曲线

　　线条中两个节点之间的线条称为线段。线段可以是曲线或直线。曲线线段的节点上的控制手柄更方便调整线段的曲度。编辑曲线时，可以根据需要断开曲线，或重新闭合曲线，具体操作方法如下。

01 使用"2点线工具" 绘制图形，如图5-5所示。

02 选择"形状工具" ，单击曲线上的节点，在属性栏中单击"断开曲线"按钮 ，此时曲线在该节点位置被断开，并显示出两个断开的节点，显示如图5-6所示。

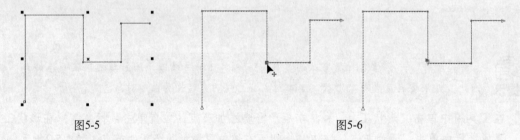

图5-5　　　　　　　　　　　　　　　　　　　图5-6

03 单击一个断开节点，并拖动到另一个断开节点上，此时两个断开的节点会自动焊接为一个节点，如图5-7所示。

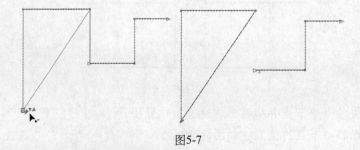

图5-7

04 按下Shift键的同时选取另外两个断开的节点，在属性栏中单击"连接两个节点"按

钮 <img>, 此时两个断开的节点焊接为一个节点, 如图5-8所示。

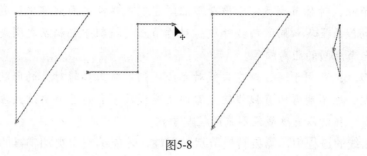

图5-8

5.1.3 自动闭合曲线

使用"连接两个节点"功能会改变一个或两个节点的位置。而使用"自动闭合曲线"功能, 可以将绘制的开放式曲线的起始节点和终止节点创建连接线, 在节点位置不改变的情况下, 形成闭合的曲线, 具体操作方法如下。

01 使用"贝塞尔工具" <img>, 在页面上绘制一条曲线, 单击"形状工具" <img>, 如图5-9所示。

02 按下Shift键的同时选取起始节点和终止节点, 在属性栏中单击"闭合曲线"按钮<img>, 即可将该曲线自动闭合成为封闭曲线, 如图5-10所示。

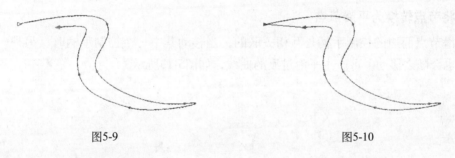

图5-9   图5-10

5.1.4 更改节点属性

CorelDRAW X6中曲线对象上的节点分为4种类型: 尖突节点、平滑节点、对称节点或线条节点, 如图5-11所示。每个节点类型的控制手柄的行为各不相同。

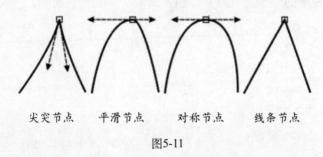

尖突节点   平滑节点   对称节点   线条节点

图5-11

- 尖突节点: 可用于在曲线对象中创建尖锐的过渡点, 例如拐角或尖角。可以相互独立地在尖突节点中移动控制手柄, 而且只更改节点一端的线条。
- 平滑节点: 使用平滑节点, 穿过节点的线条沿袭了曲线的形状, 从而在线段之间产生平滑的过渡。平滑节点中的控制手柄总是相互之间完全相反的, 但它们与节点的距离可能不同。

- 对称节点：对称节点类似于平滑节点。它们在线段之间创建平滑的过渡，但节点两端的线条呈现相同的曲线外观。对称节点的控制手柄相互之间是完全相反的，并且与节点间的距离相等。
- 线条节点：可用于通过改变曲线对象线段的形状来编辑对象的形状。不能拉直曲线线段，也不能弯曲直线线段。弯曲直线线段不会显著地更改线段外观，但会显示可用于移动以更改线段形状的控制手柄。

在编辑曲线的过程中，需要转换节点的属性，才能编辑出更加丰富的曲线造型；同时也可以直接通过直线与曲线的相互转换来控制曲线的形状。

1. 将节点转换为尖突节点

将节点转换为尖突节点后，尖突节点两端的控制手柄成为相对独立的状态。当移动其中一个控制手柄的位置时，不会影响另一个控制手柄，操作方法如下。

01 在工具箱中单击"椭圆形工具" ○，绘制一个圆形，在属性栏中单击"转换为曲线"按钮 ○，或者按下组合键Ctrl+Q，将该图形转换为曲线。

02 使用"形状工具" ▶ 选取其中一个节点，然后在属性栏中单击"尖突节点"按钮 ⚯，再分别拖动节点两侧控制手柄上的箭头，创建锐角的效果，如图5-12所示。

2. 将节点转换为平滑节点

平滑节点两边的控制手柄是互相关联的，当移动其中一个控制手柄时，另外一个控制手柄也会随之移动，可产生平滑过渡的曲线，如图5-13所示。

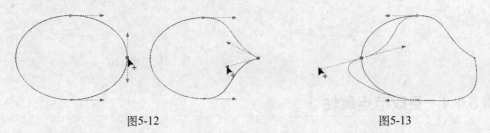

图5-12   图5-13

曲线上新增的节点默认为平滑节点。要将尖角节点转换成平滑节点，只需要在选取节点后，单击属性栏中的"平滑节点"按钮 ～ 即可，如图5-14所示。

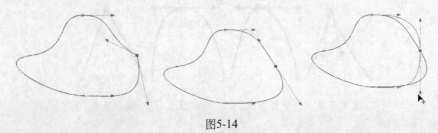

图5-14

3. 将节点转换为对称节点

对称节点是指在平滑节点特征的基础上，使各个控制手柄的长度相等，从而使平滑节点两边的曲线率也相等，操作方法如下。

01 在工具箱中单击"贝塞尔工具" ▶，在页面上绘制一条曲线，如图5-15所示。

02 单击"形状工具" ⟁ ，在曲线的中间位置双击鼠标左键，添加一个新的节点，此时添加的节点默认情况下是平滑节点，拖动平滑节点一侧的手柄，如图5-16所示。平滑节点两侧的手柄长度可以是不相等的。

03 在属性栏中单击"对称节点"按钮 ⟆ ，将该节点转换为对称节点，然后拖动该节点两端的控制手柄，该手柄始终会保持长度相等，如图5-17所示。

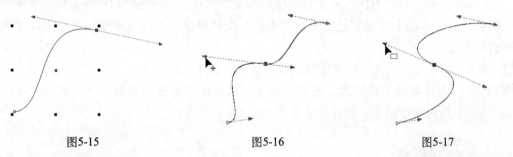

图5-15   图5-16   图5-17

4. 将直线段和曲线段进行互相转换

使用"转换为线条"按钮可以将曲线段转换为直线段；使用"转换为曲线"按钮可以将直线段转换为曲线段，操作方法如下。

01 使用"椭圆形工具" ⬭ 绘制一个圆形，在属性栏中单击"转换为曲线"按钮 ⬭ ，单击选择上面的节点，在属性栏中单击"转换为线条"按钮 ⟋ ，即可将节点左侧的曲线段拉直，如图5-18所示。

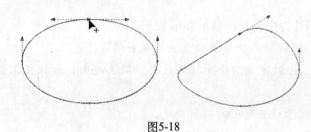

图5-18

02 单击选择上面的直线节点，在属性栏中单击"转换为曲线"按钮 ⟋ ，此时直线节点转换为对称节点，并出现两个控制手柄，拖动其中一个控制手柄，可以调整曲线的弯曲率，如图5-19所示。

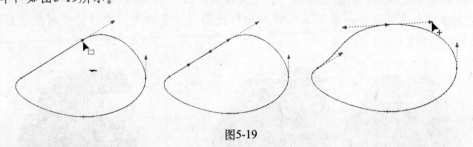

图5-19

5.2   修整图形

在编辑图形时，除了使用形状工具编辑对象的形状外，还可以使用涂抹笔刷、粗糙笔刷、自由变换、涂抹、转动、吸引和排斥工具对图形进行修饰，以满足不同的图形编辑需要。

5.2.1 涂抹笔刷

CorelDRAW X6中有两个基于矢量图形的变形工具：涂抹笔刷和粗糙笔刷。其中涂抹笔刷可以在矢量图形对象（包括边缘和内部）上任意涂抹，以达到变形的目的。涂抹笔刷的操作方法如下。

01 单击"选择工具" <img>，选择需要涂抹的对象，如图5-20所示。

02 选择"涂抹笔刷工具" <img>，并且在其属性栏中设定涂抹工具的属性，例如笔尖的大小、笔刷的水分浓度、斜移的角度等，如图5-21所示。

图5-20   图5-21

涂抹笔刷工具属性栏中各项参数的功能如下。

- 笔尖大小 <img>：输入数值来设置涂抹笔尖的宽度。
- 水分浓度 <img>：加宽或缩小涂抹的效果，数值越大，涂抹效果会逐渐消减，直到消失。
- 斜移 <img>：用于设置笔刷的倾斜角度。
- 方位 <img>：用于设置笔刷的笔尖方位角。
- 当使用手写板或数字笔时，笔压、笔斜移和笔方位选项才可使用。

03 此时光标变为椭圆形状，要涂抹对象外部，可单击对象内部并向外拖动，对象外面即可得到涂抹的效果，对象边缘向外扩展并增加节点，如图5-22所示。

04 要涂抹对象内部，可单击对象外部并向内拖动，对象边缘向内移动并增加节点，如图5-23所示。

图5-22   图5-23

提示 "涂抹笔刷工具" 不能将涂抹应用于因特网或嵌入对象、链接图像、网格、遮罩或网状填充的对象，或者具有调和效果以及轮廓图效果的对象，也不能应用于群组对象。它只能针对矢量图形进行调节。

5.2.2 粗糙笔刷

"粗糙笔刷工具"是另一个基于矢量图形的变形工具。它可以改变矢量图形对象中曲线的平滑度，从而产生粗糙的、锯齿或尖突的边缘变形效果，具体操作方法如下。

01 单击"选择工具"，选择需要涂抹的刺猬身体图形对象，如图5-24所示。

02 单击"粗糙笔刷工具"，在属性栏中提高笔尖大小和笔尖频率值，如图5-25所示。

图5-24

图5-25

粗糙笔刷工具属性栏中各项参数的功能如下。

● 笔尖大小：指定粗糙笔尖的大小。
● 尖突频率：频率数值越大，尖角越多越密，数值范围为1～10之间。
● 水分浓度：拖动时增加粗糙尖尖的数量，数值范围为-10～10之间。
● 斜移：指定粗糙尖突的高度，数值范围为0～90之间。
● 当使用手写板或数字笔时，笔压、笔斜移、尖突方向和笔方位选项才可使用。

03 在对象轮廓区域单击并拖动光标，使轮廓变形，如图5-26所示。

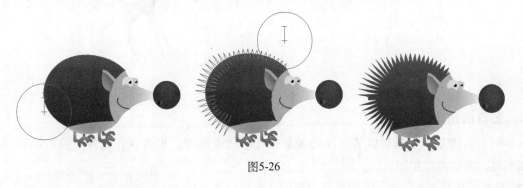

图5-26

5.2.3 自由变换对象

使用自由变换工具可以将对象自由旋转、自由角度镜像、自由调节大小和自由倾斜角度，下面将分别对这几种变换操作进行讲解。

1. 自由旋转工具

自由旋转工具可以将对象按任一角度旋转，也可以指定旋转中心点旋转对象，操作方法如下。

01 使用"选择工具" ▶ 选择对象，如图5-27所示。

02 单击"自由变换工具" 🔛 ，在属性栏中单击"自由旋转"按钮 ↺ ，如图5-28所示。

03 将光标移到页面上的任意位置，按住鼠标左键，即可确定旋转轴的位置，拖动光标可指定旋转方向，松开鼠标后，对象即可完成自由旋转操作，如图5-29所示。

图5-27

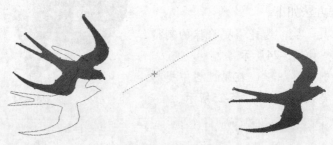

图5-28

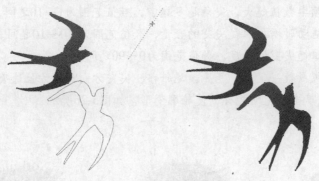

图5-29

04 在属性栏中单击"应用到再制"按钮 🔳 ，在对象上按住鼠标右键，并移动光标，在适当的角度松开鼠标，即可在旋转对象的同时对该对象进行复制，如图5-30所示。

图5-30

2. 自由角度反射工具

自由角度反射工具可以将选择的对象按任一角度镜像，也可以在镜像对象的同时再制对象，操作方法如下。

01 使用"选择工具" ▶ ，选择对象如图5-31所示。

02 单击"自由变换工具" 🔛 ，在属性栏中单击"自由角度反射工具"按钮 🔁 ，单击"应用到再制"按钮 🔳 。

03 在对象右侧按住鼠标左键并向下移动光标，确定镜像轴位置，松开鼠标后，完成镜像和复制操作，如图5-32所示。

图5-31

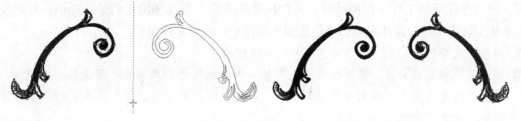

图5-32

3. 自由缩放工具

自由缩放工具可以放大或缩小对象，也可以将对象扭曲或者在调节时再制对象，操作方法如下。

使用"选择工具" ↘ 选择对象，并单击"自由缩放工具" ⊡，然后在对象的任意位置上按住鼠标左键进行拖动，对象就会随着移动的位置进行缩放，缩放到所需要的大小后松开左键，即可完成操作，如图5-33所示。

图5-33

4. 自由倾斜工具

自由倾斜工具可以扭曲对象，该工具的使用方法与自由缩放工具相似。使用"选择工具" ↘ 选择对象，单击"自由变换工具" ❀，在属性栏中单击"自由倾斜工具" ⎯，然后在对象的任意位置上按住鼠标左键进行拖动，所选对象会随着光标的移动而不停地扭曲变形且发生错位，当图形扭曲到适合的形状，松开鼠标左键，效果如图5-34所示。

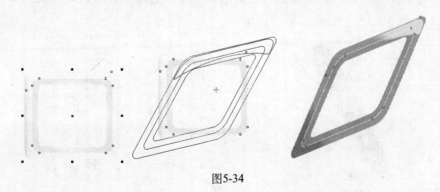

图5-34

5.2.4 涂抹

涂抹工具和涂抹笔刷工具相似，都是通过沿对象轮廓拉伸或缩进来调整对象的形状。使用涂抹笔刷工具进行拖动时，延伸段和凹进段与宽度非常小的条纹相似。如果使用涂抹工具拖动时，延伸段和凹进段造型更加流畅，并且宽度减少。

01 单击"选择工具" ▶，选择对象，如图5-35所示。

02 单击"涂抹工具" ⊿，在属性栏中设置笔尖大小和压力，单击"平滑涂抹"按钮 ⌐，要擦拭对象内部，可在对象内部靠近其边缘处按住鼠标左键，然后向内拖动，松开鼠标后，涂抹效果如图5-36所示。

涂抹工具属性栏中的各按钮功能如下。

- 笔尖半径 ⊖ 20.0 mm ⬍：设置笔尖的大小。
- 压力 ⬳ 91 ⬍：设置涂抹效果的强度。
- 笔压 ⬳：使用数字笔或写字板的压力来控制效果。
- 平滑涂抹 ⌐：单击该按钮，涂抹区域为平滑的曲线。
- 尖状涂抹 ⌐：单击该按钮，涂抹区域为带有尖角的曲线。

03 单击"尖状涂抹"按钮 ⌐，在对象内部或边缘处按住鼠标左键，然后向外拖动，松开鼠标后，涂抹效果如图5-37所示。

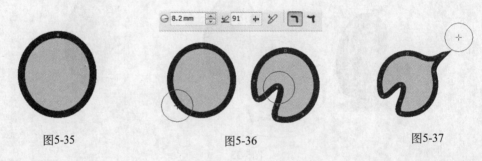

图5-35　　　　　　　　图5-36　　　　　　　　图5-37

5.2.5　转动

转动工具可以给对象添加转动效果。用户可以设置转动效果的半径、速度和方向，还可以使用数字笔的压力来更改转动效果的强度，操作方法如下。

01 使用"选择工具" ▶ 选择对象，如图5-38所示。

02 单击"转动工具" ◎，在属性栏中设置笔尖大小、转动速度和转动方向，如图5-39所示。

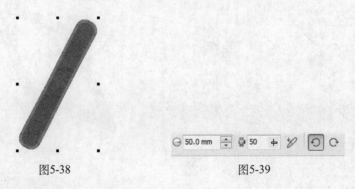

图5-38　　　　　　　　　　　　　　图5-39

转动工具属性栏中的各按钮功能如下。

- 笔尖半径 ⊖ 20.0 mm ⬍：设置笔尖的大小。

- 速度 ：设置转动效果的速度。
- 笔压 ：使用数字笔或写字板的压力来控制效果。
- 逆时针转动 和顺时针转动 ：单击其中一个按钮，可以确定转动的方向。

03 在选择对象上按住鼠标左键，光标所在位置的图形开始转动，当效果满意时，松开鼠标，完成转动操作，如图5-40所示。

图5-40

5.2.6 吸引

吸引工具是通过将节点吸引到光标处来调节对象的形状，操作方法如下。

01 单击"选择工具" ，选择对象，单击"吸引工具" ，单击对象内部或外部靠近其边缘处，然后按住鼠标左键，边缘线就会自动向光标移动，松开鼠标完成边缘的重塑，如图5-41所示。

02 若要取得更加显著的效果，可在按住鼠标左键按钮的同时进行拖动，如图5-42所示。

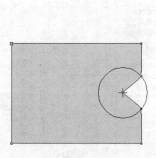

图5-41

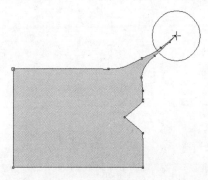

图5-42

 提示
　　为了吸引到选择对象的边缘，吸引工具的笔尖半径一定要接触到选择对象的边缘。

排斥工具属性栏如图5-43所示，各按钮功能如下。

图5-43

- 笔尖半径 ：设置笔尖的大小。
- 速度 ：设置节点被吸引光标移动的速度。
- 笔压 ：使用数字笔的压力来控制效果。

5.2.7 排斥

排斥工具是通过将节点推离光标处来调节对象形状，其属性栏和吸引工具相似，操作方法如下。

　　单击"选择工具" ，选择对象，单击"排斥工具" ，单击对象内部或外部靠近其边缘处，然后按住鼠标左键拖动，光标附近的节点就会被推离至笔尖的边缘，松开鼠标，结束排斥操作，如图5-44所示。

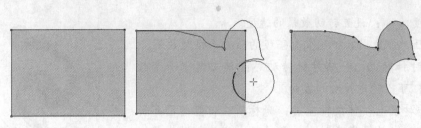

图5-44

5.3 对象造形

"排列"|"造形"命令的子菜单中包含多个子命令，用于改变对象的形状，如图5-45所示。同时在选择工具属性栏中还提供了与造形命令相对应的功能按钮，以便更快捷地使用这些命令，如图5-46所示。

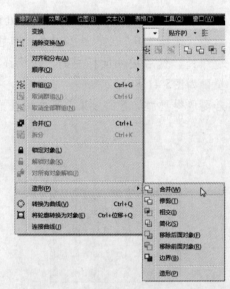

图5-45

图5-46

5.3.1 焊接对象

焊接功能可以将多个对象合并为单一轮廓的独立对象，并采用目标对象的填充和轮廓属性，所有对象之间的重叠线都将消失，操作方法如下。

01 单击"选择工具" ，以框选对象的方法全选需要接合的图形，执行"排列"|"造形"|"合并"命令，或单击属性栏中的"合并"按钮 ，效果如图5-47所示。

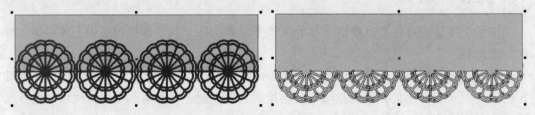

图5-47

提示 当用户使用框选的方法选择对象进行合并时，将修剪最下层的选定对象，合并后的对象属性会与最下层所选对象保持一致。如果使用"选择工具"并按住Shift键逐个选定多个对象，就会修剪最后选定的对象，合并后的对象属性会与最后选取的对象保持一致。

02 在标准工具栏中单击"撤销"按钮↩，取消前一步骤的操作。

03 单击"选择工具"，单击矩形对象作为源对象，执行"排列"|"造形"|"造形"命令，界面右侧显示"造形"泊坞窗，在泊坞窗顶部的下拉列表中选择"焊接"选项，如图5-48所示。

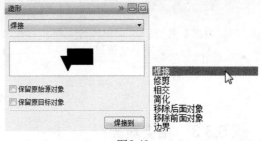

图5-48

"造形"泊坞窗中各选项的功能如下。

● 保留原始源对象：选中该复选框后，在焊接对象的同时将保留来源对象。

● 保留原目标对象：选中该复选框后，在焊接对象的同时将保留目标对象。

04 单击"焊接到"按钮，当光标变成形状后，单击圆形蕾丝图形作为目标对象，即可合并图形，合并后的新对象继承了目标对象的颜色，如图5-49所示。

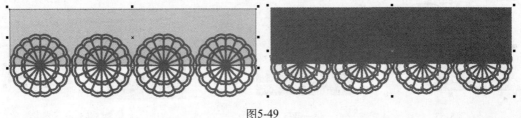

图5-49

5.3.2 修剪对象

修剪是通过移除重叠的对象区域来创建形状不规则的对象。修剪对象前，必须决定要修剪哪一个对象（目标对象）以及用哪一个对象执行修剪（来源对象），操作方法如下。

01 单击"选择工具"，单击树叶图形对象，按住Shift键的同时单击矩形对象。

02 在属性栏中单击"修剪"按钮，此时后面的矩形被修剪，如图5-50所示。

03 移动被修剪的矩形，可以观察到被修剪后的效果，如图5-51所示。

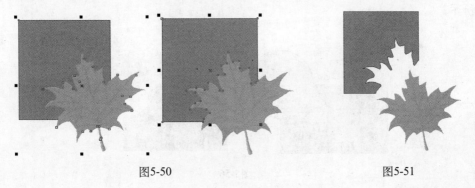

图5-50　　　　　　　　　图5-51

提示 　　如果选择的顺序相反，后选择的树叶对象将被修剪，如图5-52所示。如果采用框选的方法选择需要修剪的对象，执行"修剪"命令后，则按图形的堆叠顺序决定谁被修剪，即最下一层的图层将被上层的图层修剪。本例中的树叶覆盖在矩形之上，所以矩形会被修剪。

图5-52

5.3.3　相交对象

应用相交功能可以得到两个或多个对象重叠的交集部分，操作方法如下。

① 单击"选择工具" ，选择需要相交的图形对象，如图5-53所示。

② 在属性栏中单击"相交"按钮 ，即可在这两个图形对象的交叠处创建一个新的对象，新对象以目标对象的填充和轮廓属性为准，如图5-54所示。

③ 移动新建的相交对象，可以看到其造形，如图5-55所示。

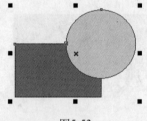 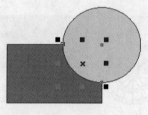 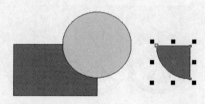

图5-53　　　　　　　　　　图5-54　　　　　　　　　　图5-55

5.3.4　简化对象

简化功能可以减去两个或多个重叠对象的交集部分，并可以选择是否保留原始对象。如果修剪一个圆形重叠的矩形，则会移除圆形覆盖的矩形区域，从而创建一个不规则形状，操作方法如下。

① 单击"选择工具" ，选择需要简化的对象后，单击属性栏中的"简化"按钮 ，即可修剪对象中的重叠区域。

② 单击"选择工具" ，选择并移动圆对象，可以看到矩形被修剪的部分，如图5-56所示。

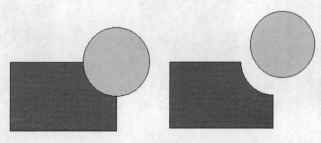

图5-56

5.3.5 移除后面对象与移除前面对象

选择所有图形对象后，单击"移除后面对象"按钮🗗，不仅可以减去最上层对象下的所有图形对象（包括重叠与不重叠的图形对象），还能减去下层对象与上层对象的重叠部分，而只保留最上层对象中剩余的部分，如图5-57所示。

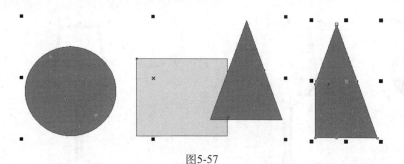

图5-57

"移除后面对象"与"移除前面对象"命令功能恰好相反。选择所有图形对象后，单击"移除前面对象"按钮🗗，可以减去上面图层中所有的图形对象以及上层对象与下层对象的重叠部分，而只保留最下层对象中剩余的部分，如图5-58所示。

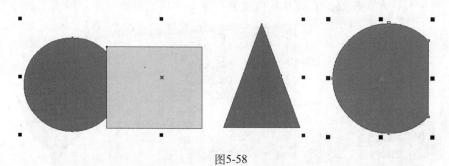

图5-58

 ### 5.3.6 创建对象边界线

边界工具可以自动在选定对象周围创建路径，从而创建边界。此边界可用于各种用途，例如生成拼版或剪切线。

01 在工具箱中单击"选择工具"🖎，选择需要用边界线包围的对象（杯身、杯颈和杯座），如图5-59所示。

02 在"造形"泊坞窗中选择"边界"，如图5-60所示。

图5-59　　　　　　　　　　　　　　图5-60

03 单击"应用"按钮,即可在选定对象周围创建边界,如图5-61所示。可以放大观察边界曲线并进行编辑。

04 在属性栏中增加线宽,效果如图5-62所示。

05 在边界线内部按住鼠标左键并移动,在适合的位置松开鼠标,移动边界线如图5-63所示。

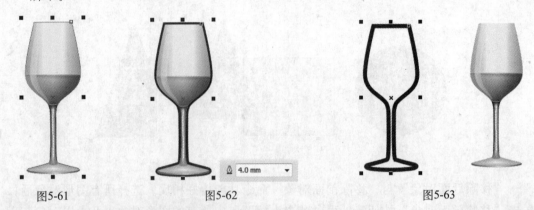

图5-61   图5-62   图5-63

06 在工具箱中单击"图样填充工具" ,在弹出的"图样填充"对话框中选择一个图样,单击"确定"按钮,在边界线内填充图案,如图5-64所示。

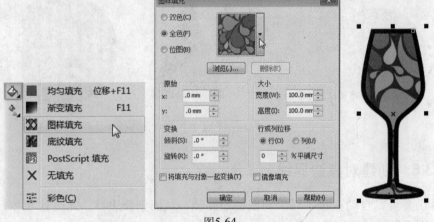

图5-64

> **提示** 生成边界的基本原理是,自动建立所选取多个对象的最大边界的路径,当然,此操作仅对封闭的路径有效。它同焊接工具的不同之处,应该是自动将最大边界的路径描绘一遍,拷贝生成新的边界路径,而不会修改或破坏源对象。

5.4 编辑轮廓线

在绘图过程中,通过修改对象的轮廓属性,可以起到修饰对象的作用。默认状态下,系统都为绘制的图形添加颜色为黑色、宽度为0.2mm、线条样式为直线型的轮廓。下面介绍修改轮廓属性和转换轮廓线的方法。

5.4.1 设置轮廓线的颜色

在CorelDRAW X6中设置轮廓颜色的方法有多种，用户可以使用调色板、"轮廓笔"对话框、"轮廓颜色"对话框和颜色泊坞窗来完成，下面分别介绍它们的使用方法。

1. 使用调色板

使用"选择工具" 选择需要设置轮廓色的对象，然后使用鼠标右键单击调色板中的色样，即可为该对象设置新的轮廓色，如图5-65所示。如果选择的对象无轮廓，则直接单击调色板中的色样，即可为对象添加指定的颜色轮廓。

 提示 使用鼠标左键将调色板中的色样拖至对象的轮廓上，也可以修改对象的轮廓色。

2. 使用"轮廓笔"对话框

如果要自定义轮廓颜色，还可以通过"轮廓笔"对话框来完成，操作方法如下。

01 使用"选择工具" 选择需要设置轮廓色的对象，在工具箱中单击"轮廓笔工具" ，在展开的工具列表中单击"轮廓笔工具"，或者按下F12键，弹出"轮廓笔"对话框，如图5-66所示。

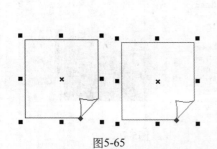

图5-65

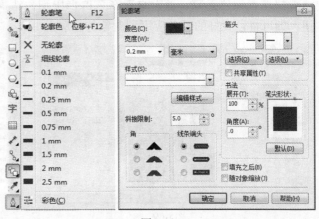

图5-66

"轮廓笔"对话框中各选项功能如下。

● 填充之后：选中该复选框，轮廓线会在填充颜色的下面，填充颜色会覆盖一部分轮廓线。

● 随对象缩放：选中该复选框，在对图形进行比例缩放时，其轮廓线的宽度会按比例进行相应的缩放。

02 在"轮廓笔"对话框中，"宽度"设置为2.00mm，单击"颜色"按钮，在展开的颜色选取器中选择合适的轮廓颜色，也可以单击"更多"按钮，在弹出的"选择颜色"对话框中自定义轮廓颜色，然后单击"确定"按钮，回到"轮廓笔"对话框，如图5-67所示。

03 在"样式"下拉列表中选择系统提供的轮廓样式，设置完成后，单击"确定"按钮，修改效果如图5-68所示。

图5-67 图5-68

图形默认属性 图形自定义属性

3. 使用"轮廓颜色"对话框

如果只需要自定义轮廓颜色，而不需要设置其他的轮廓属性，可以在"轮廓笔工具"展开的列表中选择"轮廓色"选项 ，然后在弹出的"轮廓颜色"对话框中自定义轮廓色，如图5-69所示。

4. 使用颜色泊坞窗

在工具箱中单击"轮廓笔工具" ，在展开的工具列表中单击"彩色工具"，或者执行"窗口"|"泊坞窗"|"彩色"命令，打开颜色泊坞窗，如图5-70所示。在泊坞窗中拖动滑块设置颜色参数，或者直接在数值框中输入所需要的颜色值，然后单击"轮廓"按钮，即可将设置好的颜色应用到对象的轮廓上。

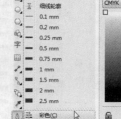

图5-69 图5-70

提示　在颜色泊坞窗中如果单击"填充"按钮，可以为对象内部填充指定的颜色。

5.4.2　设置轮廓线的宽度

要改变轮廓线的宽度，可在选择修改轮廓宽度的对象后，通过以下三种方法来完成。

方法一：选择对象，在属性栏的"轮廓宽度"选项 .2 mm 中进行设置。在该选项下拉列表中可以选择预设的轮廓宽度，也可以直接在选项数值框中输入所需要的轮廓宽度值。

方法二：按下F12键，打开"轮廓笔"对话框，在该对话框的"宽度"选项中可以选择或自定义轮廓的宽度值，并在"宽度"数值框右边的下拉列表中选择数值的单位，如

图5-71所示。

方法三：单击"轮廓笔工具" ，在展开的工具列表中选择轮廓线宽度，如图5-72所示。

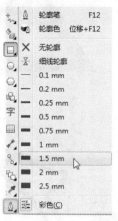

图5-71   图5-72

5.4.3 设置轮廓线的样式

轮廓线不仅可以使用默认的直线，还可以将轮廓线设置为各种不同样式的虚线，并且还可以自行编辑线条的样式。选择对象之后，按下F12键，弹出"轮廓笔"对话框，在其中就可以为所选对象设置新的轮廓线的样式和边角形状。

"轮廓笔"对话框样式选项的功能如下。

- 在"样式"下拉列表中可以为轮廓线选择一种线条样式，单击"确定"按钮后，即可为选择的对象应用新的线条样式，如图5-73所示。
- 单击"编辑样式"按钮，在打开的"编辑线条样式"对话框中可以自定义线条的样式，如图5-74所示。

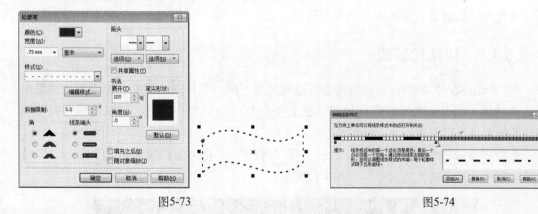

图5-73   图5-74

- 在"角"选项栏中，可以将线条的拐角设置为尖角、圆角或斜角样式，如图5-75所示。
- 在"书法"选项栏中，可以为轮廓线条设置书法轮廓样式。在"展开"数值框中输入数值，可以设置笔尖的宽度；在"角度"数值框中输入数值，可以基于绘图画面而更改画笔的方向。用户也可以在"笔尖形状"预览框中单击或拖动，手动

113

调整书法轮廓样式。不同的"书法"选项设置，效果如图5-76所示。

尖角　　　　　　　　　　圆角　　　　　　　　　　斜角

图5-75

默认"书法"选项值　　　　　　　　　　自定义"书法"选项值

图5-76

 提示　　"展开"选项的取值范围为1~100，100为默认值。减小该选项值，可以使方形笔尖变成矩形，圆形笔尖变成椭圆形，以创建更加明显的书法效果。

5.4.4　去除轮廓线

要清除对象中的轮廓线，在选择对象后，直接使用鼠标右键单击调色板中的⊠图标，或者在"轮廓笔工具"展开列表中选择"无轮廓"选项✕即可。

5.4.5　转换轮廓线

在CorelDRAW X6中，只能对轮廓线进行宽度、颜色和样式的调整。如果要为对象中的轮廓线填充渐变、图样或底纹效果，或者要对其进行更多的编辑，可以选择并将轮廓线转换为对象，以便进行下一步编辑。

选择需要转换轮廓线的对象，然后执行"排列"|"将轮廓转换为对象"命令，即可将该对象中的轮廓转换为对象，如图5-77所示。

图5-77

此时轮廓线成为一个独立于原始对象的闭合对象，并且可以移动或编辑闭合对象的节点来改变轮廓图形，如图5-78所示。

图5-78

5.5 图框精确剪裁对象

"图框精确剪裁"命令可以将对象置入到目标对象中，使对象按目标对象的外形进行精确的裁剪。在CorelDRAW X6中进行图形编辑、版式安排等实际操作时，"图框精确剪裁"命令是经常用到的一项重要功能。

5.5.1 置于图文框内部

将对象放到图文框中的操作方法如下。

01 在工具箱中单击"选择工具" ▯，选择要置入框内的位图对象，如图5-79所示。

图5-79

02 执行"效果"|"图框精确剪裁"|"置于图文框内部"命令，这时光标变为黑色粗箭头状态，单击心形框图形，即可将所选对象置于该图形中，并居中显示，如图5-80所示。

图5-80

5.5.2 编辑PowerClip

将对象精确剪裁后，还可以单独对框内的对象进行缩放、旋转或位置等调整，具体操作方法如下。

01 在工具箱中单击"选择工具" ▶，双击图文框，或者执行"效果"|"图框精确剪裁"|"编辑PowerClip"命令，此时框内被剪裁的图片全部显示出来，如图5-81所示。

02 单击图片，图片四周将显示出控制点，这时可以对其进行缩放和旋转等操作，调整内部对象的位置和大小，如图5-82所示。

图5-81 图5-82

5.5.3 结束编辑

在完成对图框精确剪裁内容的编辑之后，执行"效果"|"图框精确剪裁"|"结束编辑"命令，或者在图框精确剪裁对象上单击鼠标右键，从弹出的快捷菜单中选择"结束编辑"命令，即可结束内容的编辑，效果如图5-83所示。

图5-83

> **提示** 默认状态下，在CorelDRAW X6中绘制的图形都具有轮廓，如果想要图框精确剪裁后的对象没有轮廓，可以在进行精确剪裁操作之后，用鼠标右键单击调色板中的☒按钮，取消图框的轮廓。

5.5.4 锁定PowerClip的内容

用户不但可以对图框精确剪裁对象的内容进行编辑，还可以通过执行"效果"|"图框精确剪裁"|"锁定PowerClip的内容"命令，将图框内的对象锁定。锁定图框内的对象

后，选择图框并进行变换操作时，框内的对象不受影响。

如图5-84所示，移动图框后，框内的位图没有跟随图框移动。要解除锁定状态，再次执行"效果"|"图框精确剪裁"|"锁定PowerClip的内容"命令即可。

图5-84

5.5.5 提取内容

执行"效果"|"图框精确剪裁"|"提取内容"命令，即可将图框内的精确裁剪对象提取出来，如图5-85所示，提取的内容对象仍处于同一位置，但是与框分离。

移动提取内容对象后，可以看到该图文框为空图文框，如图5-86所示。

图5-85

图5-86

5.6 切割图形

在CorelDRAW X6中，绘制的图形或导入的位图可以拆分成多个对象，或删除部分不需要的区域，以便更好地利用现有图形设计作品。

5.6.1 裁剪工具

通过裁剪可以移除对象和导入的图形中不需要的区域，裁剪的对象可以是矢量对象和位图。裁剪对象时，可以定义希望保留的矩形区域（裁剪区域）。裁剪区域外部的对象部分将被移除。可以指定裁剪区域的确切位置和大小，还可以旋转裁剪区域和调整裁剪区域的大小，裁剪工具操作方法如下。

01 在工具箱中单击"选择工具" ，选择要裁剪的秋叶图形对象，如图5-87所示。

提示　如果在绘图页上没有选择任何对象，则将裁剪掉所有对象。

02　在工具箱中单击"裁剪工具" ，在页面中单击鼠标左键并拖动鼠标，松开鼠标后即可定义裁剪区域，可以移动裁剪区域框的控制点，以改变剪切的大小，如图5-88所示。

图5-87

图5-88

03　在裁剪工具属性栏中设置准确的裁剪尺寸，宽为185.00mm、高为70.0mm，如图5-89所示。

图5-89

04　在裁剪区域内部按住鼠标左键并移动位置，改变裁剪区域，如图5-90所示。

05　在裁剪区域内部双击，或者按Enter键，确定裁剪操作，效果如图5-91所示。

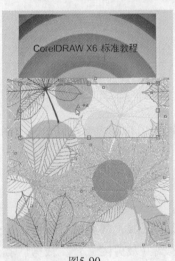
图5-90

图5-91

提示　无论裁剪选择的对象还是全部对象，受影响的文本和形状对象将自动转换为曲线。

5.6.2 刻刀工具

刻刀工具可以将位图或矢量对象一拆为二，并且通过重绘其路径来重塑外观。可以沿直线或锯齿线拆分闭合对象。CorelDRAW允许选择将一个对象拆分为两个对象，或者将它保持为一个由两个或多个子路径组成的对象。可以指定是否要自动闭合路径，或者是否一直将它们打开。刻刀工具操作方法如下。

01 在工具箱中单击“刻刀工具”，将刻刀工具定位在要开始剪切的对象轮廓上单击，如图5-92所示。

02 单击另一点，此时图形切割完成，如图5-93所示。

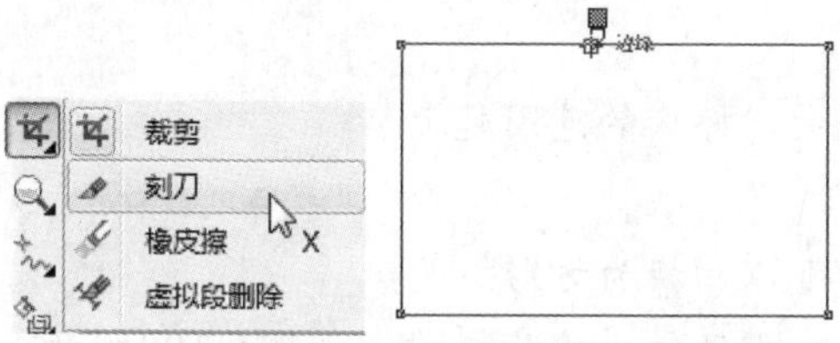

图5-92

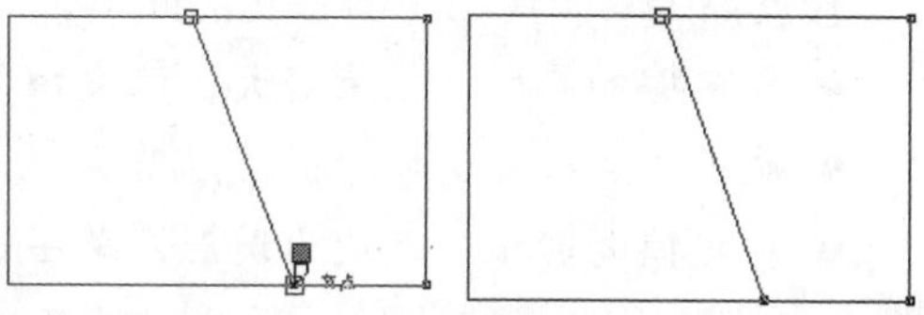
图5-93

03 单击“选择工具”，选择切割后的对象并移动，如图5-94所示。

04 单击“刻刀工具”，将刻刀工具定位在图形轮廓线上按住鼠标左键，移动光标绘制出曲线，如图5-95所示。松开鼠标后，即可按光标的移动轨迹切割图形。

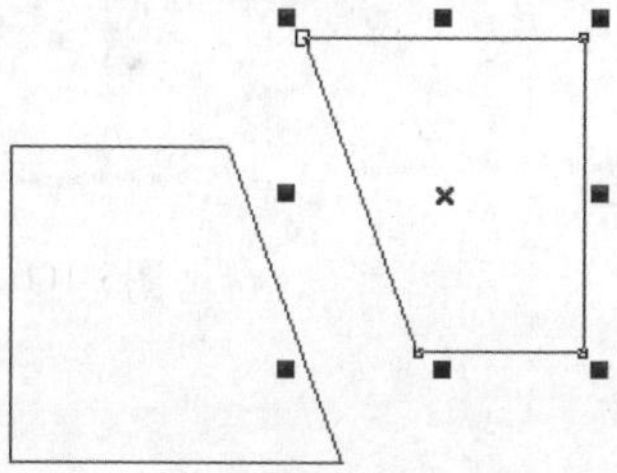
图5-94

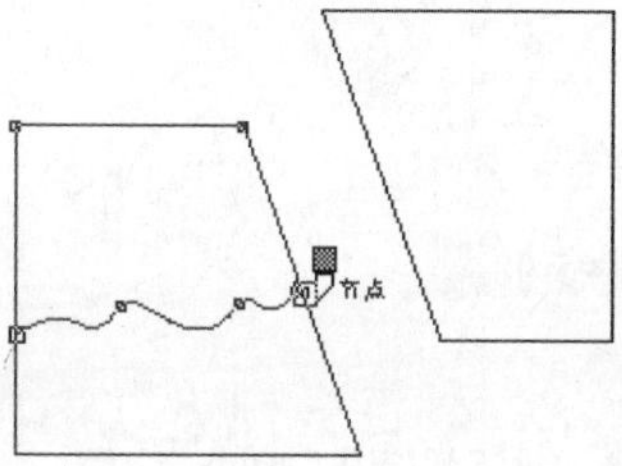
图5-95

05 单击“选择工具”，选择切割后的对象并移动，如图5-96所示。

刻刀工具属性栏中有两个可用按钮，如图5-97所示。

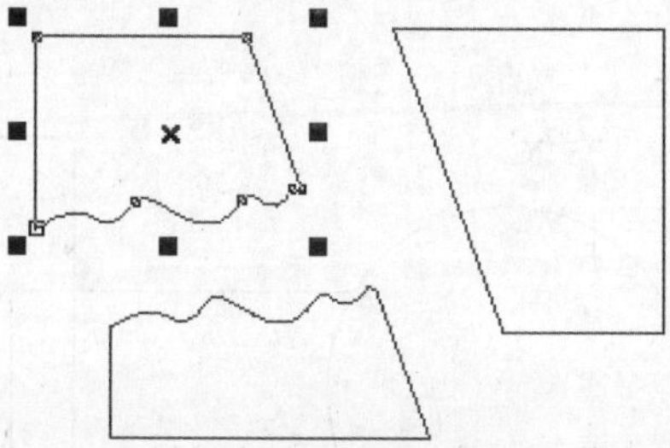
图5-96

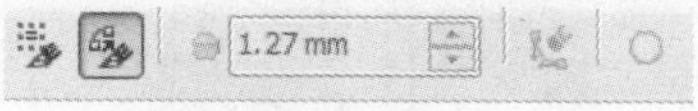

图5-97

- “保留为一个对象”按钮：单击该按钮后，再绘制切割线，可以使分割后的对象成为一个整体。
- “剪切时自动闭合”按钮：单击该按钮后，再绘制切割线，即可闭合分割的对象，分割后的两个对象将形成独立的对象。

5.6.3 橡皮擦工具

CorelDRAW允许擦除不需要的位图部分和矢量对象。橡皮擦工具就像铅笔橡皮擦一样，单击并拖动该工具可移除图像中的任何部分，具体操作方法如下。

01 单击"选择工具" ，选择需要擦除的对象，如图5-98所示。

提示　橡皮擦工具不能应用于群组对象，群组对象必须取消群组后才能应用该工具。

02 单击"橡皮擦工具" ，并在属性栏中设置橡皮擦的厚度，如图5-99所示。
橡皮擦工具属性栏中的各功能如下。
- 橡皮擦的厚度：数值越大，橡皮擦笔尖越大，擦除的范围越大。
- 减少节点：减少擦除区域的节点。
- 橡皮擦的形状：默认为圆形，单击该按钮可以切换为方形。

03 在对象上按住鼠标左键并拖动，松开鼠标后，即可停止擦除操作，如图5-100所示。继续擦除操作，即到满意为止。

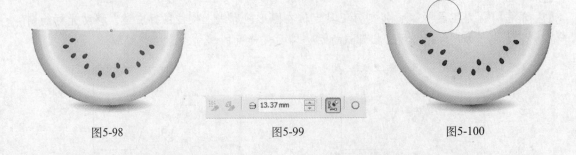

| 图5-98 | 图5-99 | 图5-100 |

5.6.4 虚拟段删除工具

虚拟段删除工具可以删除对象交叉重叠的部分。例如，可以删除线条自身的结，或线段中两个或更多对象重叠的结，具体操作方法如下。

01 单击"虚拟段删除工具" ，框选或单击要删除的线段，即可删除该线段，如图5-101所示。

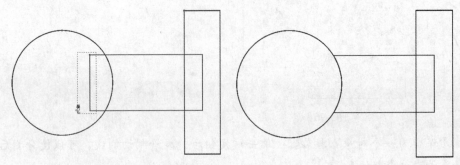

图5-101

02 框选或单击另一段交叉线段，效果如图5-102所示。

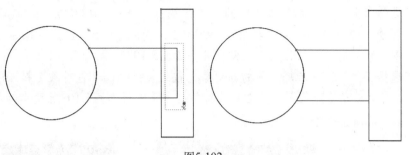

图5-102

5.7 上机实训：情人节邮票

本节实例运用步长和重复命令创建等距离排列的副本，使用造形命令创建邮票轮廓，最后利用图框精确剪裁的方法将图形置入邮票图形内部，完成情人节邮票的设计，具体操作方法如下。

01 在工具箱中单击"矩形工具" □，绘制一个矩形，在右侧调色板中单击粉色块，为矩形填充粉色，如图5-103所示。

02 单击"椭圆形工具" ○，按住Ctrl键的同时，在页面中按下鼠标左键并拖动光标，松开鼠标后完成圆形的绘制，移动圆形到粉色矩形边缘位置，如图5-104所示。

图5-103

图5-104

03 执行"编辑"|"步长和重复"命令，在右侧显示"步长和重复"泊坞窗，水平设置偏移的距离以及副本的份数，单击"应用"按钮，创建等距离排列的圆，效果如图5-105所示。

04 在工具箱中单击"选择工具" ▶，选择全部圆对象，按组合键Ctrl+C将对象复制，再按组合键Ctrl+V将对象粘贴在原位置，向下移动圆对象的副本，效果如图5-106所示。

图5-105

图5-106

05 单击"选择工具" 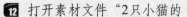，选择顶部的圆对象，执行"排列"|"变换"|"旋转"命令，打开"变换"泊坞窗，设置旋转角度为90，副本为1，单击"应用"按钮，复制并旋转圆对象，移动此列圆的位置至左侧，效果如图5-107所示。

06 单击"选择工具"，选择左侧的圆对象，按组合键Ctrl+C将对象复制，再按组合键Ctrl+V将对象粘贴在原位置，向右移动圆的副本，效果如图5-108所示。

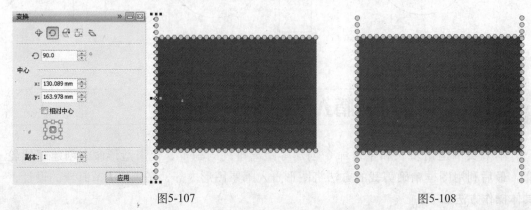

图5-107   图5-108

07 单击"选择工具"，选择多余的圆对象，按Delete键，删除多余的对象，如图5-109所示。

08 单击"选择工具"，选择矩形和全部圆对象后，单击属性栏中的"简化"按钮，即可修剪对象中的重叠区域。

09 单击"选择工具"，选择全部圆对象，按Delete键，删除圆对象后，效果如图5-110所示。

图5-109   图5-110

10 在工具箱中单击"矩形工具"，绘制一个矩形，在右侧调色板中单击白颜色块，为矩形填充白色。

11 单击"选择工具"，选择矩形和修剪的邮票轮廓图形，在属性栏中单击"对齐与分布"按钮后，界面右侧显示"对齐与分布"泊坞窗，在"对齐与分布"泊坞窗中单击"水平居中对齐"按钮，再单击"垂直居中对齐"按钮，效果如图5-111所示。

12 打开素材文件"2只小猫的

图5-111

爱情.cdr"，单击"选择工具" ↖，选择全部的图案，按组合键Ctrl+C将对象复制，关闭素材文件，在邮票文件中按组合键Ctrl+V粘贴对象，如图5-112所示。

⑬ 执行"效果"|"图框精确剪裁"|"置于图文框内部"命令，这时光标变为黑色粗箭头状态，单击白色矩形，即可将小猫对象置于该矩形中，并居中显示，如图5-113所示。

图5-112

图5-113

⑭ 双击小猫图案，此时框内被剪裁的图形全部显示出来，移动其四周的控制点，缩小图形，效果如图5-114所示。

⑮ 执行"效果"|"图框精确剪裁"|"结束编辑"命令。

⑯ 在工具箱中单击"基本形状工具" 모，单击"完美形状"挑选器按钮 ▱，然后从列表中单击心形，在邮票中心位置单击并拖出心形。

⑰ 在工具箱中单击"文本工具" 字，在属性栏中设置文字的大小和字体，在页面上单击输入文字，情人节邮票设计完成，如图5-115所示。

图5-114

图5-115

5.8 练习题

一、填空题

1．除螺纹、手绘线条和贝塞尔线条外，大多数添加至绘图中的对象都不是曲线对象。因此，如果要自定义对象形状或文本对象，建议将对象转换为_____。

2．在CorelDRAW X6中有两个基于矢量图形的变形工具：_____和_____。

3．_____可以移除对象和导入的图形中不需要的区域，裁剪对象可以是矢量对象和位图。

二、选择题

1. （　　）工具可以自动在选定对象周围创建路径。

    A. 修剪　　　　　　B. 相交　　　　　　C. 边界　　　　　　D. 简化

2. 按下（　　）键，弹出"轮廓笔"对话框。

    A. F9　　　　　　　B. F10　　　　　　　C. F11　　　　　　　D. F12

3. （　　）可以将位图或矢量对象一拆为二，并且通过重绘其路径进行重塑。

    A. 虚拟段删除工具　　　　　　　　B. 橡皮擦工具

    C. 裁剪工具　　　　　　　　　　　D. 刻刀工具

三、问答题

1. 怎样连接曲线和断开曲线？

2. 怎样设置图形轮廓线的颜色、线宽和样式？

3. 怎样将一个图形置入一个图框内部？

四、绘图题

运用本章所学的工具绘制图形，如图5-116所示。

图5-116

第6章　颜色和填充

一幅优秀的绘图作品除了有好的构图及轮廓外，色彩运用是否合理，是判断一幅作品是否成功的关键所在。灵活掌握纯色、渐变色、图案和纹理的填充方法，能够让设计作品展现出独特的创意感。

6.1　选择颜色

选择填充色和轮廓色的方法有多种，除了使用界面右侧的默认调色板，还有文档调色板、自定义调色板供用户使用。

6.1.1　默认调色板

调色板是多个色样的集合。使用默认调色板来选择填充色和轮廓颜色的操作方法如下。

01 在工具箱中单击"选择工具" ，选择对象，在界面右侧的调色板中单击一种色样，即可为选定的对象选择填充色；右键单击一个色样，即可为选定的对象选择轮廓颜色。当前选择图形的填充色和轮廓色显示在状态栏中，在文档调色板中也添加了选择色样，如图6-1所示。

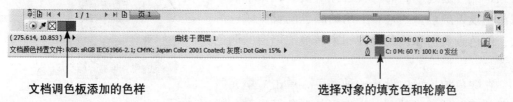

文档调色板添加的色样　　　　　　　　　　　　　选择对象的填充色和轮廓色

图6-1

02 在调色板的一个色样上按住鼠标左键，会弹出颜色挑选器，显示的是色样的相近色，在颜色挑选器上移动光标到适合的色样上，如图6-2所示。此时松开鼠标，即可为选择的对象指定该颜色。

03 单击调色板顶部和底部的滚动箭头 、 ，可查看默认调色板中的更多颜色。

04 单击调色板底部的 按钮，可临时展开调色板，从中选取色样，如图6-3所示。

05 执行"窗口"|"调色板"|"默认CMYK调色板"命令，如图6-4所示，即可在界面右侧增加一个"默认CMYK调色板"调色板。

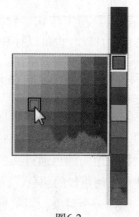

图6-2

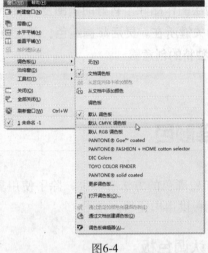

图6-3 　　　　　　　　　　　　　　　　图6-4

6.1.2　颜色泊坞窗

　　执行"窗口"｜"泊坞窗"｜"彩色"命令，打开
颜色泊坞窗，如图6-5所示。在该窗口的色彩模式选
择框中包括CMYK、RGB及Web Safe Colors等多色彩
模式，并可通过下面的色彩选择滑块（或文本框）
来精确设置颜色。通过右上角的颜色滴管、颜色滑
块、颜色查看器和调色板按钮来转换泊坞窗的调色
模式。

　　在颜色泊坞窗中设置一种颜色，单击"填充"
或"轮廓"按钮，就可以为选择的对象填充颜色或
指定轮廓色。

图6-5

　　在工具箱中按住"轮廓笔工具" 或"填充工具" ，在弹出的工具列表中选择
"彩色工具"，也可以打开"颜色"泊坞窗。

6.1.3　文档调色板

　　创建新绘图时，应用程序会自动生成一个空调色板，称为文档调色板，位置在绘图
区的下端。每次在绘图中使用一种颜色时，该颜色会自动添加到文档调色板中。

　　将使用的颜色通过文档保存起来并进行记录，是为了供将来使用，可以快速选择已
经使用或使用过的颜色，操作方法如下。

　　选择一个对象，用鼠标左键单击或右键单击文档调色板中的色样，即可为选择对象
填充颜色或指定轮廓色。

6.1.4 自定义调色板

在CorelDRAW中虽然已经提供了很多色彩模式供用户填充颜色，但在实际绘图中，有时还是不能满足用户的需要，这时用户可根据需要来自行创建合适的调色板，以满足需要，操作方法如下。

01 执行"工具"|"调色板编辑器"命令，打开"调色板编辑器"对话框，如图6-6所示。

02 在"调色板编辑器"对话框中单击"新建调色板"按钮，打开"新建调色板"对话框，在"文件名"文本框中输入调色板的名称，单击"保存"按钮，即可新建一个调色板，如图6-7所示。

图6-6   图6-7

"调色板编辑器"对话框中各选项的功能如下。

- 编辑颜色：在"调色板编辑器"对话框的颜色列表框中选择一种颜色，单击该按钮，在弹出的"选择颜色"对话框中自定义一种新颜色，完成后单击"确定"按钮，即可完成编辑，如图6-8所示。

图6-8

- 添加颜色：单击该按钮，在弹出的"选择颜色"对话框中自定义一种颜色，然后单击"加到调色板"按钮即可为调色板添加一种颜色，单击"确定"按钮，即可结束添加颜色的操作，如图6-9所示。
- 删除颜色：在颜色列表中选择要删除的颜色，然后单击该按钮，即可删除选择的色样。

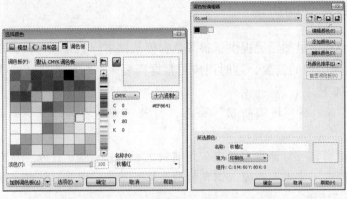

图6-9

- 将颜色排序：单击该按钮，在展开的下拉列表中可选择所需的排序方式，使颜色
  按指定的方式重新排列，如图6-10所示。

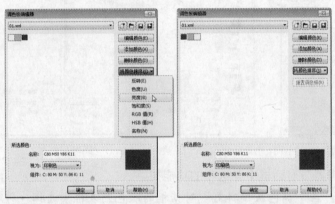

图6-10

- 重置调色板：单击该按钮，弹出相应的提示对话框，单击"是"按钮，即可恢复
  调色板默认的设置。

6.1.5 调色板管理器

执行"窗口"|"泊坞窗"|"调色板管理器"命令，打开"调色
板管理器"泊坞窗，如图6-11所示。

调色板管理器是一个可快速访问可用调色板（包括文档调色
板和颜色样式调色板）及创建自定义调色板的泊坞窗。"调色板
管理器"中的调色板分为两个主文件夹："我的调色板"和"调
色板库"。

可以使用"我的调色板"文件夹保存所有自定义调色板，可以
添加文件夹来保存和组织不同项目的调色板，复制调色板或将调色
板移动到其他文件夹中，还可以打开所有调色板并控制其显示。

在"调色板管理器"泊坞窗中，单击调色板名称左侧的"隐
藏"按钮 ，即可切换为"显示"按钮 ，此时该调色板会显示
在右侧。

图6-11

6.2 均匀填充

均匀填充是为对象填充单一的颜色，用户可以通过调色板进行填充。选中要填充的对象，然后使用鼠标左键单击调色板中的色样即可。

使用调色板填充对象的另一种方法是，使用鼠标左键将调色板中的色样直接拖动到图形对象上，然后松开鼠标，即可将该颜色应用到对象上，如图6-12所示。

如果调色板中的色样无法满足需要，可以自定义颜色，操作方法如下。

01 选择要填充的对象，单击工具箱中的"填充工具" <img>，在展开的工具列表中单击"均匀填充工具" ■，弹出"均匀填充"对话框，如图6-13所示。

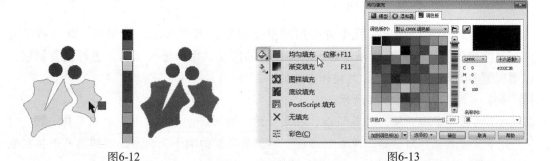

图6-12　　　　　　　　　　　　　　　图6-13

02 在"均匀填充"对话框中单击"模型"选项卡，在"模型"下拉列表中选择需要的颜色模式为CMYK，并选择颜色，单击"确定"按钮，将颜色填充到选择对象中，如图6-14所示。

图6-14

03 选择要填充的对象，单击工具箱中的"填充工具" <img>，在展开的工具列表中单击"均匀填充工具" ■，在弹出的"均匀填充"对话框中设置颜色，单击"确定"按钮，将颜色填充到选择对象中，如图6-15所示。

图6-15

在"均匀填充"对话框中包括3个选项卡，即：模型、混合器和调色板。利用这3个选项卡可选择和创建颜色。

6.3 渐变填充

渐变填充是给对象增加深度感的两种或更多种颜色的平滑渐进的色彩效果。渐变填充方式应用到设计创作中是非常重要的技巧，它可以用于表现物体的质感，以及在绘图中用于表现非常丰富的色彩变化。

6.3.1 预设渐变填充

渐变预设为用户提供了几十种实用的渐变效果，用户可以直接调用，既节省了时间，又能得到不错的填充效果。对于这些预设的渐变，用户还可以对其进行设置调整，以得到更多的渐变填充效果，其操作方法如下。

01 选择一个图形，如图6-16所示。

02 在工具箱中单击"填充工具" ，在展开的工具列表中选择"渐变填充工具" ，打开"渐变填充"对话框，单击"预设"右侧选项框的向下三角形，在弹出的下拉列表中选择"50-圆面-金色01"，如图6-17所示。

03 单击"确定"按钮，应用预设渐变，效果如图6-18所示。

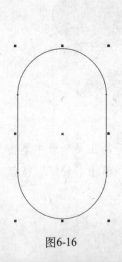
图6-16

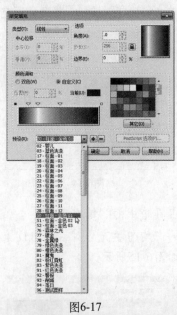
图6-17

图6-18

提示　　当选择一种预设渐变效果之后，还可以在"渐变填充"对话框中修改其参数设置。如果创建了一个很好的渐变填充，想在今后快捷地调用，可以在预设选项框中键入新渐变的名称，再单击预设选项框右边的 按钮，即可将已经制作好的渐变添加到预设列表中去。相应的，如果想要删除掉某个预设渐变，选择该渐变后，单击 按钮，并从弹出的提示对话框中单击"确定"按钮即可。

6.3.2 双色渐变填充

双色渐变填充可以实现从一种颜色到另一种颜色的平滑过渡，其操作方法如下。

01 选择一个图形，如图6-19所示。

02 在工具箱中单击"填充工具" ◇ ，在展开的工具列表中选择"渐变填充工具" ■ ，打开"渐变填充"对话框，渐变"类型"选择"辐射"，"颜色调和"选择"双色"，设定"从（F）"颜色为黄色，"到（O）"颜色为白色，此时右上角的预览窗口立即变为由黄到白的辐射效果，如图6-20所示。

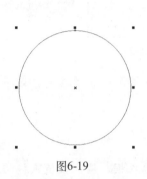

图6-19

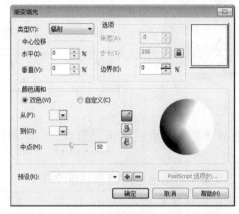

图6-20

渐变填充包含以下4种类型。

● 线性渐变填充：是指在两个或两个以上的颜色之间产生直线形的颜色渐变，从而产生丰富的颜色变化效果。

● 辐射渐变填充：是指在两个或两个以上的颜色之间产生以同心圆的形式由对象中心向外辐射的颜色渐变效果。辐射渐变填充可以很好地体现球体的光线变化效果和光晕效果。

● 圆锥渐变填充：是指在两个或两个以上的颜色之间产生的色彩渐变，以模拟光线落在圆锥上的视觉效果，从而使平面图形表现出空间立体感。

● 正方形渐变填充：是指两个或两个以上的颜色之间产生以同心方形的形式从对象中心向外扩散的色彩渐变效果。

4种类型的渐变填充效果如图6-21所示。

线性渐变　　　　　辐射渐变　　　　　圆锥渐变　　　　　正方形渐变

图6-21

03 单击"确定"按钮，应用双色辐射渐变，效果如图6-22所示。

04 在工具箱中单击"填充工具" ◇ ，在展开的工具列表中选择"渐变填充工具" ■ ，打开"渐变填充"对话框，在右上角的预览窗口中按住鼠标左键并移动，改变辐射的中心点位置，此时对话框中"中心位移"下的"水平"和"垂直"数值也相应地改变，单击"确定"按钮，改变辐射中心点的双色渐变填充后，效果如图6-23所示。

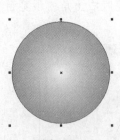
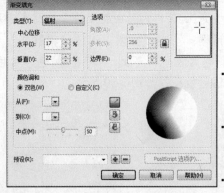
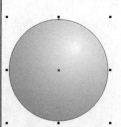

图6-22 图6-23

05 在调色板中用鼠标右键单击"无填充"色样⊠，取消圆的轮廓填充，效果如图6-24所示。

"渐变填充"对话框中的选项功能如下。

● 类型：选择渐变类型。

● 中心位移：包含"水平"和"垂直"两个数值输入框，输入数值或拖动后面的调节按钮，可以调整渐变中心的水平和垂直位置，另一种设置中心点的快捷方法是在预览窗口中按住鼠标左键拖动鼠标，鼠标停留点就是新的中心点。其中"线性"渐变填充不能设置"中心位移"。

● 角度：决定渐变颜色的角度，除了输入角度数值外，还可以在预览窗口中按住鼠标左键拖动鼠标，鼠标停留点就是新设置的渐变角度。

● 步长：决定各种颜色之间的过渡数量，低数值的步长渐变效果比较粗糙，会产生条带效果，如图6-25所示。数值右侧还有"锁定/解锁"切换按钮。默认状态下步长值256处于锁定状态。

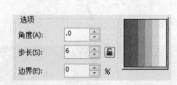

图6-24 图6-25

● 边界：决定颜色渐变过渡的范围，数值越小范围越大，反之则越小。

● 双色：指渐变的方式是以两种颜色进行过渡。其中的"从（F）"是指渐变的起始颜色，"到（O）"是指渐变的结束颜色。单击右边的下拉按钮，可从弹出的颜色选取器中选择需要的颜色，也可以单击列表框下方的"其它"按钮，在弹出的对话框中自定义颜色。

● 中点：拖动"中点"滑块可设置两种颜色之间的中点位置。

- **直线路径** ：单击该按钮，渐变将根据色度和饱和度沿直线的变化确定中间填充颜色，直线的变化以设置的"从（F）"颜色开始，穿越色轮，以设置的"到（O）"颜色结束。
- **逆时针路径** ：单击该按钮，将按逆时针方向在色轮上从一种颜色调和到另一种颜色，在色轮上可看到一条弧线标识颜色的渐变路径，此时渐变的颜色就不只是两种了。
- **顺时针路径** ：单击该按钮，将按顺时针方向在色轮上从一种颜色调和到另一种颜色，它也有一条弧线显示渐变路径，如图6-26所示。

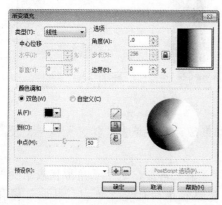 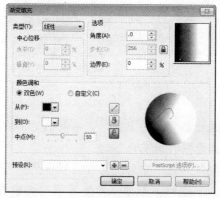

逆时针路径　　　　　　　　　　　顺时针路径

图6-26

6.3.3　自定义渐变填充

　　自定义渐变填充和双色渐变填充不同，它可以设置多种颜色间的渐变，因而自定义渐变能创造出多层次、多色彩的渐变效果，其操作方法如下。

01 选择一个图形，如图6-27所示。

02 在工具箱中单击"填充工具" ，在展开的工具列表中选择"渐变填充工具" ，打开"渐变填充"对话框，渐变"类型"选择"圆锥"，并选中"自定义"单选按钮，这时在"颜色调和"选项组内显示的是"当前"色样、预览颜色带和调色板。在预览颜色带的上方显示有矩形，矩形代表自定义渐变的起始和结束颜色。"当前"色样显示的是当前选中状态下的黑色矩形（起始颜色），如图6-28所示。

图6-27　　　　　　　　　　　图6-28

03 单击"其它"按钮，在打开的"选择颜色"对话框中单击"模型"选项卡，选择 "灰度"，设置灰度值为145，单击"确定"按钮，将起始颜色设置为灰色，如 图6-29所示。

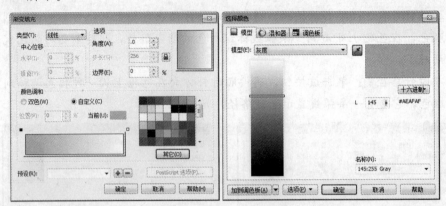

图6-29

04 在预览颜色带的上方单击右侧的矩形块（结束颜色），单击"其它"按钮，设置与起 始颜色同样的灰色。

05 在预览颜色带中的适当位置双击鼠标可添加一个三角形，这个三角形代表渐变路径中 的一个颜色。拖动三角形可调整颜色在渐变路径中的位置，单击"其它"按钮打开 "选择颜色"对话框，设置灰度值为190。

06 采用同样的方法，在预览颜色带中添加3个三角形，并设置颜色，如图6-30所示。

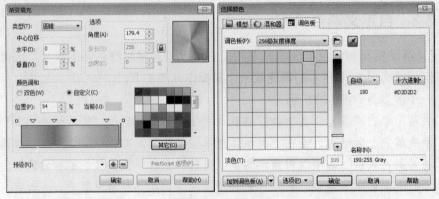

图6-30

提示　　　我们已经知道在预览带上双击鼠标可以添加一种颜色，那么选择这种颜色，在这个 三角形上双击鼠标也可将其从渐变路径上删除。

07 单击"确定"按钮，应用自定义颜色的 辐射渐变填充效果，如图6-31所示。

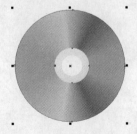

图6-31

6.3.4 "对象属性"泊坞窗

除了使用渐变填充工具为对象填充渐变色外，还可使用"对象属性"泊坞窗来完成对象的渐变填充操作，其操作方法如下。

选择对象后，执行"窗口"|"泊坞窗"|"对象属性"命令，打开"对象属性"泊坞窗，单击"填充"按钮 ，再单击"渐变填充"按钮 ，此时显示出渐变填充设置，单击下面的三角形按钮，展开更多的设置选项，如图6-32所示。

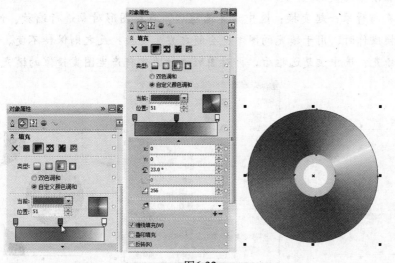

图6-32

在"对象属性"泊坞窗中设置渐变色或其他的填充效果时，每改变一个选项的设置，对象都会立即显示出效果，因此观察设计作品会更直观和方便快捷。

6.4 图样填充

使用图样填充能够在图形中填入各种各样的花纹图案，使视觉效果更加丰富多彩。在CorelDRAW中，用户可以使用默认的预置图案，也可以导入位图或矢量图作为图案，还可以自己创建图案。

6.4.1 双色图样填充

双色图样填充只有两种颜色，虽然没有丰富的颜色，但刷新和打印速度较快，是用户非常喜爱的一种填充方式，其操作方法如下。

01 选择对象，在工具箱中单击"填充工具" ，在展开的工具列表中选择"图样填充工具" ，打开"图样填充"对话框，选中"双色"单选按钮，单击右侧的图案，在弹出的图案列表中选择一种图案，单击"确定"按钮，填充图样后效果如图6-33所示。图样填充的各选项功能如下。

● 前部/后部：用于设置图案的前景色和背景色。

● 原始：在"X"和"Y"数值框中输入数值，可以使图案进行填充后相对于图形的位置发生变化。

- 大小：在"宽度"和"高度"数值框中输入数值，可设置用于填充图案的单元图案大小。
- 变换：在"倾斜"和"旋转"数值框中输入数值，可以使单元图案产生相应的倾斜和旋转效果。
- 行或列位移：在"平铺尺寸"数值框中输入"行"或"列"的百分比值，可使图案产生错位的效果。
- 将填充与对象一起变换：选中该复选框后，在对图形对象进行缩放、倾斜、旋转等变换操作时，用于填充的图案也会随之发生变换；反之则保持不变。
- 镜像填充：选中该复选框后，再对图形进行填充将产生图案镜像的填充效果。

图6-33

02 执行"窗口"|"泊坞窗"|"对象属性"命令，在打开的"对象属性"泊坞窗中，分别单击"前景"和"背景"色样，选择新的颜色，并设置"宽度"、"高度"以及"倾斜图样"的角度值，此时选择对象显示调整后的效果，如图6-34所示。

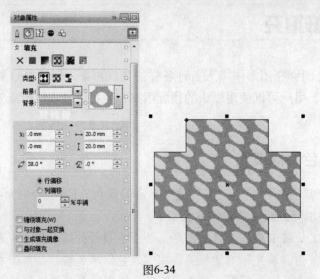

图6-34

提示　　"对象属性"泊坞窗可以为选择的对象直接填充图样，也可以用于修改填充的选项。

6.4.2 全色图样填充

全色图样填充（又称为"矢量图样"）是比较复杂的矢量图形，可以由线条和填充组成，其操作方法如下。

01 选择一个对象，如图6-35所示。

02 在工具箱中单击"填充工具" 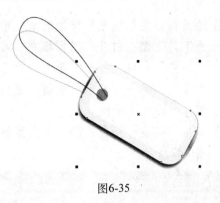，在展开的工具列表中选择"图样填充工具" ，打开"图样填充"对话框，选中"全色"单选按钮，单击右侧的图案，在弹出的图案列表中选择一种图案，如图6-36所示。

图6-35

03 单击"确定"按钮，填充图样后效果如图6-37所示。如果效果不满意，还可以在"对象属性"泊坞窗中进行调整。

图6-36

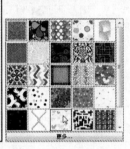

图6-37

6.4.3 位图图样填充

位图图案是预先设置好的许多规则的彩色图片，这种图案和位图图像一样，有着丰富的色彩。用户还可以导入新的位图图像作为图案进行填充。

01 选择一个对象，如图6-38所示。

02 在工具箱中单击"填充工具" ，在展开的工具列表中选择"图样填充工具" ，打开"图样填充"对话框，选中"位图"单选按钮，单击右侧的图案，在弹出的图案列表中选择一种图案，并设置大小，如图6-39所示。

图6-38

图6-39

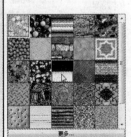

03 单击"确定"按钮，填充图样后效果如图6-40
所示。

04 选择需要重新填充图样的对象，单击"图样填
充工具" ，打开"图样填充"对话框，单击
"浏览"按钮，打开"导入"对话框，选择一
个位图，单击"导入"按钮，重新设置大小数
值，如图6-41所示。

05 单击"确定"按钮，修改填充图样后，效果如
图6-42所示。

图6-40

图6-41

图6-42

6.5 底纹填充

　　底纹填充是随机生成的填充，可用于赋予对象自然的外观。CorelDRAW提供预设的
底纹，而且每种底纹均有一组可以更改的选项。底纹填充只能包含 RGB 颜色；但是，可
以将其他颜色模型和调色板用作参考来选择颜色。使用底纹填充对象的操作方法如下。

01 选择需要填充的对象，在工具箱中单击"填充工具" ，在展开的工具列表中选择
"底纹填充工具" ，打开"底纹填充"对话框，选择底纹库名称，在底纹列表中选
择底纹样式，并在右边设置底纹的组成颜色，如图6-43所示。

02 在选择颜色后，系统会弹出提示对话框，如图6-44所示，单击"确定"按钮。

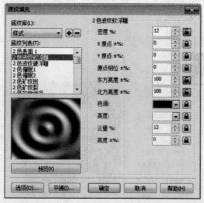

图6-43

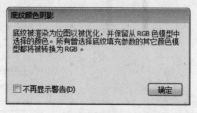

图6-44

03 根据用户选择底纹样式的不同，会出现相应的选项，调整设置后，单击"预览"按钮，查看设置后的底纹效果，如图6-45所示。

04 调整满意后，单击"确定"按钮，纹理填充效果如图6-46所示。

图6-45

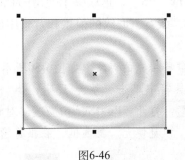

图6-46

在"底纹填充"对话框中，单击"选项"按钮，会弹出"底纹选项"对话框，在其中可以设置位图分辨率和最大平铺宽度，如图6-47所示。

单击"平铺"按钮，弹出"平铺"对话框，在其中可以设置"原点"、"大小"、"变换"、"行或列位移"等参数。用户可以更改底纹中心来创建自定义填充。需要注意的是，相对于对象顶部来调整第一个平铺的水平或垂直位置时，会影响其余的填充。如果希望纹理填充根据对填充对象所作的操作而改变，可以选中"将填充与对象一起变换"复选框，如图6-48所示。

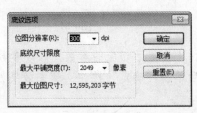

图6-47

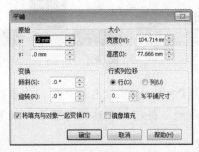

图6-48

提示　用户可以修改从底纹库中选择的底纹，还可以将修改的底纹保存到另一个底纹库中。单击"底纹填充"对话框中的 ⊞ 按钮，弹出"保存底纹为"对话框，在"底纹名称"文本框中输入底纹的保存名称，并在"库名称"下拉列表中选择保存后的位置，然后单击"确定"按钮，即可保存自定义的底纹填充效果，如图6-49所示。

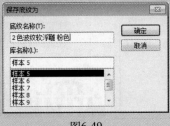

图6-49

6.6 PostScript填充

可以在对象中应用PostScript底纹填充。PostScript底纹填充是使用PostScript语言创建的。有些底纹非常复杂，因此打印或屏幕更新可能需要较长时间。填充可能不显示，而显示字母"PS"，这取决于使用的视图模式。在应用PostScript底纹填充时，可以更改诸如大小、线宽、底纹的前景和背景中出现的灰色量等属性。PostScript底纹的填充方法如下。

01 选择需要填充的对象，如图6-50所示。

02 在工具箱中单击"填充工具" △，在展开的工具列表中选择"PostScript填充工具" 踉，打开"PostScript底纹"对话框，在左侧列表中选择PostScript底纹的名称，选中"预览填充"复选框，在预览窗口观察所选的底纹样式，如图6-51所示。

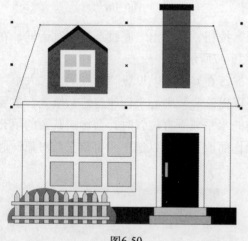

图6-50

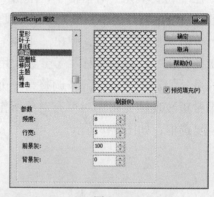

图6-51

03 在选择PostScript底纹名称之后，在参数选项栏中会显示相应的参数，修改参数后，单击"刷新"按钮，观察调整效果，效果满意后单击"确定"按钮，填充效果如图6-52所示。

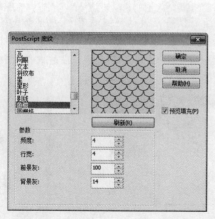

图6-52

6.7 使用滴管和应用颜色填充

"滴管工具"和"应用颜色工具"是系统提供给用户的取色和填充的辅助工具。"滴管工具"包括"颜色滴管工具"和"属性滴管工具"。

6.7.1 颜色滴管工具

"颜色滴管工具"可从绘图窗口或桌面的对象中选择并复制颜色,其操作方法如下。

01 在工具箱中单击"颜色滴管工具",此时其属性栏中"滴管"按钮处于启用状态,光标切换为滴管形状,移动光标,光标会显示当前位置的颜色,如图6-53所示。

图6-53

颜色滴管工具属性栏中各按钮的功能如下。

- "滴管"按钮:单击一点,可选取该位置的颜色。
- "应用颜色"按钮:在图形内部单击,为图形填充图色,在图形轮廓上单击,为其指定轮廓色。
- 从桌面选择:如果想对绘图窗口外的颜色进行取样,单击属性栏上的"从桌面选择"按钮,然后单击桌面上的颜色。
- 1×1:允许用户选择单击的像素颜色
- 2×2:允许用户选择2×2像素示例区域中的平均颜色,单击的像素位于示例区域的中间。
- 5×5:允许用户选择5×5像素示例区域中的平均颜色。

02 单击鼠标左键,光标当前位置的颜色被选中,并显示在属性栏中,而且自动切换到"应用颜色"按钮的启用状态,在图形中单击,即可将所选颜色应用到对象上,如图6-54所示。

图6-54

03 在属性栏中单击"滴管"按钮  重新选择颜色后，再填充到图形中，效果如图6-55所示。

图6-55

6.7.2 属性滴管工具

"属性滴管工具" 可为绘图窗口中的对象选择并复制对象属性，如线条粗细、大小和效果，其操作方法如下。

01 在工具箱中单击"属性滴管工具" ，此时其属性栏中的"滴管"按钮 处于启用状态，在属性栏中单击"属性"、"变换"、"效果"按钮，选择需要复制的属性，如图6-56所示。

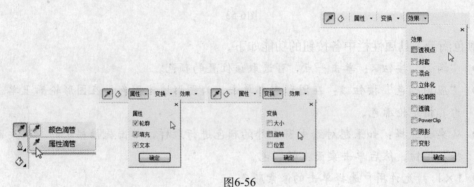

图6-56

02 在绿叶渐变填充图形位置单击，将光标移动到需要填充的对象上单击，即可将吸取的源对象信息应用到目标对象上，如图6-57所示。

图6-57

03 依次在其他对象上单击，填充的效果如图6-58所示。

04 在属性栏中单击"选择对象属性"吸管按钮 ，在花瓣图形对象上单击，吸取其属性信息，再单击右侧的树叶图形，该图形即可应用新的效果，如图6-59所示。

图6-58   图6-59

6.7.3　复制填充

除了使用属性滴管工具可以复制对象填充效果，还可以使用快捷菜单的方法选择复制的属性。将一个对象的填充效果复制到另一个对象的操作方法如下。

01 在工具箱中单击"选择工具" 🔩，选择源对象A。

02 按住鼠标右键，将源对象A拖动到需要对其应用填充的目标对象B上，如图6-60所示。

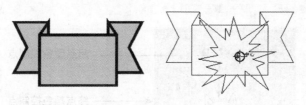

图6-60

03 松开鼠标右键，然后从弹出的快捷菜单中选择复制的属性为"填充"，即可将源对象A的填充效果复制到目标对象B上，如图6-61所示。

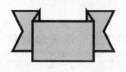

图6-61

6.8　使用交互式填充工具

交互式填充工具可以为选择对象应用各种填充，并可以在页面上绘出填充的方向和角度等，其操作方法如下。

01 在工具箱中选择"交互式填充工具" 🖌，单击需要填充的花猫黑色身体图形，如图6-62所示。

02 在交互式填充工具属性栏中，"均匀填充类型"选择"调色板"，并选择颜色为黄色，应用的填充效果如图6-63所示。

图6-62　　　　　　　　　　图6-63

03 单击背景矩形，在属性栏中"填充类型"选择"辐射"，图形上生成控制点，如图6-64所示。

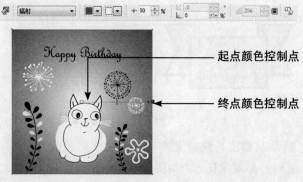

起点颜色控制点

终点颜色控制点

图6-64

04 在属性栏中重新选择起点颜色和终点颜色的色样，并移动控制点的位置，改变辐射效果如图6-65所示。

05 单击左侧的植物图形，在属性栏中"填充类型"选择"线性"，指定起点颜色和终点颜色的色样，将鼠标放置在植物左上角，按下鼠标左键并向右下角拖动，拖出对象上的线性渐变控制点，即可手动调整渐变的角度和边界距离，效果如图6-66所示。

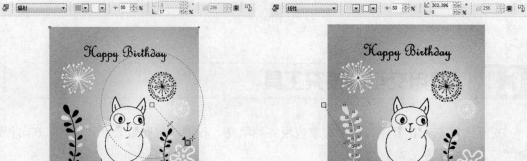

图6-65　　　　　　　　　　图6-66

提示 如果选择的对象是群组对象，那么使用填充工具将对群组对象进行整体的填充操作。

6.9 使用网状填充工具

在对象中填充网状填充时，可以创建任何方向的平滑的颜色过渡，从而产生更加真实的外观效果，如图6-67所示。应用网状填充时，可以指定网格的列数和行数，而且可以指定网格的交叉点。创建网状对象之后，可以通过添加和移除节点或交点来编辑网状填充网格，也可以移除网状。

均匀填充

网状填充

图6-67

6.9.1 创建及编辑对象网格

网状填充只能应用于闭合对象或单条路径。用户创建网格对象之后，可以通过添加、移除节点或交叉点等方式编辑网格，其操作方法如下。

01 在工具箱中单击"网状填充工具" ，单击已经绘制的花瓣图形，此时花瓣图形上会出现网格，如图6-68所示。

02 在属性栏中增加网格的行和列数，如图6-69所示。

图6-68

图6-69

提示 也可以将光标靠近网格线，当光标变为 状态时，在网格上双击，可以添加一条经过该点的网格线。在网格线上单击一点可以添加节点，单击一个节点按Delete键即可将其删除。

03 选择网格上的节点，并移动位置，如图6-70所示。

> **提示** 系统默认的框选类型为"矩形"，用户可以在网状填充工具属性栏的"选取范围模式"下拉列表中选取合适的选取方式。

图6-70

6.9.2 为网格对象填充颜色

使用网状填充工具为对象添加颜色，能够很好地表现对象的光影关系以及更丰富的颜色渐变效果，其操作方法如下。

01 选择要填充的节点，如图6-71所示。

02 使用鼠标左键单击调色板中的色样，即可对该节点处的区域进行填充，也可以在"选择颜色"对话框中选择更多的颜色，如图6-72所示。

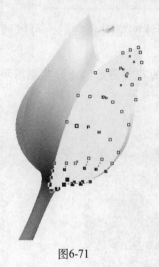

图6-71

图6-72

03 颜色应用于选择的节点之后，效果如图6-73所示。

04 采用同样的方法，为其他的节点指定新颜色，效果如图6-74所示。

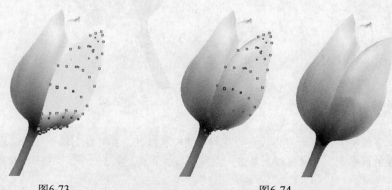

图6-73　　　　　　　　　　　　　　　　　图6-74

提示 网格上的节点指定颜色后，移动节点可以扭曲颜色填充的效果。

05 选择花瓣顶部的节点并填充粉色，效果如图6-75所示。

图6-75

6.10 填充开放的路径

　　在默认状态下，CorelDRAW只能对封闭的曲线填充颜色，如果要使用开放的曲线也能填充颜色，就必须更改工具选项设置，其操作方法如下。

01 执行"工具"|"选项"命令，打开"选项"对话框，在左侧列表中单击"常规"选项，在右侧选中"填充开放式曲线"复选框，然后单击"确定"按钮，即可对开放式曲线填充颜色，如图6-76所示。

02 选中要填充的开放式曲线图形，然后使用鼠标左键单击调色板中的色样，填充效果如图6-77所示。

图6-76

图6-77

6.11 智能填充工具

　　使用智能填充工具可以为任意的闭合区域填充颜色并设置轮廓。与其他填充工具不同，智能填充工具仅填充对象，它检测到区域的边缘并创建一个闭合路径，因此可以填充区域。例如，智能填充工具可以检测多个对象相交产生的闭合区域，即可对该区域进行填充。

01 在工具箱中单击"智能填充工具" 。

02 在属性栏上，从"填充选项"下拉列表中选择"指定"，单击右侧的色样，选择一种颜色，如图6-78所示。

填充选项功能如下。

● 使用默认值：可以使用填充工具默认设置填充区域。

● 指定：可以从属性栏上的填充色挑选器中选择一种颜色对区域进行纯色填充。

● 无填充：不对区域应用填充效果。

03 从"轮廓选项"下拉列表中选择"指定"，单击右侧的色样，选择一种颜色，并选择轮廓线宽度值，如图6-79所示。

图6-78   图6-79

轮廓选项功能如下。

● 使用默认值：可以应用默认轮廓设置。

● 指定：可以从轮廓宽度框中选择一个线条宽度，从轮廓颜色挑选器中选择一种线的颜色。

● 无轮廓：不对区域应用轮廓效果。

04 单击希望填充的闭合区域内部，新的对象会在闭合区域内部创建，此对象会沿用属性栏上选定的填充和轮廓样式，如图6-80所示。新对象显示在图层中现有对象的顶部。

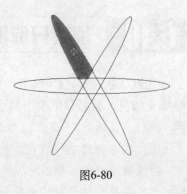

图6-80

提示　智能填充工具不但可以用于填充区域，还可以用于创建新对象。在上例中，每个填充的区域实际上就是一个对象。

6.12 设置默认轮廓和填充

默认状态下绘制出来的图形没有填充色，只有黑色轮廓。如果要在创建的图形中应用新的默认填充颜色和轮廓线属性，可以通过以下的方法来完成。

01 在工具箱中单击"选择工具" ，在页面上的空白区域内单击，取消所有对象的选取。

02 执行"窗口"|"泊坞窗"|"对象属性"命令，打开"对象属性"泊坞窗，如图6-81所示。

03 在"对象属性"泊坞窗中设置轮廓的属性和填充的颜色，然后使用绘图工具绘制一个图形对象，该对象即被填充为新的默认颜色。

04 以上步骤只是在当前文档中绘图时使用的轮廓和填充默认设置，如果希望每个新建文

档中都使用这个设置，应执行"工具"|"将设置另存为默认设置"命令。

图6-81

6.13 上机实训：圣诞节贺卡

本节实例使用填充工具制作贺卡的渐变背景，并结合前面各章所学习的绘图、对象处理和造形工具，完成圣诞节贺卡的设计，其具体操作方法如下。

01 在工具箱中单击"矩形工具" □，绘制一个矩形。

02 在工具箱中单击"填充工具" ◇，在展开的工具列表中选择"渐变填充工具" ■，打开"渐变填充"对话框，"类型"选择"辐射"，其中"从"色样值为（C:69、M:31、Y:6、K:0），"到"色样值为（C:100、M:7、Y:0、K:0），单击"确定"按钮，矩形填充为渐变蓝色，如图6-82所示。

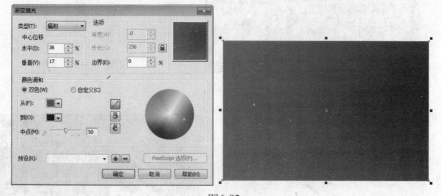

图6-82

03 在工具箱中单击"椭圆形工具" ○，绘制椭圆形，执行"窗口"|"泊坞窗"|"对象属性"命令，在"对象属性"泊坞窗中单击"填充"按钮 ◇，单击"均匀填充"按钮 ■，并设置填充颜色，如图6-83所示。

图6-83

04 单击矩形，执行"排列"|"造形"|"造形"命令，在打开的"造形"泊坞窗中选择"相交"，选中"保留原始源对象"复选框，单击"相交对象"按钮，单击圆对象，即可得到圆与矩形相交的重叠图形，如图6-84所示。

图6-84

05 采用同样的方法，创建另一个圆与矩形的重叠图形，并填充渐变蓝色，如图6-85所示。

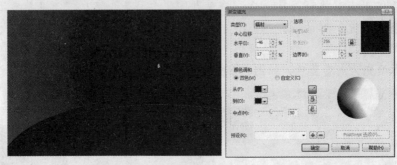

图6-85

06 在工具箱中单击"钢笔工具" ，绘制封闭图形，并单击右侧调色板中的白色色样，如图6-86所示。

07 在工具箱中单击"艺术笔工具" 后，在属性栏中单击"喷涂"按钮 ，单击"笔刷笔触"类别按钮，在其下拉列表中选择"星形"，"喷射图样"选择蓝色星形，并设置艺术笔的大小，在页面上绘制星

图6-86

光，效果如图6-87所示。

图6-87

08 将雪橇素材图形复制到当前文档中，单击右侧调色板中的白色色样，再次复制雪橇图形，并填充蓝色。向上移动适当的距离，产生投影效果，如图6-88所示。

图6-88

09 在工具箱中单击"文本工具"字，在属性栏中设置文字的大小和字体，在页面上单击并输入文字后，圣诞贺卡制作完成，如图6-89所示。

图6-89

6.14 练习题

一、填空题

1. 每次在绘图中使用一种颜色时，该颜色会自动添加到_____中。

2．"调色板管理器"中的调色板分为两个主文件夹：_____和_____。

3．_____可为绘图窗口中的对象选择并复制对象属性，如线条粗细、大小和效果。

二、选择题

1．（　　）可以设置多种颜色间的渐变，因而能创造出多层次、多色彩的渐变效果。

  A. 底纹填充   B. 均匀填充

  C. 自定义渐变填充   D. 双色渐变填充

2．图样填充不包括（　　）。

  A. 双色图样填充   B. 全色图样填充

  C. 位图图样填充   D. 底纹填充

3．（　　）工具可以为选择对象应用各种填充，并可以在页面上绘出填充的方向和角度等。

  A. 均匀填充   B. PostScript填充

  C. 交互式填充   D. 属性滴管

三、问答题

1．智能填充的功能是什么？

2．怎样使一个对象的填充和轮廓应用于其他对象上？

3．怎样将对象的填充取消？

四、绘图题

运用本章所学的工具为图形填充颜色，如图6-90所示。

图6-90

第7章　特殊效果的编辑

CorelDRAW X6拥有丰富的图形编辑功能，除了前面介绍的使用形状和造形工具对图形进行各种形状编辑外，还提供了多个效果工具，它将是用户表现特殊变形效果最有力的工具。关于各种效果的应用方法，将在本章详细介绍。

7.1　调和效果

调和工具可以在两个或多个对象之间产生形状和颜色上的过渡。在实际的设计创作过程中，调和工具是一个应用非常广泛的工具。在两个不同对象之间应用调和效果时，对象上的填充方式、排列顺序和外形轮廓等都会直接影响调和的效果。

7.1.1　直线调和效果

调和工具是CorelDRAW中功能最强大、用途最广泛的特效工具之一。利用它可生成高光、彩虹等效果。调和工具不仅能使图形之间产生渐变，还可使颜色产生渐变。CorelDRAW允许创建调和，如直线调和、沿路径调和以及复合调和。默认状态下，起始对象和结束对象之间渐变的效果是直线调和效果，起始对象和结束对象可以随意改变位置，其操作步骤如下。

01 绘制星形和圆对象，如图7-1所示。

02 在工具箱中单击"调和工具" ，默认情况下，在属性栏的"调和中的步长数"输入框 中输入5，按Enter键，如图7-2所示。

图7-1

图7-2

03 在起始对象星形上按下鼠标左键不放，向结束对象圆形拖动鼠标，此时在两个对象之间会出现起始控制柄和结束控制柄，如图7-3所示。

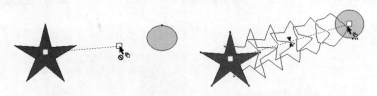

图7-3

04 松开鼠标按键后，即可在两个对象之间创建调和效果，起始对象和结束对象之间会显示多个过渡对象，如图7-4所示。

05 单击"选择工具" ，选择结束对象（圆对象），移动位置，调和方向也跟随其改变，如图7-5所示。在起始对象或结束对象被选中时，可以单独对其进行变形编辑操作。

图7-4

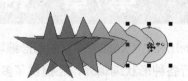
图7-5

提示

要在对象之间创建调和效果，还可以在选择两个对象后，执行"效果"|"调和"命令，打开"调和"泊坞窗，在其中设置调和的步长值和旋转角度，然后单击"应用"按钮即可，如图7-6所示。

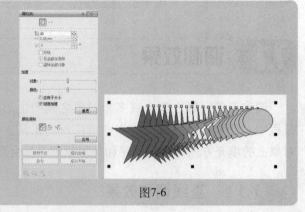
图7-6

7.1.2 设置调和对象

通过调整调和中间对象的数量和间距、调和的颜色渐变、调和映射到的节点、调和的路径以及起始对象和结束对象，可以更改调和的外观。

调和对象的属性可以在创建前在属性栏中设置，也可以在创建之后在属性栏中进一步修改，其中各选项功能如下。

● 预设：单击该按钮，在选项下拉列表中选择一种预设调和样式后，对象将应用该调和样式。系统提供了5种预设调和样式，效果如图7-7所示。

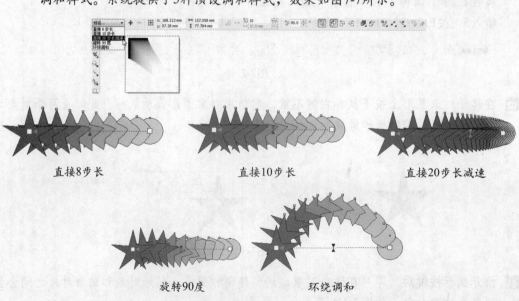

直接8步长　　　　直接10步长　　　　直接20步长减速

旋转90度　　　　环绕调和

图7-7

Chapter
07

- 调和步长 ：用于设置调和效果中的调和步数。在该选项数值框中输入数值3，即可为调和中的中间渐变对象设置数目为3，如图7-8所示。
- 调和方向 ：用于设置调和效果的角度。输入45，调和中的中间渐变对象将旋转45度，如图7-9所示。

图7-8   图7-9

- 环绕调和 ：按调和方向在对象之间产生环绕式的调和效果，该按钮只有在为调和对象设置了调和方向之后才能使用。"旋转方向"输入90，单击"环绕调和"按钮，此时调和中的中间渐变对象会以弧形旋转方式进行调和，弧形为90度，效果如图7-10所示。

图7-10

- 直接调和：直接在所选对象的填充颜色之间进行颜色过渡。
- 顺时针调和：使对象上的填充颜色按色轮盘中的顺时针方向进行颜色过渡。
- 逆时针调和：使对象上的填充颜色按色轮盘中的逆时针方向进行颜色过渡。

三种颜色过渡效果如图7-11所示。

直接调和   顺时针调和   逆时针调和

图7-11

- 对象和颜色加速：单击该按钮，弹出"加速"选项，拖动"对象"滑块，设置对象的形状从第一个对象向最后一个对象变换时的速度；拖动"颜色"滑块，设置对象的颜色从第一个对象向最后一个对象变换时的速度，如图7-12所示。

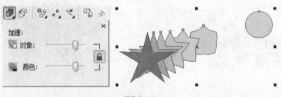

图7-12

提示   "锁定"按钮可以将"对象"和"颜色"同时加速。单击"锁定"按钮，将其解锁后，可以分别为"对象"和"颜色"进行更改速率的设置，如图7-13所示。

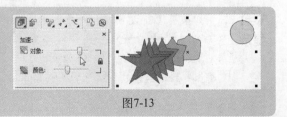

图7-13

选择"调和工具"，单击调和对象，可以看到起始控制柄和结束控制柄之间出现上下两个三角形，移动上面的三角形，可以调整一个对象向另一个对象转变的速率，移动下面的三角形，可以调整一个对象的颜色向另一个对象的颜色逐渐转变的速率，如图7-14所示。

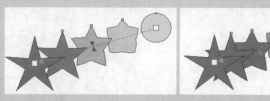

图7-14

- 调整加速大小图：单击该按钮，调整调和中的中间渐变对象大小的改变速率。
- 更多调和选项图：可以将直接调和对象拆分为包含多个调和对象的复合调和对象，也可以将复合调和对象熔合为直接调和对象。
- 起始和结束属性图：用于设置应用调和效果的起始端和末端对象。在绘图窗口中重新绘制一个用于应用调和效果的图形，选择调和对象后，单击"起始和结束属性"按钮图，在弹出的下拉列表中选择"新终点"选项，在新对象上单击鼠标左键，即可重新设置调和的结束对象，如图7-15所示。

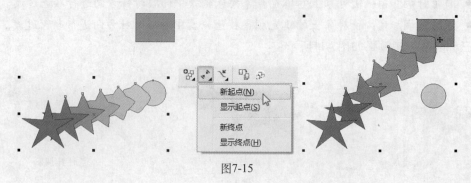

图7-15

单击"起始和结束属性"按钮图，在弹出的下拉列表中选择"显示终点"选项，此时调和对象中的结束对象被选中，可以单独对结束对象进行变形操作，如图7-16所示。

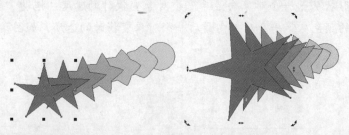

图7-16

如果要重新设置调和对象的起点，那么新的起始对象必须调整到原调和对象结束对象的下层，否则会弹出提示对话框，如图7-17所示。改变调和对象终点的操作方法与改变起点相似。

图7-17

- 路径属性✎：将调和移动到新路径，显示路径，或将路径从调和中脱离出来。
- 复制调和属性🗋：在文档中将另一个调和的属性应用到选择的调和中。
- 清除调和⊠：移除对象中的调和。

7.1.3 沿路径调和

在对象之间创建调和效果后，可以通过应用路径属性功能，使调和对象按照指定的路径进行调和。

01 在工具箱中单击"贝塞尔工具"✎，绘制一条曲线路径，如图7-18所示。

02 在工具箱中单击"选择工具"▢，选择调和对象，在调和工具属性栏中单击"路径属性"按钮✎，然后在弹出的下拉列表中选择

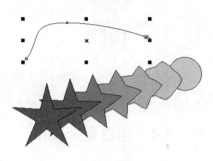

图7-18

"新路径"选项，此时光标将变为✎形状，使用✎形状的光标箭头单击目标路径后，即可使调和对象沿该路径进行调和，如图7-19所示。

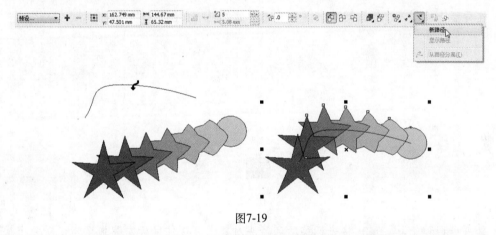

图7-19

03 单击"路径属性"按钮✎，在弹出的下拉列表中选择"显示路径"选项，此时路径处于被选中状态，这时可以单独对路径进行编辑，如图7-20所示。

04 单击"路径属性"按钮✎，在弹出的下拉列表中选择"从路径分离"选项，即可将路径从调和中脱离出来，取消路径调和，恢复直线调和效果，如图7-21所示。

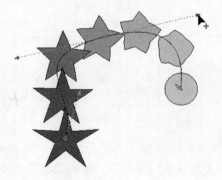

图7-20

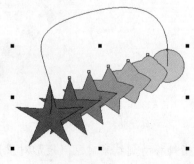

图7-21

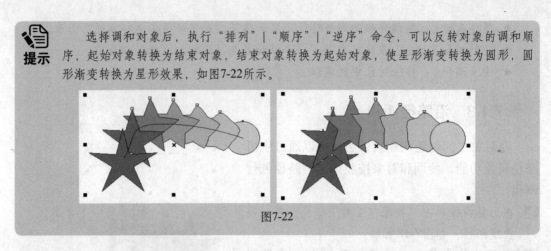

选择调和对象后，执行"排列"|"顺序"|"逆序"命令，可以反转对象的调和顺序，起始对象转换为结束对象，结束对象转换为起始对象，使星形渐变转换为圆形，圆形渐变转换为星形效果，如图7-22所示。

图7-22

7.1.4 创建复合调和

调和效果在应用于某个对象之后，这个对象仍然可以和其他的对象创建调和效果，多个对象之间可以通过不同的调和链接组成复合调和。创建多个对象间的调和方法如下。

01 在页面上绘制三个图形对象，并放在不同的位置，如图7-23所示。

图7-23

02 单击"调和工具" ，将光标移动到箭头对象上，按住鼠标左键拖至矩形对象上松开鼠标，制作调和效果，如图7-24所示。

图7-24

03 将指针移动到结束对象（矩形对象）上，等光标变成 形状后，按住鼠标拖至圆对象上松开鼠标后，创建调和效果，在属性栏中设置调和属性，效果如图7-25所示。

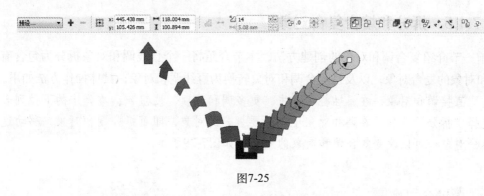

图7-25

04 按照以上步骤操作，即可得到多个对象间的调和效果，如图7-26所示。

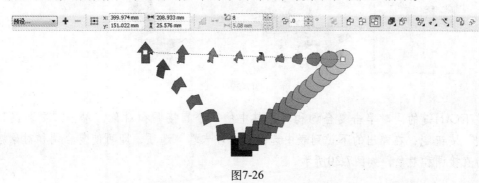

图7-26

05 单击"调和工具" <img>，单击复合调和对象时，就会选中所有的调和对象，无法单独调整其调和属性，如图7-27所示。

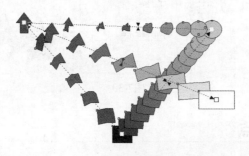

图7-27

06 按住Ctrl键的同时，单击其中的一个调和对象，两个对象之间会出现开始控制柄和结束控制柄，此时在属性栏中可以重新设置调和属性，如图7-28所示。

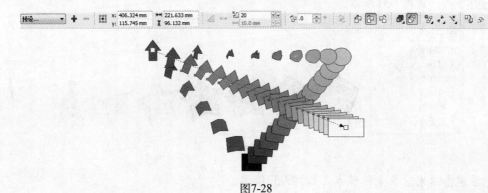

图7-28

7.1.5 拆分和熔合复合对象

前一节介绍复合调和对象的创建方法，本节介绍将一个直线调和对象拆分为包含有多个调和对象的复合对象，以及将复合调和对象转换为直线调和对象，具体操作方法如下。

01 选取直接调和对象，在属性栏中单击"更多调和选项"按钮，在弹出的下拉列表中选择"拆分"选项，在调和对象上单击要拆分的对象，即可拆分调和对象，移动这个拆分对象，可以改变复合调和对象的效果，如图7-29所示。

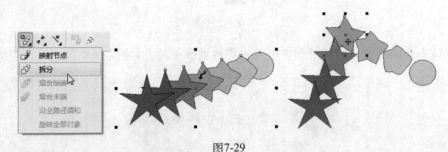

图7-29

02 按下Ctrl键的同时单击复合调和对象其中的一个直接调和对象，单击"更多调和选项"按钮，在弹出的下拉列表中选择"熔合末端"选项，即可使复合调和对象熔合为直接调和对象，如图7-30所示。

图7-30

7.1.6 映射节点

通过映射节点可以控制调和的外观，操作方法如下。

01 选择调和对象，在属性栏中单击"更多调和选项"按钮，在弹出的下拉列表中选择"映射节点"选项，此时起始对象会显示节点，光标会显示为 形状，单击起始对象上的节点，如图7-31所示。

图7-31

02 然后单击结束对象上的节点，如图7-32所示。

图7-32

03 此时多边形上的节点映射到了星形的节点，调和对象就变成了映射的旋转扭曲效果，如图7-33所示。

图7-33

7.1.7 复制调和属性

当绘图窗口中有两个或两个以上的调和对象时，使用复制调和属性功能，可以将其中一个调和对象中的属性复制到另一个调和对象中，得到具有相同属性的调和效果，其操作方法如下。

01 单击"选择工具"，选择需要修改调和属性的目标对象，属性栏中显示目标对象的调和属性设置，如图7-34所示。

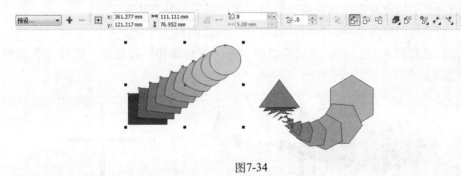

图7-34

02 单击属性栏中的"复制调和属性"按钮，当光标变为 ➡ 形状时，单击用于复制调和属性的源对象，即可将源对象中的调和属性复制到目标对象中，属性栏中会显示新的属性设置：调和步长、调和方向、对象和颜色的加速等设置都应用了源对象的调和属性，如图7-35所示。

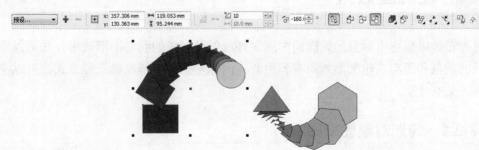

图7-35

7.1.8　拆分调和对象

应用调和效果后的对象，可以通过菜单命令将其分离为相互独立的个体。要分离调和对象，可以在选择调和对象后，执行"排列"|"拆分调和群组"命令或按下组合键Ctrl+K即可拆分群组对象。分离后的各个独立对象仍保持分离前的状态。

调和对象被分离后，之前调和效果中的起始对象和结束对象都可以被单独选取，而位于两者之间的其他图形将以群组的方式组合在一起，按下组合键Ctrl+U即可解散群组，从而方便用户对过渡图形进行单独操作，如图7-36所示。

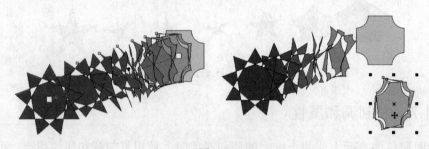

图7-36

7.1.9　清除调和效果

为对象应用调和效果后，如果不需要再使用此种效果，可以清除对象的调和效果，只保留起始对象和结束对象。清除调和效果可通过以下两种方法来完成。

方法一：选择调和对象后，执行"效果"|"清除调和"命令。

方法二：选择调和对象后，在属性栏中单击"清除调和"按钮⑨，清除效果后的对象如图7-37所示。

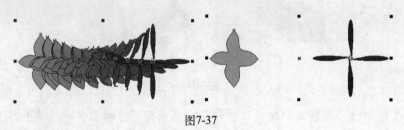

图7-37

7.2　轮廓图效果

轮廓图效果是指由对象的轮廓向内或向外放射而形成的同心图形效果，并可以设定轮廓线的数量和距离。轮廓图效果有到中心、内部轮廓和外部轮廓三种方式，可以应用于图形或文本对象。

7.2.1　勾划对象轮廓图

轮廓图效果与调和效果具有相同点，都是利用渐变的步数来使图形产生渐变效果；

两者的差异是调和必须用于两个或两个以上图形，而轮廓图只用于一个图形。勾划对象轮廓图的具体操作方法如下。

01 在工具箱中单击"轮廓图工具" 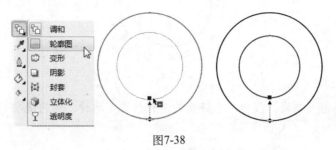，单击一个对象，然后将光标移动到对象的轮廓上，按住鼠标左键并向对象内部拖动，释放鼠标后，即可创建对象的内部轮廓，如图7-38所示。

图7-38

02 使用鼠标左键按住轮廓手柄并移动，可改变轮廓效果，如图7-39所示。

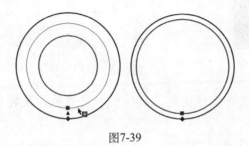

图7-39

03 在轮廓图工具属性栏中单击"到中心"按钮，即可创建由图形边缘向中心放射的轮廓图效果，如图7-40所示。

图7-40

04 再次移动轮廓图的控制手柄，属性栏中显示当前轮廓图的属性，如图7-41所示。

图7-41

05 在属性栏中设置"轮廓图步长"值为1，效果如图7-42所示。

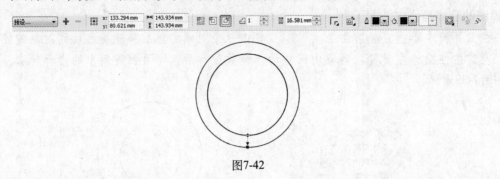

图7-42

06 在属性栏中单击"预设"按钮，在弹出的下拉列表中选择"向内流动"选项，如图7-43所示。

图7-43

07 对象应用选择的预设轮廓样式后，属性栏中将显示预设轮廓样式的属性设置，如图7-44所示。

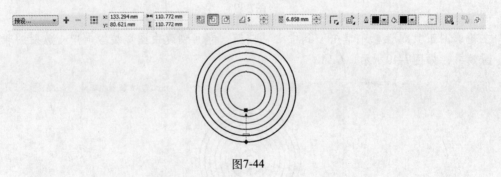

图7-44

轮廓图属性栏中各选项功能如下。

● 预设：在下拉列表中可选择系统提供的预设轮廓图样式。

● 到中心：单击该按钮，创建由图形边缘向中心放射的轮廓图效果。此时将不能设置轮廓图步数，轮廓图根据所设置的轮廓图偏移量自动进行调整。不同的偏移量产生的轮廓图效果也不同，如图7-45所示。

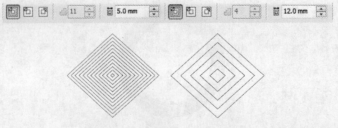

图7-45

- 内部轮廓：单击该按钮，调整为向对象内部放射的轮廓图效果。选择该轮廓图方向后，可在后面的"轮廓图步数"数值框中设置轮廓图的发射数量。
- 外部轮廓：单击该按钮，调整为向对象外部放射的轮廓图效果，并可以设置轮廓图的步数。
- 轮廓图步长：在其文本框中输入数值可以决定轮廓图的发射数量。
- 轮廓图偏移：可设置轮廓图效果中各步数之间的距离。
- 线性轮廓色：使用直线颜色渐变的方式填充轮廓图的颜色。
- 顺时针轮廓色：使用色轮盘中顺时针方向填充轮廓图的颜色。
- 逆时针轮廓色：使用色轮盘中逆时针方向填充轮廓图的颜色。
- 轮廓色：改变轮廓图效果中最后一个轮廓图的轮廓颜色，同时过渡的轮廓色也将随之发生变化。
- 填充色：改变轮廓图效果中最后一个轮廓图的填充颜色，同时过渡的填充色也将随之发生变化。

> **提示** "对象和颜色加速"按钮和"复制轮廓图属性"按钮，与调和效果中对应的按钮在功能和使用方法上相似，这里不再重复介绍。

7.2.2 设置轮廓图的填充颜色和轮廓颜色

在应用轮廓图效果时，可以设置不同的轮廓颜色和内部填充颜色，轮廓对象的轮廓色与起端对象的轮廓色产生渐变，轮廓的内部填充颜色与起端对象的填充颜色产生渐变，使轮廓图对象颜色变化更加丰富，其操作方法如下。

 选择轮廓图对象，在属性栏中单击"轮廓色"按钮，在弹出的颜色选取器中选择所需的黄颜色，轮廓对象即可应用新的轮廓线颜色，并与起端对象的黑色轮廓产生渐变过渡效果，如图7-46所示。

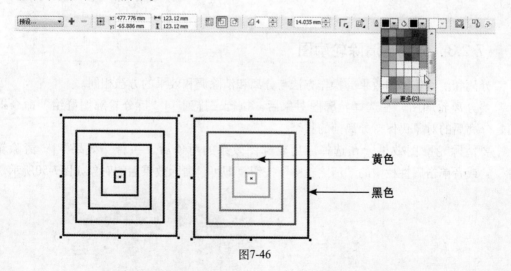

图7-46

 在属性栏中单击"填充色"按钮，在弹出的颜色选取器中选择所需的浅绿颜色，如图7-47所示，此时轮廓对象没有显示填充色，是因为起端对象没有应用填充色。

图7-47

03 在右侧的调色板中单击粉色，为起端对象填充粉色，此时起端对象的填充色（粉色）和中间的轮廓对象的填充色（浅绿色）之间产生渐变过渡效果，如图7-48所示。

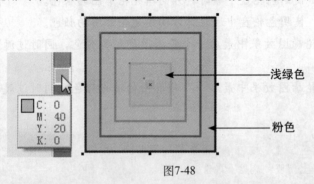

图7-48

提示

实现轮廓图效果的方法有三种：（1）使用鼠标拖动；（2）通过属性栏设置；（3）在"轮廓图"泊坞窗中设置。执行"窗口"|"泊坞窗"|"轮廓图"命令，在弹出的"轮廓图"泊坞窗中设置选项，如图7-49所示。单击"应用"按钮，即为选择的对象应用轮廓图效果。

图7-49

7.2.3 分离与清除轮廓图

分离和清除轮廓图效果的操作方法与分离和清除调和效果的方法相同。

要分离轮廓图，在选择轮廓图对象后，执行"排列"|"拆分轮廓图群组"命令即可，分离后的对象仍保持分离前的状态。

要清除轮廓图效果，在选择应用轮廓图效果的对象后，执行"效果"|"清除轮廓"，或者单击属性栏中的"清除轮廓"按钮🔘即可。清除效果后的对象如图7-50所示。

图7-50

7.3 变形效果

变形工具可以对所选对象进行各种不同效果的变形处理。根据表现效果的不同，有三种变形供选择：推拉变形、拉链变形和扭曲变形。变形效果与轮廓图一样，可应用于图形和文本对象。

7.3.1 推拉变形

推拉变形允许推进对象的边缘，或拉出对象的边缘使对象变形，其操作方法如下。

01 使用多边形工具绘制菱形，如图7-51所示。

02 在工具箱中单击"变形工具" ，单击菱形，在属性栏中单击"推拉变形"按钮 ，设置"推拉振幅"值为23，多边形的节点向外扩张，产生的推拉变形效果如图7-52所示。

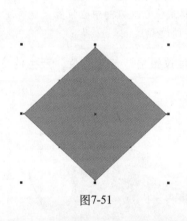

图7-51

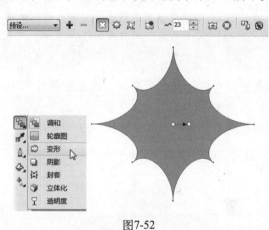

图7-52

推拉变形属性栏的选项功能如下。

- 预设 ：在预设列表中，可以选择系统自带的一些变形效果。"添加预设"按钮"+"将当前属性栏中的变形设置另存为预设，新的预设名会显示在预设列表中。"删除预设"按钮"-"用于删除选择的预设。

- 变形选项按钮 ：提供了三个变形样式选择按钮：推拉变形 、拉链变形 、扭曲变形 ，单击一个按钮，即可应用该变形效果。

- 添加新的变形 ：单击此按钮，可以对已经变形的对象再次添加变形效果。

- 推拉振幅 56 ：通过数值来控制对象的扩充或收缩效果。

- 居中变形 ：可以沿图形对象的中心变形。

- 转换为曲线 ：单击此按钮，可以将变形对象转换为曲线对象，此时将允许使用形状工具修改对象。

- 复制变形属性 ：将文档上另一个对象的变形属性复制到所选对象上。

- 清除变形 ：移除对象的变形效果。

03 变形后，在图形对象上会显示变形控制线和控制点，白色菱形控制点用于控制中心点的位置，箭头右侧白色矩形控制点用于控制推拉振幅，移动矩形控制点，效果如图7-53所示。

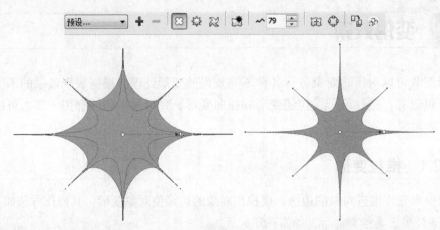

图7-53

提示
　　　　使对象变形后，可通过改变变形中心来改变效果。变形中心就是控制线上的菱形控制点，变形在其周围产生。它与数学用的圆规相似，都是铅笔围绕固定点移动。可以将变形中心放在绘图窗口中的任意位置，或者选择将其定位在对象的中心位置，这样变形就会均匀分布，而且对象的形状也会随其中心的改变而改变。

04 移动矩形的控制点至左侧，或者在属性栏中设置"推拉振幅"值为负值，产生的变形效果如图7-54所示。

05 移动菱形控制点，效果如图7-55所示。

图7-54　　　　　　　　　　　　　　　　　　　　图7-55

提示
　　　　除了在属性栏中创建变形效果，还可以直接在对象上按下鼠标左键并拖动鼠标，使其产生推拉的效果。鼠标在对象上按下鼠标左键时，会创建控制中心点，中心点位置的不同，产生的变形效果也不同，如图7-56所示。

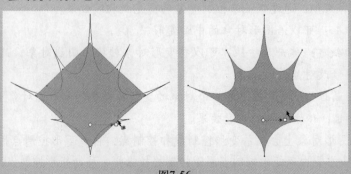

图7-56

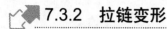

7.3.2 拉链变形

　　拉链变形允许将锯齿效果应用于对象的边缘。可以调整效果的振幅和频率，其操作方法如下。

01 绘制一个椭圆，如图7-57所示。

02 在工具箱中单击"变形工具" ，单击椭圆对象，在属性栏中单击"拉链变形"按钮 ，在对象上按下鼠标左键并拖动鼠标，使对象产生拉链变形效果，如图7-58所示。

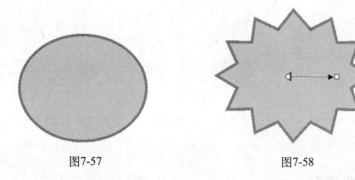

图7-57　　　　　　　　　　　　　　图7-58

03 移动变形控制线上的拉链频率控制滑块，可增加锯齿数量，如图7-59所示。

04 移动菱形中心控制点和矩形控制点的位置，改变拉链变形效果，如图7-60所示。

拉链频率
控制滑块

图7-59　　　　　　　　　　　　　　图7-60

05 在使用变形控制线调整拉链变形效果时，变形属性栏中的选项参数也会发生相应的改变，用户也可以在属性栏中直接设置，如图7-61所示。

图7-61

拉链变形各选项的功能如下。

● 拉链振幅 ～39 ：调整锯齿的高度。

● 拉链频率 ～16 ：调整锯齿的数量。

● 随机变形 ：单击此按钮，可以将选择对象的变形效果随机化处理。

● 平滑变形 ：单击此按钮，可以将选择对象的变形节点变平滑。

● 局限变形 ：单击此按钮，随着变形的进行，将降低变形效果。随机变形、平滑变形、局限变形可以同时应用于变形对象，效果如图7-62所示。

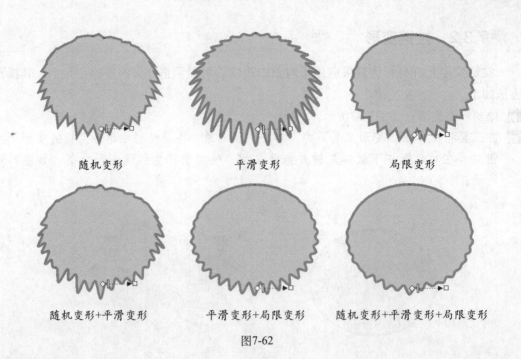

随机变形	平滑变形	局限变形

随机变形+平滑变形	平滑变形+局限变形	随机变形+平滑变形+局限变形

图7-62

7.3.3 扭曲变形

扭曲变形功能允许旋转对象以创建漩涡效果。可以选定漩涡的方向、旋转度和旋转量，其操作方法如下。

01 使用"复杂星形工具"绘制图形，如图7-63所示。

02 在工具箱中单击"变形工具" ，单击椭圆对象，在属性栏中单击"扭曲变形"按钮 ，在对象上按下鼠标左键并进行拖动，使对象产生旋转变形效果，也可以在属性栏中设置"完整旋转"和"附加度数"数值，如图7-64所示。

图7-63   图7-64

03 重新设置"完整旋转"和"附加度数"数值，效果如图7-65所示。

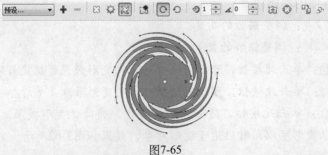

图7-65

扭曲变形各选项的功能如下。

- 完整旋转 ：完整旋转是指对象旋转一圈，即360°，在此项中可以直接设置对象的旋转圈数。
- 附加度数 ：设置对象扭曲变形的角度，范围在0~359°之间。

7.4 阴影效果

阴影工具可以为对象创建光线照射的阴影效果，使对象产生较强的立体感。可以为大多数对象或群组对象添加阴影，其中包括美术字、段落文本和位图。

7.4.1 创建对象的阴影

对象添加阴影效果后，增加了视觉层次，使图像更加逼真。阴影的创建方法如下。

01 在工具箱中单击"选择工具" ，选择需要添加阴影的对象，在工具箱中选择"阴影工具" ，在图形对象上按住鼠标左键并拖动鼠标到合适的位置，松开鼠标后，即可为对象创建阴影效果，如图7-66所示。

图7-66

> **提示** 在对象的中心按下鼠标左键并拖动鼠标，可创建出与对象相同形状的阴影效果，如图7-67所示。

02 移动阴影上的黑色控制点，可以改变阴影的方向，如图7-68所示。

图7-67　　　　　　　　　　　　图7-68

03 在属性栏中，设置"阴影的不透明度"和"阴影羽化"值，效果如图7-69所示。

图7-69

04 在属性栏中单击"预设"按钮，在弹出的下拉列表中选择一种预设阴影，可以快速添加常见阴影效果，如图7-70所示。

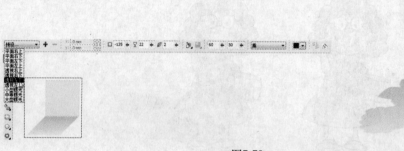

图7-70

7.4.2 设置阴影效果

添加阴影效果后，可以更改阴影的透视点并调整属性，如颜色、不透明度、淡出级别、角度和羽化。阴影工具的属性栏如图7-71所示。

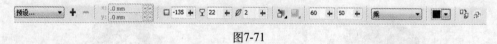

图7-71

阴影工具属性栏各选项的功能如下。

● 阴影偏移 ：用于设置阴影与图形之间偏移的距离。正值代表向上或向右偏移，负值代表向左或向下偏移。在对象上创建与对象相同形状的阴影效果后，该选项才能使用。在"X"和"Y"数值框中输入数值，对应的效果如图7-72所示。

● 阴影角度 ：用于设置对象与阴影之间的透视角度。在对象上创建了透视的阴影效果后，该选项才能使用。将阴影角度设置为150°后，对象的阴影效果如图7-73所示。

图7-72   图7-73

- 阴影的不透明度 ⛄22 ＋：用于设置阴影的不透明程度。数值越大，透明度越弱，阴影颜色越深。反之则不透明度越强，阴影颜色越浅。设置不同的"阴影的不透明度"值后，对比效果如图7-74所示。

图7-74

- 阴影羽化 ⌀9 ＋：用于设置阴影的羽化程度，使阴影产生不同程度的边缘柔和效果。设置不同的"阴影羽化"值后，对比效果如图7-75所示。

图7-75

- 羽化方向 ⛓：单击该按钮，弹出"羽化方向"下拉列表，从中选择阴影羽化的方向。选择不同的羽化方向，其对比效果如图7-76所示。

向内   中间

向外   平均

图7-76

- 阴影淡出和阴影延展 27 ◆ 50 ◆：阴影淡出可以设置阴影的淡化程度，数值越大，阴影越淡，如图7-77所示。阴影延展可以控制阴影的延展程度，数值越大，阴影越长。

图7-77

- 透明度操作 乘 ▼：单击该按钮，在弹出的下拉列表中选择阴影颜色和下层对象颜色的合并模式，这样阴影选择的颜色和下层对象的颜色进行调和，产生更真实的阴影色，如图7-78所示。默认状态下使用"乘"合并模式，用底色乘以透明度颜色，再用所得的结果除以255。除非将颜色应用于白色，否则将产生加深效果。黑色乘以任何颜色的结果都是黑色。白色乘以任何颜色都不改变颜色。

- 阴影颜色 ■▼：单击其下拉按钮，在弹出的颜色选取器中可设置阴影的颜色，如图7-79所示。

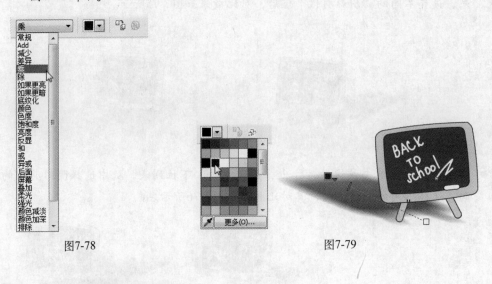

图7-78   图7-79

7.4.3　分离与清除阴影

　　用户可以将对象和阴影分离成两个相互独立的对象，分离后的对象仍保持原有的颜色和状态不变。

　　要将对象与阴影分离，在选择整个阴影对象后，执行"排列"|"拆分阴影群组"命令，或者按下组合键Ctrl+K即可。分离阴影后，使用"选择工具"移动图形或阴影对象，可以看到对象与阴影分离后的效果，如图7-80所示。

　　清除阴影效果与清除其他效果的方法相似，只需要选择整个阴影对象，然后执行"效果"|"清除阴影"命令或单击属性栏上的"清除阴影"按钮 ⊗ 即可。

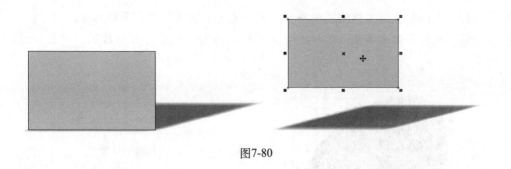

图7-80

7.5 封套效果

　　CorelDRAW允许通过将封套应用于对象（包括线条、美术字和段落文本框）来为对象造形。封套的边界框上有多个节点，可以移动这些节点和边线来改变对象形状。用户可以应用符合对象形状的基本封套，也可以应用预设的封套。应用封套后，可以对它进行编辑，或添加新的封套来继续改变对象的形状。CorelDRAW 还允许复制和移除封套。

7.5.1　应用封套效果

　　为对象添加封套效果的操作方法如下。

01 在工具箱中单击"选择工具" ，选择对象，如图7-81所示。

02 在工具箱中单击"封套工具" ，在对象上随即会出现蓝色的封套边界框，如图7-82所示。

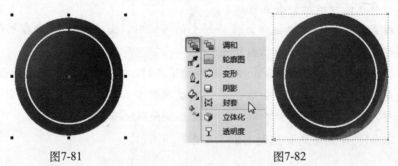

图7-81　　　　　　　　　　　　　　　　　图7-82

03 执行"窗口"|"泊坞窗"|"封套"命令，打开"封套"泊坞窗，单击"添加预设"按钮，在下面的样式列表中选择一种预设的封套样式，如图7-83所示。

04 单击"应用"按钮，即可将该封套样式应用到图形对象中，如图7-84所示。

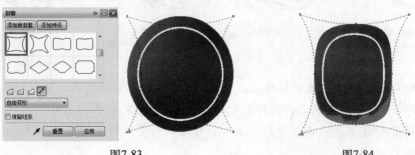

图7-83　　　　　　　　　　　　　　　　　图7-84

05 移动封套上的节点，并移动控制手柄，可产生变形效果，如图7-85所示。

06 将光标移到封套的边线上，当光标显示为 ↖️ 状态时，单击并移动边线，效果如图7-86所示。

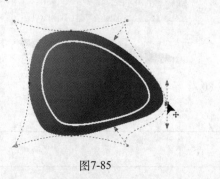 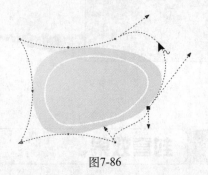

图7-85   图7-86

7.5.2 编辑封套效果

在对象四周出现封套边界框后，可以结合该工具属性栏对封套形状进行编辑。封套工具的属性栏设置如图7-87所示。

图7-87

封套工具属性栏各按钮功能如下。

- **直线模式** ▭：单击该按钮后，移动封套的节点时，可以保持封套边线为直线段。只能对节点进行水平和垂直移动。
- **单弧模式** ▱：单击该按钮后，移动封套的节点时，封套边线将变为单弧线，使对象变形为凹面结构或凸面结构外观。
- **双弧模式** ▱：单击该按钮后，移动封套的节点时，封套边线将变为S形弧线。
- **非强制模式** ✐：单击该按钮后，可任意编辑封套形状，更改封套边线的类型和节点类型，调节节点的控制手柄，还可以添加和删除节点。

封套工具的4种模式下封套边框的效果如图7-88所示。

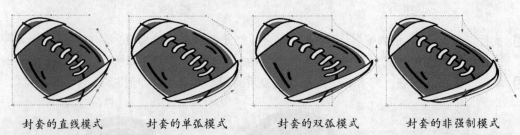

封套的直线模式   封套的单弧模式   封套的双弧模式   封套的非强制模式

图7-88

- **添加新封套** ▦：单击该按钮后，将封套应用于带封套的对象，封套形状恢复为未进行任何编辑时的状态，而封套对象仍保持变形后的效果。
- **映射模式** [水平 ▾]：在其下拉列表中，可选择封套中对象的调整方式。4种映射模式如下。

■ 水平：延展对象以适合封套的基本尺度，然后水平压缩对象以适合封套的形状。

■ 原始：将对象选择框的角手柄映射到封套的角节点。其他节点沿对象选择框的边缘线性映射。

■ 自由变形：将对象选择框的角手柄映射到封套的角节点。

■ 垂直：延展对象以适合封套的基本尺度，然后垂直压缩对象以适合封套的形状。

● 保留线条▨：应用封套时保留直线。

● 复制封套属性▨：将文档上另一个对象的封套属性复制到所选对象上。

● 创建封套自▨：根据其他对象的形状创建封套。

● 清除封套▨：移除对象的封套效果。

编辑封套形状的方法与使用形状工具编辑曲线形状的方法相似，单击属性栏中的"非强制模式"按钮▨后，用户可对封套形状进行任意的编辑。

在封套控制线上添加节点的方法有以下三种。

● 直接在封套控制线上需要添加节点的位置上双击鼠标左键。

● 在需要添加节点的位置上单击鼠标左键，按下小键盘上的"+"键。

● 在封套控制线上需要添加节点的位置上单击鼠标左键，然后单击属性栏中的"添加节点"按钮▨。

在编辑封套的过程中，如果需要删除封套中的节点，可以通过以下方法来完成。

● 直接双击需要删除的封套节点。

● 选择需要删除的节点后，按下Delete键或小键盘中的"-"键，也可单击属性栏上的"删除节点"按钮▨，即可将节点删除。

封套效果不仅能应用于单个的图形和文本，最重要的是还能应用于多个群组后的图形和文本对象，用户可以更方便地在实际的设计工作中进行变形对象的操作，如图7-89所示。

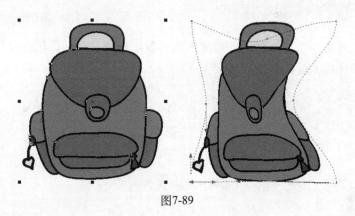

图7-89

7.6 立体化效果

应用立体化工具可以为对象添加三维效果，使对象有很强的纵深感和空间感。立体效果可以应用于图形和文本对象。

7.6.1 应用立体化效果

创建立体化效果有两种方法：一种是直接调用属性栏"预置列表"中的预设立体化效果；另一种是采用鼠标拖动的方法手动创建，其具体操作方法如下。

01 在工具箱中单击"选择工具" ，选择对象，如图7-90所示。

02 在工具箱中单击"立体化工具"，在图形对象上按住鼠标左键并拖动鼠标到合适的位置，松开鼠标后，即可为对象创建立体效果，如图7-91所示。

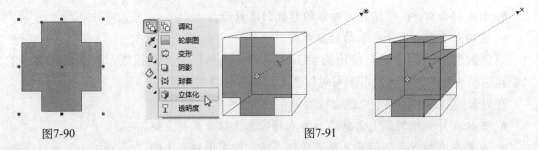

图7-90   图7-91

03 移动立体化控制线上的深度滑块，可改变立体图形的厚度，如图7-92所示。

04 移动立体化控制线箭头右侧的"+"号，可改变立体的方向，如图7-93所示。

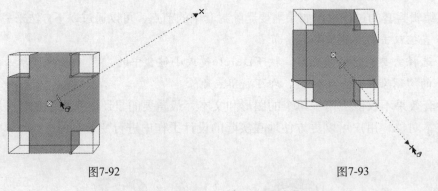

图7-92   图7-93

05 在属性栏中单击"预设"按钮，在弹出的列表中选择一种立体化预设样式，选择对象即可应用该样式，效果如图7-94所示。

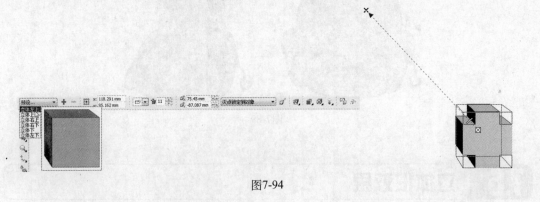

图7-94

7.6.2 设置立体化效果

选择应用立体效果的对象，此时属性栏设置如图7-95所示。

图7-95

- 预设：该下拉列表中是系统提供的立体化预设样式。
- 立体化类型：单击其下拉按钮，从弹出的列表中选择立体化类型，选择类型后所选对象即可修改立体化效果，如图7-96所示。

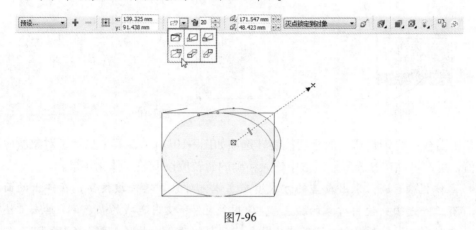

图7-96

- 深度：在数值框中输入数值，可调整立体化效果的纵深深度。数值越大，深度越深，将默认值20改为50，效果如图7-97所示。

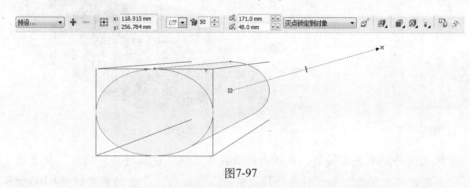

图7-97

- 灭点坐标：在应用立体化效果时，在对象上出现箭头指示的✗点，就是灭点。在属性栏的"X"和"Y"数值框中输入数值，可调整灭点的坐标位置，如图7-98所示。

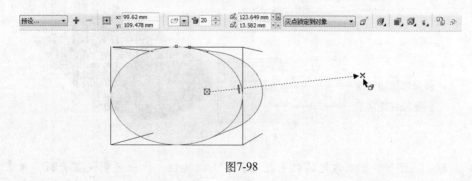

图7-98

- 灭点属性 灭点锁定到对象：单击"灭点属性"下拉按钮，弹出下拉列表，从中可选择锁定的位置，如图7-99所示。单击"页面或对象灭点"按钮，可将灭点的位置锁定到对象或页面中。

● 立体的旋转 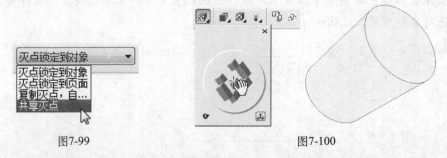：用于改变立体化效果的角度。单击该按钮，弹出面板，在其中的圆形范围内按下鼠标左键并拖动鼠标，立体化对象的效果会随之发生改变，如图7-100所示。

图7-99   图7-100

单击面板中的 按钮，面板切换旋转选项如图7-101所示，其中显示了对象所应用的旋转值，用户可以在各选项数值框中输入精确的旋转值以调整立体化效果。

● 立体化颜色 ：采用覆盖的方式填充立体化对象。单击该按钮，在弹出的面板中有三个选项：使用对象的颜色 、使用纯色 和使用递减的颜色 。单击"使用递减的颜色"按钮 后，设置"从"和"到"的颜色，效果如图7-102所示。

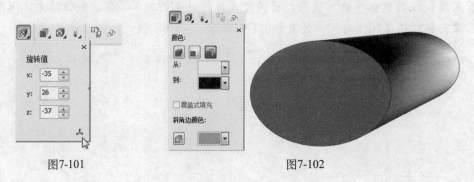

图7-101   图7-102

● 立体化倾斜：单击该按钮，在弹出的面板中选中"使用斜角修饰边"复选框，设置"斜角修饰边深度"和"斜角修饰边角度"值之后，产生的效果如图7-103所示。

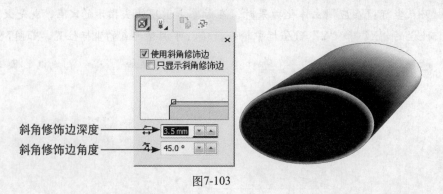

斜角修饰边深度

斜角修饰边角度

图7-103

● 照明 ：用于调整立体化的灯光效果。单击该按钮，弹出照明设置面板，单击其中的一个光源按钮后，对象产生照明效果，更具立体感。移动光源的位置，观察效果，如图7-104所示。

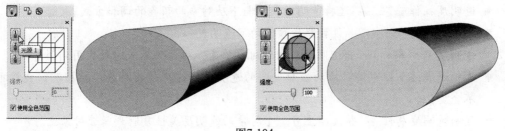

图7-104

7.7 透明效果

透明效果可以为对象创建透明图层的效果，使该对象后面的所有对象都显示出来。CorelDRAW还允许用户指定透明对象的颜色与其下方对象的颜色合并的方式。透明度类型包括：均匀透明度、渐变透明度、图案透明度或是底纹透明度。

7.7.1 均匀透明度效果

在工具箱中单击"透明度工具" 🖳，单击一个对象，在属性栏中单击"无"按钮，在弹出的"透明度类型"下拉列表中选择"标准"透明度类型，此时选择的整个对象即可产生相同设置的透明效果，如图7-105所示。

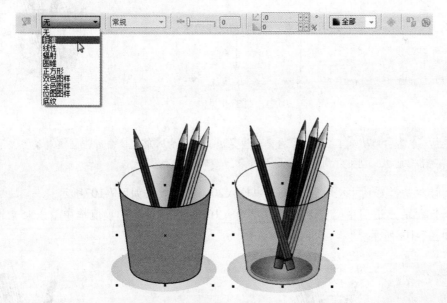

图7-105

透明度效果属性栏中的各按钮功能如下。

● 编辑透明度 🖾：更改透明度颜色属性。当选择标准类型时，单击该按钮可打开对象的颜色选择对话框，选择透明度颜色；在选择其他的透明度类型时，单击该按钮可打开渐变透明度对话框，可编辑透明度效果。

● 透明度类型 ：选择一个透明图样。

- 透明度操作 常规：选择透明的颜色与下层对象的颜色的调和方式。
- 开始透明度 50：设置开始颜色的不透明度。
- 透明度目标 全部：将透明度应用到对象填充、对象轮廓或同时应用到两者。
- 冻结透明度 ：冻结对象的当前视图的透明度，这样即使对象发生移动，视图也不会变化。
- 复制透明度属性 ：将文档上另一个对象的透明度属性复制到所选对象上。
- 清除透明度 ：移除对象的透明度效果。

7.7.2 渐变透明度效果

渐变透明度和渐变填充工具很相似，包括4种类型：线性、辐射、圆锥形和方形，其操作方法如下。

1. 线性透明度

线性透明度可以产生直线形的透明渐变效果，其操作方法如下。

01 透明类型选择"线性"，使用默认值，对象产生透明效果，并显示渐变控制线，如图7-106所示。

透明中心点　　　透明角度和边角

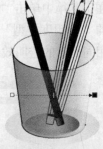

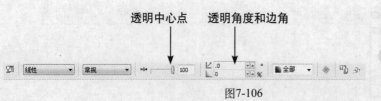

图7-106

提示　单击"透明度工具" ，在需要创建透明效果的对象上单击后，在该对象上按下鼠标左键并拖动，也可以创建线性透明效果。

02 在属性栏的"透明中心点"数值框中输入20，透明效果如图7-107所示。

03 在属性栏的"透明中心点"数值框中输入100，在"角度"数值框中输入45，透明效果如图7-108所示。

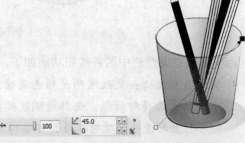

图7-107　　　　　　　　　　　　　　　　　　　　　图7-108

04 用鼠标按住透明控制线上的透明和不透明控制点，并移动位置，可以改变渐变透明度的方向和透明边界，如图7-109所示。

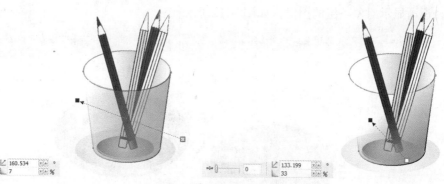

图7-109

05 在属性栏中单击"编辑透明度"按钮 ，在打开的"渐变透明度"对话框中会发现，之前设置的渐变颜色会自动转换为灰度模式。使用黑色填充时，该位置上的透明度为完全透明；使用白色填充时，该位置上的透明度为完全不透明，对话框的设置方法和渐变填充的方法相同。设置完成后，单击"确定"按钮，即可应用新的渐变透明度效果，如图7-110所示。

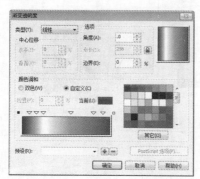

图7-110

手动调节透明效果的方法有以下几种。

● 将鼠标移动到透明控制线的起点或终点控制点上，按下鼠标左键，拖动控制点到合适的位置，松开鼠标，即可调整渐变透明的角度和边界。

● 拖动除起点和终点以外的控制点，可调整控制点在控制线上的位置；在除起点和终点的控制点上单击鼠标右键，可删除该控制点。

● 将调色板中所需的颜色拖动到对应的控制点上，即可调整该控制点位置上的透明参数。直接将调色板中的颜色拖动到透明控制线上，可在该位置上添加一个透明控制点，并将该颜色所对应的透明参数应用于该控制点上，如图7-111所示。

图7-111

2. 辐射透明度效果

透明类型选择"辐射"，使用默认值，对象产生透明效果，以中心点为完全透明区，逐渐显示对象下层的图像，如图7-112所示。

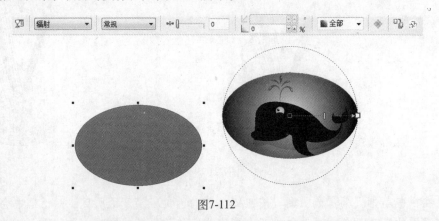

图7-112

在属性栏中单击"编辑透明度"按钮，打开"渐变透明度"对话框，设置完成后，单击"确定"按钮，即可应用新的渐变透明度效果，如图7-113所示。

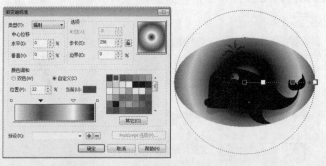

图7-113

提示 辐射透明效果也可通过手动调节的方式来修改，其方法与线性透明度效果相同。

3. 圆锥透明度效果

透明类型选择"圆锥"，以模拟光线落在圆锥上的视觉效果从而产生透明渐变色带，如图7-114所示。

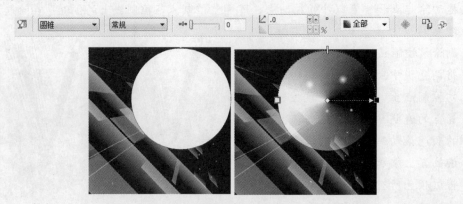

图7-114

在属性栏中单击"编辑透明度"按钮，打开"渐变透明度"对话框，设置完成后，单击"确定"按钮，即可应用新的渐变透明度效果，如图7-115所示。

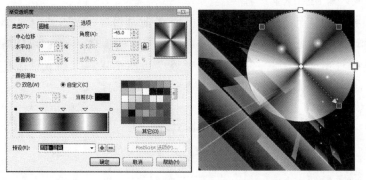

图7-115

4. 正方形透明度效果

透明类型选择"辐射"，产生以同心方形的形式从对象中心向外扩散的透明渐变，如图7-116所示。

图7-116

在属性栏中单击"编辑透明度"按钮，打开"渐变透明度"对话框，设置完成后，单击"确定"按钮，即可应用新的渐变透明度效果，如图7-117所示。

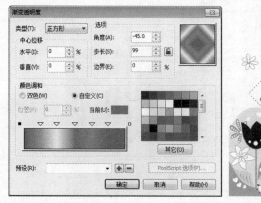

图7-117

7.7.3 图案透明度效果

图案透明度效果包括以下三种类型。

- 双色图样：由"开"和"关"像素组成的简单图片，图片中仅包含指定的两种色调，通过这两种色调来控制对象的透明和不透明区域。如图7-118所示，在透明度工具属性栏中选择"双色图样"，并在"透明度图样"列表中选择一种图样，手动调节透明度控制点，可以改变透明度图样的大小。

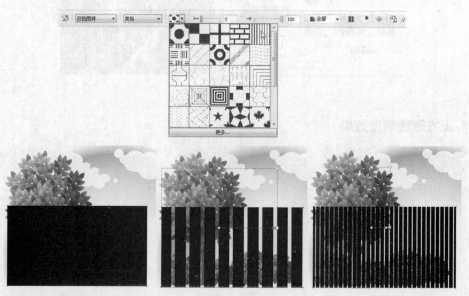

图7-118

- 全色图样：由线条和填充组成的图片，而不是像位图一样由颜色点组成。这些矢量图形比位图图像更平滑、更复杂，但较易操作。对象选择全色图样的透明度效果后，对象会根据选择图样的颜色灰度值来控制透明程度，产生花纹玻璃的效果，如图7-119所示。

图7-119

● 位图图样：由浅色和深色图案或矩形数组中不同的彩色像素所组成的彩色图片。
  选择位图图样透明度，对象会根据位图的颜色灰度值控制透明的程度来显示其下
  面的对象，效果如图7-120所示。

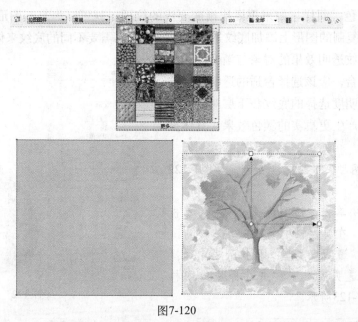

图7-120

7.7.4　底纹透明度效果

底纹透明度可以为对象添加各种各样的透明底纹效果，模拟自然界比较繁杂的图形，
节省绘图时间。如图7-121所示，为海水和沙滩图形添加底纹透明度，使其更加真实。

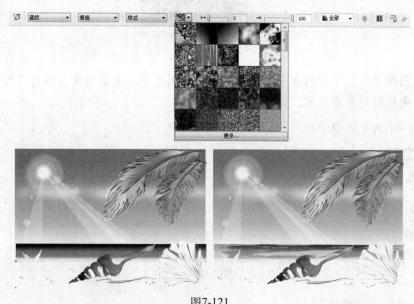

图7-121

7.7.5　透明度合并模式

为了体现物体的质感，可以采用底纹填充或者透明底纹来完成。但如果单独使用底

纹填充，整个对象将是一个平面，缺少明暗变化，如果单独使用底纹透明，整个面将会显得单薄。所以一般情况下是画一个图形然后填充渐变（这样做是使它有明暗变化），然后再复制一份，调整一下颜色（如果需要比渐变还要深的纹理，可以为复制图形填充更深一些的颜色，同样，如果需要比渐变要浅的纹理，就可以为复制图形填充较浅的颜色），最后在复制的图形上添加底纹透明（不同的质感需要不同的底纹来体现）。

为了让底纹透明效果的对象与渐变填充的对象更好地结合，应该选择合适的透明度合并模式，这样透明度选择的底纹和下层对象的颜色进行调和，产生更真实的颜色效果，具体操作方法如下。

图7-122

01 绘制鸡蛋图形，并填充渐变色，如图7-122所示。

02 在工具箱中单击"透明度工具" 🍸，单击一个对象，在属性栏中单击"无"按钮，在弹出的"透明度类型"下拉列表中选择"底纹"透明度类型，并选择底纹图样式，如图7-123所示。

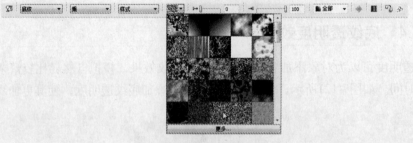

图7-123

03 在"透明度操作"下拉列表中选择"乘"，透明颜色与下层对象的颜色进行调和，产生鸡蛋壳粗糙的表面效果，如图7-124所示。

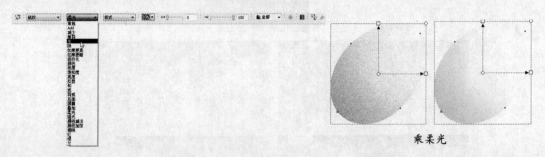

乘　柔光

图7-124

各种合并模式功能如下。

● 常规：在底色上应用透明度颜色。

● Add（加）：将透明度颜色值与底色值相加。

● 减少：将透明度颜色值与底色值相加，再减去255。

- **差异**：从底色中减去透明度颜色，再乘以255。如果透明度颜色值为0，则结果总是255。

- **乘**：用底色乘以透明度颜色，再用所得的结果除以255。除非将颜色应用于白色，否则将产生加深效果。黑色乘以任何颜色的结果都是黑色。白色乘以任何颜色都不改变颜色。

- **除**：用底色除以透明度颜色，或者用透明度颜色除以底色，具体取决于哪种颜色的值更大。

- **如果更亮**：用透明度颜色替换任何更深的底色像素。比透明度颜色亮的底色像素不受影响。

- **如果更暗**：用透明度颜色替换任何更亮的底色像素。比透明度颜色暗的底色像素不受影响。

- **底纹化**：将透明度颜色转换为灰度，然后用底色乘以灰度值。

- **颜色**：使用来源颜色的色度和饱和度值以及底色的光度值来生成结果。此合并模式与"光度"合并模式相反。

- **色度**：使用透明度颜色的色度以及底色的饱和度和亮度。如果给灰度图像添加颜色，图像不会有变化，因为颜色已被取消饱和。

- **饱和度**：使用底色的亮度与色度以及透明度颜色的饱和度。

- **亮度**：使用底色的色度和饱和度以及透明度颜色的亮度。

- **反显**：使用透明度颜色的互补色。如果透明度颜色的值是127，则不会发生任何变化，因为该颜色值位于色轮中心。

- **和**：将透明度颜色和底色的值都转换成二进制值，然后对这些值应用布尔代数公式AND。

- **或**：将透明度颜色和底色的值都转换为二进制值，然后对这些值应用布尔代数公式OR。

- **异或**：将透明度颜色和底色的值都转换为二进制值，然后对这些值应用布尔代数公式XOR。

- **后面**：为图像的这些透明区域应用来源颜色。此效果类似于透过负35mm的清晰无银色的区域观看。

- **屏幕**：颠倒来源颜色和底色值，将它们相乘，然后将结果颠倒。获得的颜色始终比底色要亮。

- **叠加**：根据底色值来乘或屏蔽来源颜色。

- **柔光**：对底色应用柔和的扩散光。

- **强光**：对底色应用强烈的直接聚合光。

- **颜色减淡**：模拟照相技术"遮挡"，通过减少曝光使图像区域变亮。

- **颜色加深**：模拟照相技术"加深"，通过增加曝光使图像区域变暗

- **排除**：从底色中排除透明色。此模式与"差异"模式类似。

- **红**：将透明度颜色应用于RGB对象的红色通道。

- **绿**：将透明度颜色应用于RGB对象的绿色通道。

- **蓝**：将透明度颜色应用于RGB对象的蓝色通道。

7.8 透镜效果

透镜可更改透镜下方的对象区域的外观，而不更改对象的实际特性和属性。可以对任何矢量对象（如矩形、椭圆形、闭合路径或多边形）应用透镜，也可以更改美术字和位图的外观。对矢量对象应用透镜时，透镜本身会变成矢量图像。同样，如果将透镜放置在位图上，透镜也会变成位图。

7.8.1 变亮透镜

变亮透镜允许使对象区域变亮和变暗，并可设置亮度和暗度的比率，其操作方法如下。

01 在工具箱中单击"选择工具"⬚，选择对象，如图7-125所示。

02 执行"效果"|"透镜"命令，打开"透镜"泊坞窗，用户可以在透镜类型下拉列表中选择所需要的透镜类型，如图7-126所示。

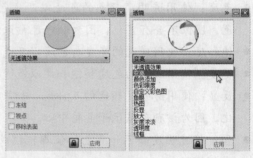

图7-125   图7-126

03 在"比率"数值框中输入新的数值，可以调节图像的明暗，数值在0~100之间是增加亮度；数值在-100~0之间是增加图像的暗度，如图7-127所示。

透镜变亮   透镜变暗

图7-127

虽然每种类型的透镜所需要设置的参数都不同，但有三个复选框却是共有的选项，其功能如下。

● 冻结：选中该复选框后，可以将应用透镜效果对象下面的其他对象所产生的效果添加成透镜效果的一部分，不会因为透镜或者对象的移动而改变该透镜效果的效果，如图7-128所示。

图7-128

- 视点：选中该复选框后，在不移动透镜的情况下，通过视点的移动来改变透镜中的图像，如图7-129所示。选中该复选框后，会显示"编辑"按钮，单击该按钮，会显示视点的X和Y轴坐标，修改坐标值即可移动透镜内的图像。

图7-129

- 移除表面：选中该复选框后，只在透镜覆盖对象的区域显示透镜效果，透镜下无对象的区域是透明的。该复选框要与"锁定"按钮、"应用"按钮结合使用，操作方法是：单击"锁定"按钮，关闭自动应用透镜功能，然后单击"应用"按钮，将透镜应用到选择对象上，选择"移除表面"复选框，再次单击"应用"按钮，将"移除表面"的功能应用于透镜中，移除表面后的透镜效果如图7-130所示，透镜下面有图形对象的区域应用了透镜效果，空白区域无透镜效果。

图7-130

- 锁定：启用"锁定"按钮，可以自动应用透镜的设置；如果关闭"锁定"按钮，透镜的设置只在"透镜"泊坞窗中可以预览，单击"应用"按钮之后页面中的对象才能应用透镜的设置。

7.8.2　颜色添加透镜

颜色添加透镜允许模拟加色光线模型。透镜下的对象颜色与透镜的颜色相加，就像混合了光线的颜色。可以选择颜色和添加的颜色量，如图7-131所示。

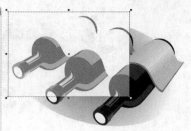

图7-131

7.8.3 色彩限度透镜

色彩限度透镜仅允许用黑色和透镜颜色查看对象区域。例如，在图形上放置粉色颜色限制透镜，则在透镜区域中，将过滤掉除了粉色和黑色以外的所有颜色，如图7-132所示。

图7-132

7.8.4 自定义彩色图透镜

自定义彩色图透镜允许将透镜下方对象区域的所有颜色改为介于指定的两种颜色之间的一种颜色。可以选择颜色范围的起始色和结束色，以及两种颜色之间的渐变，如图7-133所示。渐变在色谱中的路径可以是直线、向前的彩虹或反转的彩虹。

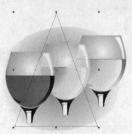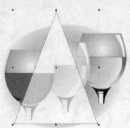

渐变在色谱中的路径是直线

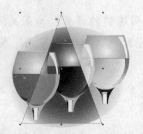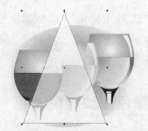

渐变在色谱中的路径向前的彩虹　　　渐变在色谱中的路径反转的彩虹

图7-133

7.8.5　鱼眼透镜

鱼眼透镜允许根据指定的百分比扭曲、放大或缩小透镜下方的对象，如图7-134所示。

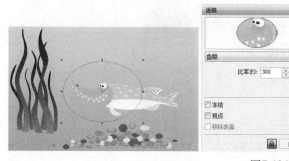

图7-134

7.8.6　热图透镜

热图透镜允许通过在透镜下方的对象区域中模仿颜色的冷暖度等级来创建红外图像的效果，如图7-135所示。

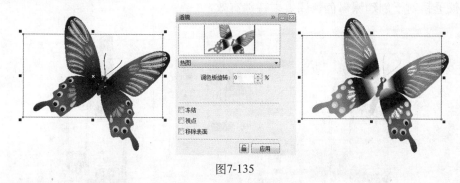

图7-135

7.8.7　反显透镜

反显透镜允许将透镜下方的颜色变为其CMYK互补色。互补色是色轮上彼此相对的颜色，如图7-136所示。

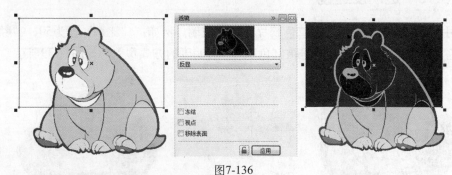

图7-136

7.8.8　放大透镜

放大透镜允许按指定的量放大透镜覆盖下的区域，如图7-137所示。

图7-137

7.8.9 灰度浓淡透镜

灰度浓淡透镜允许将透镜下方对象区域的颜色变为其等值的灰度，如图7-138所示。灰度浓淡透镜对于创建深褐色色调效果特别有效。

图7-138

7.8.10 透明度透镜

透明度透镜使对象看起来像着色胶片或彩色玻璃。例如："比率"设为50，"颜色"选择红色，透镜效果下的区域将是被红色以50%透明度的方式覆盖，如图7-139所示。

图7-139

7.8.11　线框透镜

　　线框透镜允许用所选的轮廓或填充色显示透镜下方的对象区域。例如，在线框透镜中设置"轮廓"为红色，将"填充"设为蓝色，则线框透镜下方的对象其轮廓线都为红色，填充色都为蓝色，如图7-140所示。

图7-140

> **提示**　透镜不能将透镜效果直接应用于链接群组，如勾划轮廓线的对象、斜角修饰边对象、立体化对象、阴影、段落文本或用艺术笔工具创建的对象。

7.9　透视效果

　　"添加透视"命令可以通过缩短对象的一边或两边创建透视效果。这种效果使对象看起来像是沿一个或两个方向后退，从而产生单点透视或两点透视效果，其操作方法如下。

01 在工具箱中单击"选择工具" ，选择对象，执行"效果"|"添加透视"命令，，在对象上会出现网格似的红色虚线框，同时在对象的四角处将出现黑色的控制点，如图7-141所示。

透视效果　透视效果

图7-141

02 拖动其中任意一个控制点，可使对象产生透视的变换效果，并在绘图窗口中将会出现透视的消失点，如图7-142所示。

03 拖动消失点，可以调整对象的透视效果，如图7-143所示。

透视的消失点

图7-142　　　　　　　　　　　　图7-143

04 执行"效果"|"清除透视"命令，可清除选择对象的透视效果。

提示 　　透视功能可用于矢量图形和文本对象，但不能用于位图图像。如果需要修改已应用透视效果的对象，可选择"形状工具" ，单击透视对象，对象会显示已经应用的透视网格和控制点，即可重新修改其透视效果。

7.10 上机实训：广告条幅banner设计

　　本节实例练习使用裁剪、位图、变换、阴影、透明度特殊效果等工具制作广告条幅banner，具体操作方法如下。

01 执行"文件"｜"新建"命令，打开"创建新文档"对话框，在"宽度"选框右侧选择单位为"像素"，在"渲染分辨率"文本框中输入96，如图7-144所示。单击"确定"按钮，创建新文档。

02 执行"文件"｜"导入"命令，选择一个位图素材文件，单击"导入"按钮，如图7-145所示。

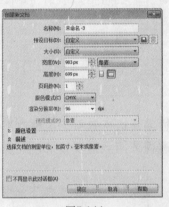

| 图7-144 | 图7-145 |

03 导入素材文件后，单击作为背景图像的位图，并放大尺寸，如图7-146所示。

图7-146

04 在工具箱中单击"裁剪工具" ，在页面中单击鼠标左键并拖动鼠标，松开鼠标后即可定义裁剪区域，在属性栏中设置准确的裁剪尺寸，宽为950px，高为230px，并在裁剪区域内部按住鼠标并移动位置，如图7-147所示。

图7-147

05 按Enter键，裁剪位图效果如图7-148所示。

图7-148

06 执行"位图"|"模糊"|"高斯式模糊"命令，打开"高斯式模糊"对话框，设置"半径"为7.0像素，单击"预览"按钮，页面中的位图显示模糊效果，如图7-149所示。效果满意后，单击"确定"按钮。

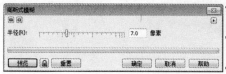

图7-149

07 在工具箱中单击"矩形工具"□，绘制一个矩形，并在属性栏中设置矩形的尺寸：宽为950px，高为230px。

08 在右侧调色板的"白色"色样上单击左键，为矩形填充白色；用鼠标右键单击"无填充"色样⊠，取消矩形的轮廓色填充。

09 在工具箱中单击"选择工具"⬚，框选矩形和位图对象，执行"排列"|"对齐和分布"|"左对齐"命令，再执行"排列"|"对齐和分布"|"顶端对齐"命令，使两个图形对齐居中。

10 在空白区域单击鼠标左键，取消选择，再次单击白色矩形，在工具箱中单击"透明度工具"⬚，在属性栏中选择"双色图样"，图样选择条纹图样，"开始透明度"设置为76，如图7-150所示。

图7-150

11 旋转透明度控制框，并移动其控制点，如图7-151所示。

图7-151

12 按组合键Ctrl+C将透明度对象复制，再按组合键Ctrl+V将对象原位置粘贴。

13 在属性栏中选择透明度类型为"辐射"，效果如图7-152所示。

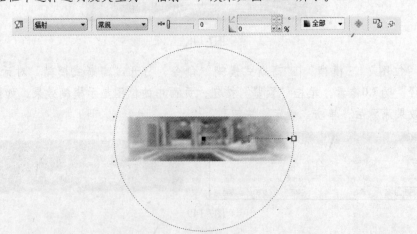

图7-152

14 单击"矩形工具"□，绘制一个矩形，并填充白色。

15 在工具箱中单击"透明度工具"♀，在属性栏中选择"标准"，"开始透明度"设为38；在工具箱中选择"阴影工具"□，在图形对象上按住鼠标左键并拖动鼠标到合适的位置，松开鼠标后，即可为对象创建阴影效果，在属性栏中设置"阴影的不透明度"值为22，"阴影羽化"值为2，如图7-153所示。

图7-153

16 单击"矩形工具"□，绘制一个矩形，并填充白色。单击"阴影工具"□，在矩形上单击并拖动，创建阴影，如图7-154所示。

图7-154

17 执行"文件"|"导入"命令，选择一个位图素材文件，单击"导入"按钮，单击
"裁剪工具" ✄，对其进行裁剪，然后缩小并旋转角度，移动位置如图7-155所示。

图7-155

提示　　在使用裁剪工具前，一定要使位图处于选中状态，如未选中对象，将会对整个文档中的所有图形进行裁剪。

18 采用同样的方法制作另一个矩形及阴影，并裁剪新的导入位图，如图7-156所示。

图7-156

19 在工具箱中单击"文本工具" 字，在属性栏中设置文字的大小和字体，在页面上单击
输入英文"keep the wonderful moment"，在工具箱中选择"阴影工具" ▢，选择预
设阴影，并调整"阴影的不透明度"值为22、"阴影羽化"值为2，如图7-157所示。

图7-157

20 采用同样的方法创建另一行文字，如图7-158所示。

图7-158

21 单击"矩形工具" ▭，绘制一个矩形，并填充蓝色。

22 在工具箱中单击"封套工具" ⊠，执行"窗口"｜"泊坞窗"｜"封套"命令，打开"封套"泊坞窗，单击"添加预设"按钮，在下面的样式列表中选择星光封套样式，如图7-159所示。

23 单击"应用"按钮，矩形产生封套效果，如图7-160所示。

图7-159

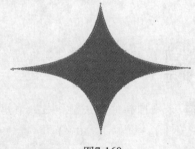

图7-160

24 在工具箱中单击"变形工具" ⊚，在属性栏中单击"推拉变形"按钮 ⊠，设置"推拉振幅"值为46，多边形的节点向外扩张，产生的推拉变形效果如图7-161所示。

图7-161

25 将星形图案缩小并旋转，移至文字位置，用鼠标右键单击调色板中的白色色样，将其填充色改为白色，并复制星形图案，分别放置在满意的位置，效果如图7-162所示。

图7-162

7.11 练习题

一、填空题

1. ＿＿＿＿＿＿工具可以在两个或多个对象之间产生形状和颜色上的过渡。

2. 应用＿＿＿＿＿＿工具，可以为对象添加三维效果，使对象有很强的纵深感和空间感。

3. 使用"＿＿＿＿＿＿"命令，可以通过缩短对象的一边或两边创建透视效果。

二、选择题

1. （ ）工具可以为对象创建光线照射的阴影效果，使对象产生较强的立体感。

   A. 调和　　　　　B. 轮廓图　　　　　C. 阴影　　　　　D. 变形

2. （ ）变形允许将锯齿效果应用于对象的边缘。

   A. 封套　　　　　B. 推拉　　　　　C. 拉链　　　　　D. 扭曲

3. （ ）可更改透镜下方对象区域的外观，而不更改对象的实际特性和属性。

   A. 变形　　　　　B. 透明　　　　　C. 透视　　　　　D. 透镜

三、问答题

1. 怎样冻结透明度？冻结透明度的作用是什么？

2. 怎样使调和对象按照指定的路径进行调和？

3. 透镜效果有哪些类型？

四、绘图题

运用本章所学的工具制作抽象酷炫背景底纹，如图7-163所示。

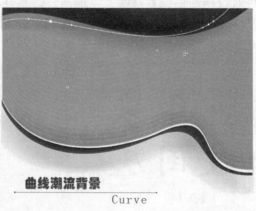

图7-163

第8章 文 本

在进行平面设计创作时，图形、色彩和文字是最基本的三大要素。文字的作用是任何元素不可替代的，它能直观地反映出诉求信息，让人一目了然。CorelDRAW X6不仅对图形具有强大的处理功能，对文字也有很强的编排能力，它可对文字进行各种特殊效果的处理，这两者完美结合是其他图形处理软件无法比拟的。

8.1 添加文本

CorelDRAW X6中使用的文本类型包括美术字和段落文本。"美术字"用于添加单个字或少量文字的短文，可将其当作一个单独的图形对象来处理。"段落文本"适合用来创建文本密集型文档，如通讯或手册，可对其进行多样的编排。

在进行文字处理时，可直接使用"文本工具"字输入文字，也可以从其他排版软件中载入文字，根据具体的情况选择不同的文字输入方式。

8.1.1 添加美术字

在工具箱中单击"文本工具"字，在页面中任意位置单击鼠标左键，出现输入文字的光标后，即可输入文字。在输入过程中可按下Enter键进行段落换行，如图8-1所示。

可通过属性栏设置修改文本的属性。属性栏中的"字体列表"用于选择文字的字体。"字体大小列表"用于为输入的文字设置字号大小。单击属性栏中各字符效果按钮，可以为选择的文字设置粗体、斜体和下划线等效果，如图8-2所示。

喜迎中秋
欢度国庆

图8-1

喜迎中秋
欢度国庆

图8-2

提示　使用文本工具输入文字后，还可以直接拖动文本四周的控制点来改变文本大小。

8.1.2 转换文字方向

在默认情况下，CorelDRAW中输入的文本为横向排列。在图形项目的编辑设计过程中，常常需要转换文字的排列方向，其操作方法如下。

01 单击“选择工具”，选择文本对象。

02 在属性栏中单击“将文本更改为垂直方向”按钮或“将文本更改为水平方向”按钮，即可将文本由水平方向转换为垂直方向，或由垂直方向转换为水平方向。将文字由水平方向转换为垂直方向后的效果如图8-3所示。

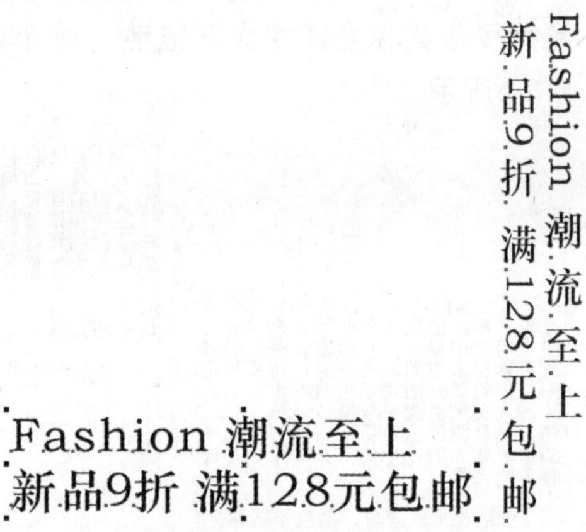
Fashion 潮流至上
新品9折 满128元包邮
Fashion 潮流至上
新品9折 满128元包邮

图8-3

8.1.3 添加段落文本

输入段落文本和美术字有些类似，只是在输入段落文本之前必须先画一个段落文本框。段落文本框可以是一个任意大小的矩形虚线框，输入的文本受文本框大小的限制。输入文本时，如果文字超过了文本框的宽度，文字将自动换行，这和美术文字的换行有所区别；如果输入的文字量超过文本框容纳的大小，那么超出的部分将会隐藏起来。创建段落文本的操作方法如下。

01 在工具箱中单击“文本工具”字，在页面中按住鼠标左键拖出一个矩形框，松开鼠标后，在文本框中的左上角将出现输入文字的光标，如图8-4所示。

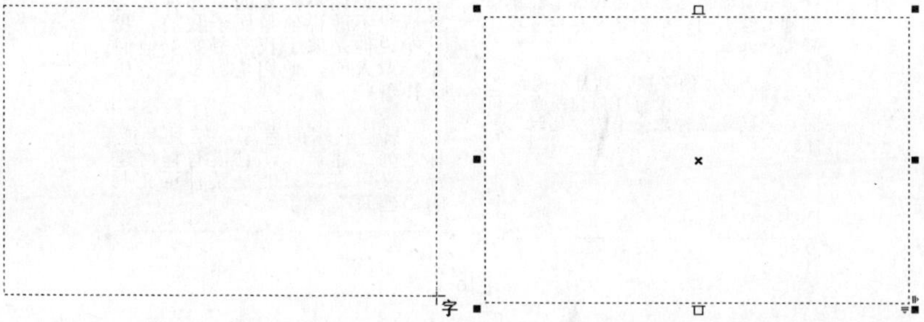
字

图8-4

02 输入的文本效果如图8-5所示。

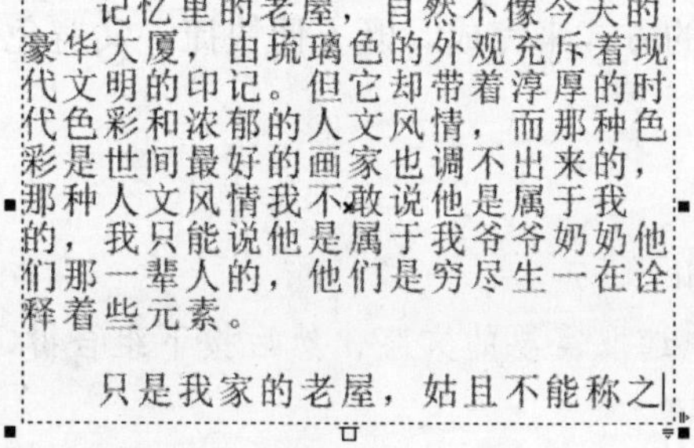
记忆里的老屋，自然不像今天的豪华大厦，由琉璃色的外观充斥着现代文明的印记。但它却带着淳厚的时代色彩和浓郁的人文风情，而那种色彩是世间最好的画家也调不出来的，那种人文风情我不敢说他是属于我的，我只能说他是属于我爷爷奶奶他们那一辈人的，他们是穷尽生一在诠释着些元素。
只是我家的老屋，姑且不能称之

图8-5

03 如果当前文本框中已经没有空间继续显示输入的文字时，可以将鼠标移至文本框下边线处按住鼠标左键并向下拖动，松开鼠标后，拉长文本框，即可继续输入文字，如图8-6所示。

图8-6

提示　　默认情况下，无论输入多少文字，文本框的大小都会保持不变，超出文本框容纳范围的文字都将被自动隐藏，此时文本框下方居中的控制点变为▽形状，向下拖动控制点▽，可显示隐藏内容。

04 执行"文本"|"段落文本框"|"文本适合框架"命令，文本框将自动调整文字的大小，以使文本充满整个文本框，如图8-7所示。

图8-7

8.1.4 贴入与导入外部文本

如果需要在CorelDRAW中加入其他文字处理程序（如Word或写字板等）中的文字时，可以采用贴入或导入的方式来完成，既方便快捷，又避免了输入文字过程中可能产生的错误。

1. 贴入文本

贴入文本的操作方法如下。

01 在其他文字处理程序中选取需要的文字，然后按下组合键Ctrl+C进行复制，如图8-8所示。

02 切换到CorelDRAW软件中，选择"文本工具" 字，在页面上按住鼠标左键并拖动鼠标，创建一个段落文本框，然后按下组合键Ctrl+V进行粘贴，此时会弹出"导入/粘贴文本"对话框，如图8-9所示。

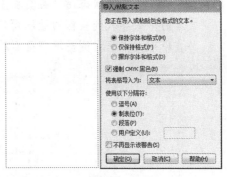

| 图8-8 | 图8-9 |

"导入/粘贴文本"对话框中各选项的功能如下。

- 保持字体和格式：导入或粘贴的文本可以保留原有的字体类型，以及项目符号、栏、粗体和斜体等格式的信息。
- 仅保持格式：导入或粘贴的文本只保留项目符号、栏、粗体和斜体等格式的信息。
- 摒弃字体和格式：导入或粘贴的文本采用默认的字体与格式属性。
- 将表格导入为：在其下拉列表中可以选择导入表格的方式，包括"表格"和"文本"。选择"文本"选项后，下方的"使用以下分隔符"选项将被激活，在其中可以选择使用分隔符的类型。

图8-10

- 不再显示该警告：选中该复选框后，执行粘贴命令时将不会出现该对话框，软件将按默认设置对文本进行粘贴。

03 用户可以根据实际需要选择其中的选项，单击"确定"按钮，即可将文字粘贴到当前段落文本框中，如图8-10所示。

2. 导入文本

导入文本的操作方法如下。

01 执行"文件"|"导入"命令，在弹出的"导入"对话框中选择需要导入的文本文件，单击"导入"按钮，如图8-11所示。

02 在弹出的"导入/粘贴文本"对话框中进行设置后，单击"确定"按钮，如图8-12所示。

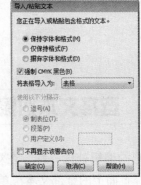

| 图8-11 | 图8-12 |

03 当光标变为标尺状态时，在页面上单击鼠标，即可将该文件中的所有文字内容以段落文本的形式导入到当前的绘图窗口中，当默认的文本框无法容纳所有文字时会隐藏，并在段落文本框右侧显示"页面2"提示框，提示有更多内容，如图8-13所示。

图8-13

> 提示　　执行"文本"|"段落文本框"|"文本适合框架"命令，文本框将自动调整文字的大小，使文字完全在文本框中显示出来，或者拖动文本框的边线，放大文本框以便容纳更多文字。

8.1.5　在图形内输入文本

在CorelDRAW中，文本还可以输入到自定义的图形对象中，其操作方法如下。

01 绘制一个几何图形或自定义形状的封闭图形。

02 单击"文本工具"字，将光标移动到图形的轮廓线上，当光标变为 I 形状时，单击鼠标左键，此时在图形内将出现段落文本虚线框，如图8-14所示。

03 在文本框中输入所需要的文字即可，如图8-15所示。

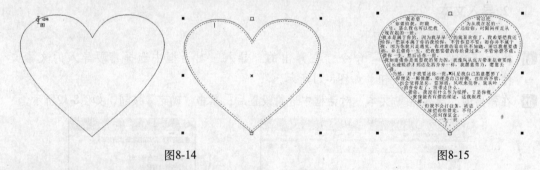

图8-14　　　　　　　　　　　　　　　　　图8-15

8.2　选择文本对象

与图形的编辑处理一样，在对文本对象进行编辑时，必须首先对文本进行选择。用户可以选择页面上的全部文本、单个文本或一个文本对象中的部分文本。

8.2.1　选择全部文本

选择全部文本的操作方法与选择图形对象相似，使用"选择工具" ▶ 单击文本对象，则文本中的所有文字都将被选中。按下Shift键的同时单击其他文本对象，这些文本对象都将被选中，如图8-16所示。若要取消其中一个文本对象的选择，则按下Shift键的同时再次单击该文本对象即可。

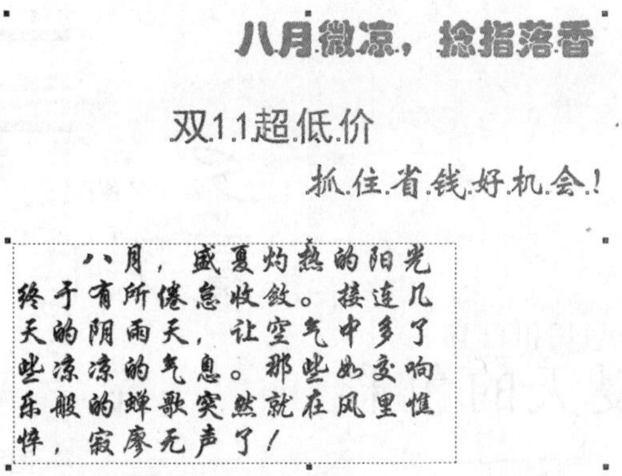

执行"编辑"|"全选"|"文本"命令，可选择当前页面中所有的文本对象。使用"选择工具" ▶ 在文本上双击，可以快速地从"选择工具" ▶ 切换到"文本工具" 字 进行文字内容的编辑。

八月微凉，捻指落香

双11超低价

抓住省钱好机会！

八月，盛夏灼热的阳光终于有所倦怠收敛。接连几天的阴雨天，让空气中多了些凉凉的气息。那些如交响乐般的蝉歌突然就在风里惟悴，寂寥无声了！

图8-16

8.2.2　选择部分文本

选择"文本工具" 字，在文本对象中按照排列的前后顺序，在一个字符的前面按下鼠标左键并向后拖动鼠标，直到选择最后一个需要的字符为止，松开鼠标后即可选择这部分文字，如图8-17所示。

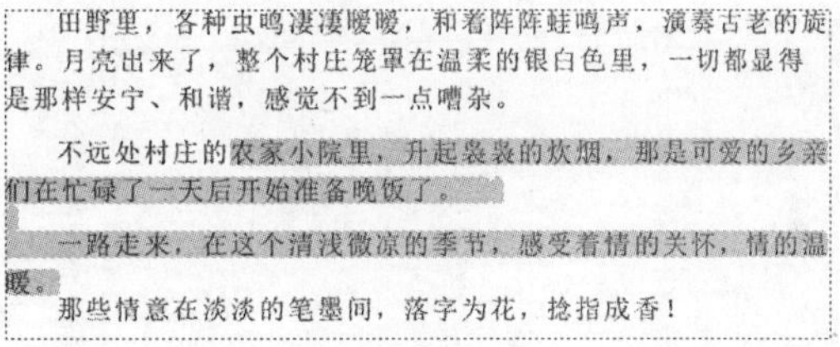

田野里，各种虫鸣凄凄暖暖，和着阵阵蛙鸣声，演奏舌老的旋律。月亮出来了，整个村庄笼罩在温柔的银白色里，一切都显得是那样安宁、和谐，感觉不到一点嘈杂。

不远处村庄的农家小院里，升起袅袅的炊烟，那是可爱的乡亲们在忙碌了一天后开始准备晚饭了。

一路走来，在这个清浅微凉的季节里，感受着情的关怀，情的温暖。

那些情意在淡淡的笔墨间，落字为花，捻指成香！

图8-17

8.3　设置美术字文本和段落文本格式

为了达到突出主题的目的，通常要对输入的文本进行进一步的编辑，包括文本的字体、大小、颜色、间距以及字符效果等。

8.3.1　设置字体、字号和颜色

设置字体、字号和颜色是在编辑文本时进行的最基本操作，其设置方法如下。

01 单击"文本工具" 字，在页面中单击并输入文字，如图8-18所示。

Summer
夏天的色彩

图8-18

中文版 CorelDRAW X6 标准教程

02 选择部分文字，然后在属性栏的"字体列表"下拉列表中选择适当的字体，如图8-19所示。

图8-19

> **提示** 单击"文本工具"字后，在输入文字前，也可以在属性栏中先设置字体、字号等属性，输入的文字即可使用当前设置。

03 在属性栏中选择"字体大小"，如图8-20所示。

图8-20

04 按下F11键，打开"渐变填充"对话框，设置文字的渐变填充样式，单击"确定"按钮，文字填充渐变效果如图8-21所示。

图8-21

提示　与填充图形对象一样，除了可以为文本填充渐变色外，还可以为文本填充均匀色和各种图样、底纹等。

05　选择"夏天的色彩"文本，在右侧的调色板中单击一个色样，即可为其应用该颜色，如图8-22所示。

提示　选择文本对象后，用户也可以单击属性栏中的"文本属性"按钮 ，在右侧显示的"文本属性"泊坞窗中对文字的字体和大小等属性进行设置，如图8-23所示。

图8-22　　　　　　　　　　　　　　　　　图8-23

8.3.2　设置文本的对齐方式

通过使用属性栏或泊坞窗，可以设置文本在水平和垂直方向上的对齐方式，其具体操作方法如下。

01　选取一个文本对象，在属性栏中单击"文本对齐"按钮 ，在弹出的下拉列表中选择对齐方式，如图8-24所示。

图8-24

02 单击属性栏中的"文本属性"按钮 A，右侧将显示
"文本属性"泊坞窗，在"段落"栏下设置文本对
齐方式，如图8-25所示。

各种对齐方式的功能如下。

● 无 ≣：应用默认对齐设置。
● 左对齐 ≣：将文本与文本框或美术字边框的左侧
  对齐。
● 居中 ≣：将文本置于文本框的中心。
● 右对齐 ≣：将文本与文本框或美术字边框的右侧
  对齐。
● 两端对齐 ≣：将文本（最后一行除外）与文本框的左右两侧对齐。
● 强制两端对齐 ≣：将文本（包括最后一行）与文本框的左右两侧对齐。

图8-25

8.3.3 设置字间距和行间距

在文字配合图形进行编辑的过程中，经常需要对文本间距进行调整，以达到构图上
的平衡和视觉上的美观。在CorelDRAW中，调整文本间距的方法有使用"形状工具"调
整和精确调整两种。

1. 使用形状工具调整文本间距

调整美术字和段落文本间距的操作方法
相似，其操作方法如下。

01 在工具箱中单击"形状工具" ⬚，单击文
本对象，文本框下端左右两侧会显示控制
符号，如图8-26所示。

02 用鼠标左键按下右侧符号 ⇶，并拖动鼠
标，在适当的位置松开鼠标后，即可调整
文本的字间距，如图8-27所示。

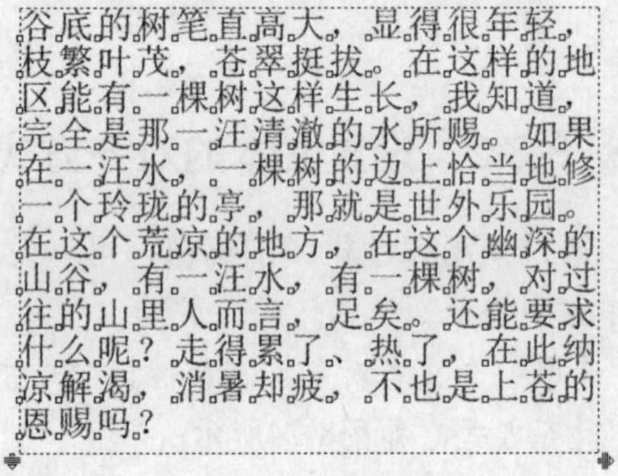

图8-26

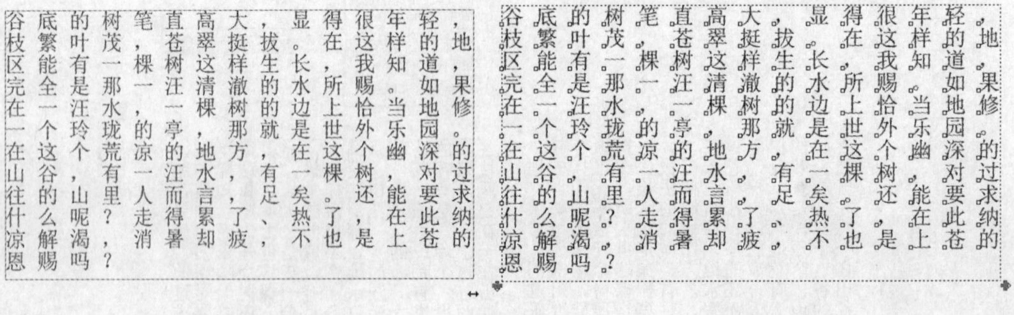

图8-27

03 用鼠标左键按下左侧符号 ≡，并拖动鼠标，在适当的位置松开鼠标后，即可调整文本
的行间距，如图8-28所示。

图8-28

提示　　使用"选择工具" 单击文本对象，在文本框的右下角会出现两个控制符号，如图8-29所示。拖动控制符号 可调整文本的字间距；拖动控制符号 则可调整文本的行间距。

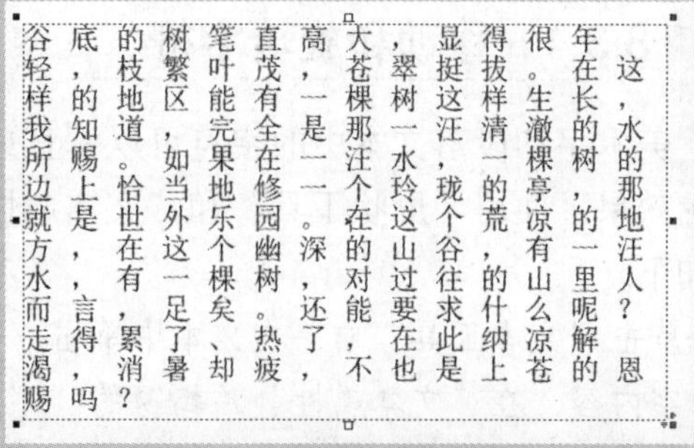

图8-29

2. 精确调整文本间距

使用形状工具和选择工具只能大体调整文本的间距，要对间距进行精确的调整，可通过"文本属性"泊坞窗来完成，其操作方法如下。

选择文本对象后，单击属性栏中的"文本属性"按钮 ，在右侧显示的"文本属性"泊坞窗的"段落"栏下设置文本间距，如图8-30所示。

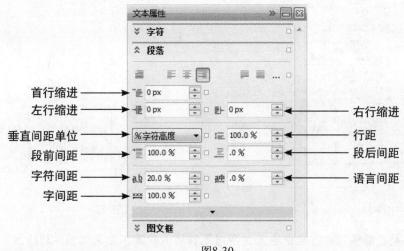

图8-30

"段落"栏中行间距和字间距按钮的功能如下。

- 首行缩进 ：设置段落文本的首行相对于文本框左侧的缩进距离。
- 左行缩进 ：设置段落文本（首行除外）相对于文本框左侧的缩进距离。
- 右行缩进 ：设置段落文本相对于文本框右侧的缩进距离。
- 垂直间距单位 ：设置文本间距的度量单位，度量单位选择列表中包括：

%字符高度、点、点大小的%。

- 行距 100.0 %：指定段落中各行之间的间距（行距）值。
- 段前间距 100.0 %：指定在段落上方插入的间距值。
- 段后间距 .0 %：指定在段落下方插入的间距值。
- 字符间距 ab 20.0 %：指定一个词中单个文本字符之间的间距。
- 语言间距 .0 %：控制文档中多语言文本的间距。
- 字间距 100.0 %：指定单个字之间的间距。

8.3.4 移动和旋转字符

美术字和段落文本中的字符可以垂直或水平位移，也可以对它们进行旋转以产生有趣的效果。使用"形状工具"和"文本属性"泊坞窗都可以旋转和位移字符，其操作方法如下。

01 单击"文本工具" 字，在文本中单击，将文字光标插入到文本中，选择需要调整的文字内容，在"文本属性"泊坞窗的"字符"栏中，单击下方的三角形按钮，展开隐藏的选项，如图8-31所示。

字符偏移和角度按钮的功能如下。

- 字符水平偏移 x ← 0 %：指定选择的文本字符在水平方向上位移的距离。
- 字符垂直偏移 y ↑ 0 %：指定选择的文本字符在垂直方向上位移的距离。
- 字符角度 ab .0 °：指定文本字符的旋转角度。

02 在"字符角度"数值框中设置文字旋转的角度，效果如图8-32所示。

图8-31   图8-32

03 在"字符垂直偏移"数值框中输入文字向上移动的距离，效果如图8-33所示

图8-33

04 选择右侧的字符，在"字符水平偏移"数值框中输入文字向右移动的距离，效果如图8-34所示。

图8-34

05 在工具箱中单击"形状工具" ，单击文本对象，此时字符前显示有空心状态的节点，单击字符前的节点，被选中的字符前的节点切换为实心状态，移动字符前的节点，即可移动该字符，如图8-35所示。

图8-35

06 按下Shift键的同时，点选需要调整的字符节点，在形状工具属性栏的"字符角度"数值框中设置旋转角度，被选中的多个字符会旋转相同的角度，效果如图8-36所示。

图8-36

07 使用"文本工具" 字 选择一个或多个字符，执行"文本"|"矫正文本"命令，可矫正位移或旋转的字符，效果如图8-37所示。

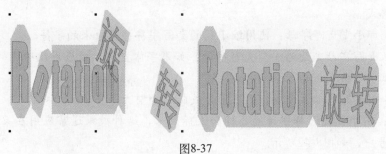

图8-37

8.3.5 设置字符效果

在编辑文本的过程中，有时可以根据内容的需要，为文字添加相应的字符效果，以达到区分、突出文字内容的目的。设置字符效果可通过"文本属性"泊坞窗来完成。

- 下划线：用于为文本添加下划线的效果。该选项的下拉列表中提供的预设下划线样式如图8-38所示。
- 删除线：用于为文本添加删除线的效果。该选项的下拉列表中提供的预设删除线样式如图8-39所示。

图8-38　　　　　　　　　　　　　　　　图8-39

- 上划线：用于为文本添加上划线的效果。该选项的下拉列表中提供的预设上划线样式如图8-40所示。
- 大写字母：用于英文编辑时所进行的大写调整。选择"小写"后，可以使文本中的所有小写字母变成大写字母，原来的大写字母保持不变。选择"全部大写"后，文本中的所有字母全部变成大写，效果如图8-41所示。
    - 无：关闭列表中的所有功能。
    - 全部大写字母：使用相应的大写字符替代小写字符。
    - 标题大写字母：如果字体支持，则应用该功能的OpenType版字体格式。
    - 小型大写字母（自动）：如果字体支持，则应用该功能的OpenType版字体格式。
    - 全部小型大写字母：使用缩小版的大写字符替代原来的字符。
    - 从大写字母更改为小型大写字母：如果字体支持，则应用该功能的OpenType版字体格式。
    - 小型大写字母（合成）：应用合成版的小型大写字母。
- 位置：用于设置选择字符的下标和上标效果，这种效果通常应用在某些专业数据的符号中，如图8-42所示。

● 更多样式：字符选项中还提供了其他的字符样式，用于特殊排版需要，如图8-43所示。

秋冬新品　特辑
秋冬新品　特辑
秋冬新品　特辑
秋冬新品　特辑
秋冬新品　特辑
秋冬新品　特辑
秋冬新品　特辑

图8-40　　　　　　　　　　　　　　　图8-41

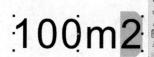 100m2  100m²

图8-42　　　　　　　　　　　　　　图8-43

8.4 格式化文本

CorelDRAW提供了丰富的工具和控件用于格式化单个字符、整个段落以及文本框中的文本。下面分别为读者介绍几种常用的格式化文本工具。

8.4.1 设置缩进

设置文本的缩进值，可以改变文本框与框内文本之间的距离。可以添加和移除缩进格式，而不会删除或不必重新键入文本。可以缩进整个段落、段落的首行或段落中除首行外的所有行（悬挂式缩进），还可以从文本框的右边缩进，具体方法如下。

🔟 选择段落文本后，执行"窗口"|"泊坞窗"|"对象属性"命令，打开"对象属性"泊坞窗，在"段落"一栏中，显示所选的段落文本"首行缩进"、"左行缩进"和"右行缩进"都为0，如图8-44所示。

🔟 在"首行缩进"数值框中输入数值，此时段落文本的首行相对于文本框左侧的缩进距离如图8-45所示。

🔟 在"左行缩进"数值框中输入数值，段落文本（首行除外）相对于文本框左侧的缩进距离如图8-46所示。

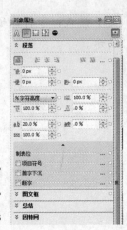

对象属性
段落
我们常说：“我们就是未来”。的确，我们，年轻的一代代表着最新的知识和观念、壮志雄心和对成功的巨大渴望。但是，你是否想过这样一个问题：我们如何能够在充满巨大挑战和激烈竞争的21世纪中取得成功？在我看来，有两点是非常重要的。

图8-44

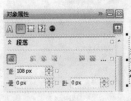

对象属性
段落
108 px
我们常说：“我们就是未来”。的确，我们，年轻的一代代表着最新的知识和观念、壮志雄心和对成功的巨大渴望。但是，你是否想过这样一个问题：我们如何能够在充满巨大挑战和激烈竞争的21世纪中取得成功？在我看来，有两点是非常重要的。

图8-45

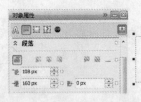

对象属性
段落
108 px
160 px
我们常说：“我们就是未来”。的确，我们，年轻的一代代表着最新的知识和观念、壮志雄心和对成功的巨大渴望。但是，你是否想过这样一个问题：我们如何能够在充满巨大挑战和激烈竞争的21世纪中取得成功？在我看来，有两点是非

图8-46

04 在“右行缩进”数值框中输入数值，段落文本相对于文本框右侧的缩进距离如图8-47所示。

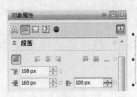

对象属性
段落
108 px
160 px
100 px
我们常说：“我们就是未来”。的确，我们，年轻的一代代表着最新的知识和观念、壮志雄心和对成功的巨大渴望。但是，你是否想过这样一个问题：我们如何能够在充满巨大挑战和激烈竞争的21世纪中取得成功？在我看

图8-47

> **提示** 在“首行”、“左”和“右”数值框中输入数值为0，可以取消段落文本的缩进效果。在“首行”和“左”数值框中输入相同的值，可以使整个段落向左缩进。

8.4.2 自动断字

如果行尾放不下整个单词，可用断字功能将该单词拆分。用户可以使用预设断字定义和断字设置来自动化断字，可以设置连字符前后最少的字符，还可以设置“断字区”中的字符数，断字区是指行尾出现断字的区域。

1. 自动断字

选择段落文本，执行“文本”|“使用断字”命令，或者在“对象属性”泊坞窗中选

中"断字"复选框，即可在文本段落中自动断字，如图8-48所示。

图8-48

2. 断字设置

除了使用自动断字功能外，用户还可以自定义断字设置。选中段落文本后，执行"文本"|"断字设置"命令，打开"断字"对话框，勾选"自动连接段落文本"复选框后，可激活该对话框中的所有选项，即可进行设置，如图8-49所示。

● 大写单词分隔符：在大写单词中断字。
● 使用全部大写分隔单词：断开包含所有大写字母的单词。
● 最小字长：设置自动断字的最短单词长度，这个值表示断字必须包含的最少字符数。
● 之前最少字符：设置要在前面开始断字的最小字符数。
● 之后最少字符：设置要在后面开始断字的最小字符数。
● 到右页边距的距离：设置"断字区"，这个值表示断字区的字符数。此区域中放不下的单词会被断开或移动到下一行。

3. 插入可选连字符

选择文本对象，并使用"文本工具"字在单词中需要放置可选连字符的位置单击，然后执行"文本"|"插入格式化代码"命令，在子菜单中选择插入的连字符，如图8-50所示。

图8-49

图8-50

将光标移至单词断开的位置，按组合键Ctrl+-，即可插入可选连字符，如图8-51所示。

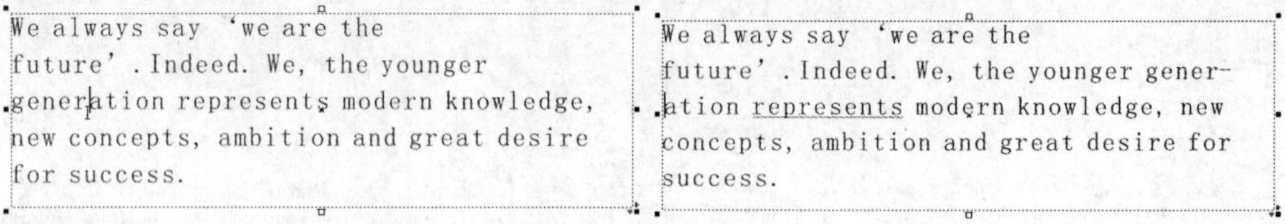

We always say 'we are the
future'. Indeed. We, the younger
generation represents modern knowledge,
new concepts, ambition and great desire
for success.
We always say 'we are the
future'. Indeed. We, the younger gener-
ation represents modern knowledge, new
concepts, ambition and great desire for
success.

图8-51

8.4.3 添加制表位

用户可以在段落文本中添加制表位，以设置段落文本的缩进量，同时可以调整制表位的对齐方式。在不需要使用制表位时，还可以将其移除，其操作方法如下。

目 录
第8章 文本 1
8.1 添加文本 1
8.1.1 添加美术字1
8.1.2 转换文字方向 1
8.1.3 添加段落文本 2
8.1.4 贴入与导入外部文本 3
8.1.5 在图形内输入文本 5
8.2 选择文本对象 5
8.2.1 选择全部文本 5
8.2.2 选择部分文本 6
8.3 设置美术字文本和段落文本格式 6
8.3.1 设置字体、字号和颜色6
8.3.2 设置文本的对齐方式 8
8.3.3 设置字间距和行间距 8
8.3.4 移动和旋转字符 10

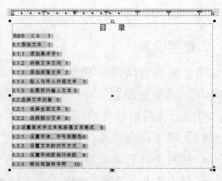

图8-52

01 单击“文本工具”字，选中文本框中的文字，此时在标尺上显示有制表符，如图8-52所示。

02 执行“文本”|“制表位”命令，打开“制表位设置”对话框，单击“全部移除”按钮，清除原有的制表符，效果如图8-53所示。

制表位设置
制表位位置(T):
px
添加(A)
制表位
对齐
前导符
移除(R)
全部移除(E)
前导符选项(L)...
预览(P)
确定
取消
帮助

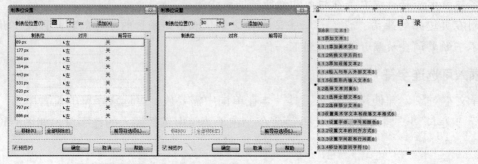

图8-53

03 在“制表位位置”数值框中输入数值，单击“添加”按钮，即可在标尺中添加一个制表位，如图8-54所示。

制表位设置
制表位位置(T): 50 px
添加(A)
制表位
对齐
前导符
50 px
左
关
移除(R)
全部移除(E)
前导符选项(L)...
预览(P)
确定
取消
帮助
目 录

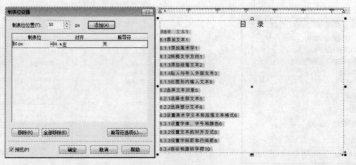

图8-54

04 再次输入"制表位位置"值，单击"添加"按钮，即可在标尺中添加第二个制表位，如图8-55所示。

图8-55

05 单击"确定"按钮，在标尺上单击鼠标，可在该位置添加一个制表位，添加的制表位位置如图8-56所示。

06 执行"文本"|"制表位"命令，打开"制表位设置"对话框，单击最后一个制表符右侧的"前导符"选项，在下拉列表中选择"开"，单击"前导符选项"按钮，打开"前导符设置"对话框，选择字符并设置间距，如图8-57所示。

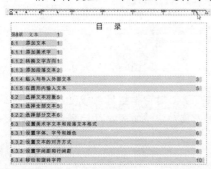

图8-56

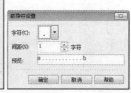

图8-57

07 单击"确定"按钮返回"制表位设置"对话框，单击"确定"按钮，效果如图8-58所示。

> **提示** 文本中的空格会自动与最近的制表符对齐，由于默认情况下设置最后一个制表符显示前导符号，所以当前与最后一个制表符对齐的文字会显示前导符号。

08 将光标移到文字"第"前面，按一次Tab键，"第"字与第一个制表位对齐，如图8-59所示。

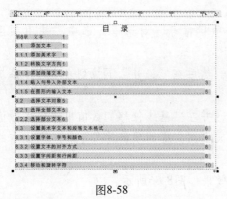

图8-58

图8-59

09 将光标移到文字"1"前面，按一次Tab键，前导符号，如图8-60所示。

10 采用同样的方法，在其他文字行的行首位置按Tab键，使文字与制表位对齐，效果如图8-61所示。

11 将光标移至第二行"第8章文本"的位置，在标尺上按住第4个制表位符号并向一侧拖动，拖出标尺外后松开鼠标，即可删除该制表符，此时最后一个制表位的前导符号被填充到了空白区域，如图8-62所示。

"1"字与最后一个制表位对齐，并显示

图8-60

图8-61

图8-62

提示　　每一段文字可以设置一组制表符，在"制表位设置"对话框中可以修改制表位的位置。在绘图窗口顶部的水平标尺上单击可以添加制表位，拖动制表位标记可以移动制表位，将制表位标记拖离标尺可以将其删除。

8.4.4　添加项目符号

CorelDRAW为用户提供了丰富的项目符号列表样式，可以为段落文本的句首添加各种项目符号，使编排的信息格式更清晰，方便阅读。

可以将文本环绕在项目符号周围，也可以使项目符号偏离文本，形成悬挂式缩进。CorelDRAW允许用户通过更改项目符号的大小、位置以及与文本的距离来自定义项目符号，还可以更改项目符号列表中项目间的间距，其操作方法如下。

01 选择段落文本中的部分文字，如图8-63所示。

02 执行"文本"|"项目符号"命令，打开"项目符号"对话框，选中"使用项目符号"复选框。

03 在"字体"下拉列表中选择项目符号的字体，然后在"符号"下拉列表中选择系统提供的符号样式，如图8-64所示。

04 在"大小"数值框中输入适当的符号大小值，并在"基线位移"数值框中输入数值，设置项目符号相对于基线的偏移量，设置"文本图文框到项目符号"和"到文本的项目符号"的数值，如图8-65所示。

05 单击"确定"按钮，应用项目符号设置后的效果如图8-66所示。

提示 "文本图文框到项目符号"选项用于设置文本框与项目符号之间的距离。"到文本的项目符号"选项用于设置项目符号与后面的文本之间的距离。

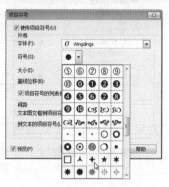

图8-63 　　　　　　　　　　　　　　　　　图8-64

图8-65 　　　　　　　　　　　　　　　　　图8-66

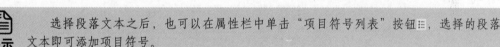

提示 选择段落文本之后，也可以在属性栏中单击"项目符号列表"按钮 ，选择的段落文本即可添加项目符号。

8.4.5　插入首字下沉

在段落中应用首字下沉功能可以放大句首字符，以突出段落的句首，其设置方法如下。

01 选择段落文本后，执行"文本"|"首字下沉"命令，打开"首字下沉"对话框，选中"使用首字下沉"复选框，在"下沉行数"数值框中输入需要下沉的行数，单击"确定"按钮，效果如图8-67所示。

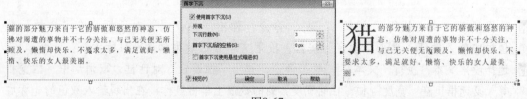

图8-67

提示 选择段落文本之后，也可以在属性栏中单击"首字下沉"按钮 ，选择的段落文本即可显示首字下沉效果。

02 再次执行"文本"|"首字下沉"命令，打开"首字下沉"对话框，设置"首字下沉后的空格"数值，预览首字距后面文字的距离，如图8-68所示。

图8-68

03 选中"首字下沉使用悬挂式缩进"复选框，单击"确定"按钮，效果如图8-69所示。

图8-69

8.4.6　设置分栏

　　段落文本可以分为两个或两个以上的文本栏，使文字在文本栏中进行排列。在文字篇幅较多的情况下，使用文本栏可以方便读者进行阅读，其操作方法如下。

01 创建段落文本，如图8-70所示。

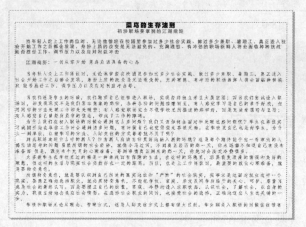

图8-70

02 选择段落文本，执行"文本"|"栏"命令，弹出"栏设置"对话框，在"栏数"数值框中输入数值，单击"确定"按钮，段落文本分栏效果如图8-71所示。

03 选择段落文本，执行"文本"|"栏"命令，弹出"栏设置"对话框，取消选中"栏宽相等"复选框，在"宽度"和"栏间宽度"列的数值上单击鼠标，在出现输入数值的光标后可以修改当前文本栏的宽度和栏间宽度，单击"确定"按钮，分栏效果如图8-72所示。

提示　　在"对象属性"泊坞窗中有"栏"数值框，也可以快速地为选定的文本框分栏。

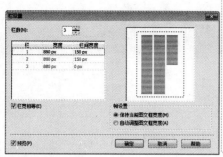

图8-71

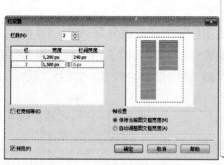

图8-72

8.5　查找和替换文本

通过使用"查找并替换"命令，可以查找当前文件中指定的文本内容，同时还可以将查找到的文本内容替换为另一指定的内容。

8.5.1　查找文本

当需要查找当前文件中的单个文本对象时，执行"编辑"|"查找并替换"|"查找文本"命令，弹出"查找文本"对话框，在"查找"文本框中输入需要查找的文本内容，单击"查找下一个"按钮，即可在当前文档中查找到相关的内容，如图8-73所示。

图8-73

再次单击"查找下一个"按钮，可查找到下一个有相关内容的文本对象，如图8-74所示。

图8-74

8.5.2　替换文本

如果在一个有很多文字的文件里发现了一个错字，而这个错字出现的次数很多，这就可以使用替换功能，将所有相同的错字替换，而不用对其进行逐一更改，其操作方法如下。

单击"选择工具" 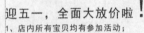，选择文本对象，执行"编辑"|"查找并替换"|"替换文本"命令，在弹出的"替换文本"对话框中，分别设置查找和替换的文本内容，单击"全部替换"按钮，即可将当前文件中查找到的文字全部替换为指定的内容，如图8-75所示。

图8-75

8.6　编辑和转换文本

在处理文字的过程中，除了可以直接在页面上设置文字的属性外，还可以通过"编辑文本"对话框来完成。在编辑文本时，根据版面需要，美术字和段落文本可以相互转换，还可以将文本转换为曲线，以方便对字形的进一步编辑。

8.6.1　编辑文本

在选择文本对象后，执行"文本"|"编辑文本"命令或者在属性栏中单击"编辑文本"按钮 ，即可打开"编辑文本"对话框，如图8-76所示，在对话框中可更改文本的内容、设置文字的字体、字号、字符效果、对齐方式、更改英文大小写以及导入外部文本等。

图8-76

8.6.2 美术字与段落文本的转换

输入的美术字与段落文本之间可以相互转换，其操作方法如下。

01 选择需要转换的美术字，执行"文本"|"转换段落文本"命令，美术字转换为段落文本后显示出段落文本框，如图8-77所示。

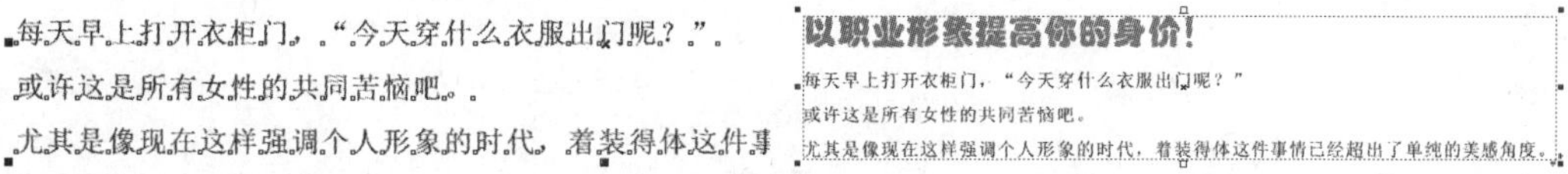

图8-77

02 选择需要转换的段落文本，执行"文本"|"转换为美术字"命令，段落文本即可转换为美术字。

8.6.3 将文本转换为曲线

在实际创作中，使用系统提供的字体进行设计会非常有局限性，即使安装了大量的字体，也不一定就可以找到需要的文字效果。在这种情况下，CorelDRAW允许将文字转换为曲线，并对其进行变形编辑操作。

转换为曲线后的文字属于曲线图形对象，也就不具备文本的各种属性，即使在其他计算机上打开该文件时，也不会因为缺少字体而受到影响，因为它已经被定义为图形而存在。所以在一般的设计工作中，在绘图方案定稿之后，通常都需要对图形档案中的所有文字进行转曲处理，以保证在后续流程中打开文件时，不会出现因为缺少字体而不能显示出原本设计效果的问题。

将文本转换为曲线的方法很简单，只需要选择文本对象后，执行"排列"|"转换为曲线"命令或按下组合键Ctrl+Q即可。将文本转换为曲线并进行形状修改后的效果如图8-78所示。

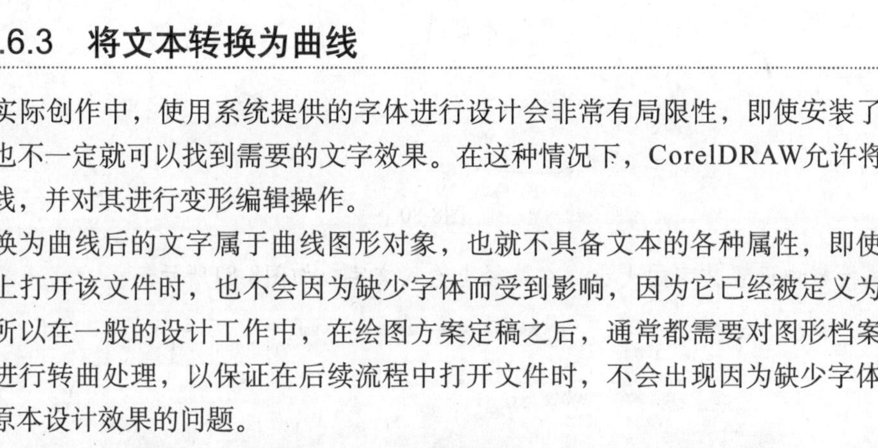

图8-78

8.7 图文混排

将文字与图片混合排列是排版设计中经常处理的工作，怎样在有限范围内使图形图像与文字的排版效果达到多样性和艺术性，是专业排版人员必须掌握的技能。

8.7.1 沿路径排列文本

CorelDRAW允许文字沿着各种各样的路径排列。路径可以是开放对象（如直线）或闭合对象（如方形），文本框中的段落文本只适合开放路径。将文本沿路径排列的方法如下。

01 绘制一条曲线路径，如图8-79所示。

图8-79

02 单击"文本工具"字，将光标移动到路径边缘，当光标右下角显示曲线图标~时，单击曲线路径，出现输入文本的光标，如图8-80所示。

图8-80

03 在属性栏中设置文字的大小，在路径上输入文字，如图8-81所示。

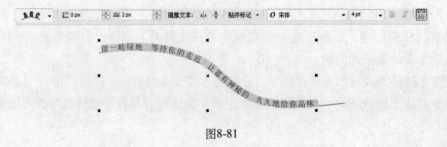

图8-81

04 选取路径文字，执行"排列"|"拆分在路径上的文本"命令，可以将文字与路径分离。分离后的文字仍然保持之前的位置，可以使用"选择工具"对其进行移动。

提示　同时选择文本对象和路径曲线，执行"文本"|"使文本适合路径"命令，也可以使文本沿路径排列，如图8-82所示。

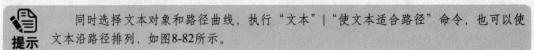

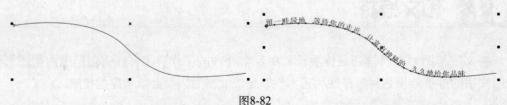

图8-82

选择沿路径排列的文字与路径曲线，可以在如图8-83所示的属性栏中修改其属性，改变文字沿路径排列的方式，属性栏各按钮的功能如下。

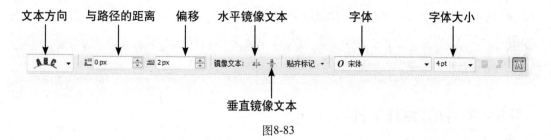

图8-83

- 文本方向：从下拉列表中选择文本的总体朝向，如图8-84所示。

图8-84

- 与路径的距离：指定文本和路径间的距离，如图8-85所示。

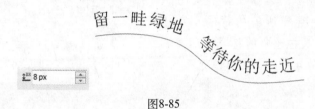

图8-85

- 偏移：通过指定正值或负值来移动文本，使其靠近路径的终点或起点，如图8-86所示。

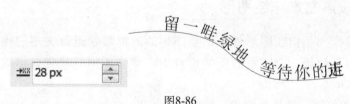

图8-86

- 水平镜像文本：从左至右翻转文本，如图8-87所示。

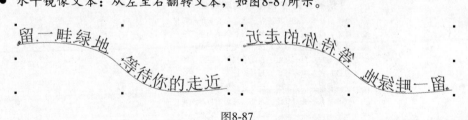

图8-87

- 垂直镜像文本：从上至下翻转文本，如图8-88所示。

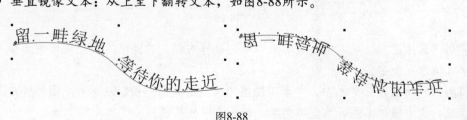

图8-88

● 贴齐标记：指定贴齐文本到路径的间距增量。

提示 沿路径排列后的文本仍具有文本的基本属性，可以添加或删除文字，也可更改文字的字体和字体大小等属性。

8.7.2 插入特殊字符

CorelDRAW提供了大量精美的黑白符号，能够快速地将符号对象添加到文件中，从而实现一些特殊的编辑效果，其操作方法如下。

单击"文本工具"字，在需要添加符号的位置单击，将光标插入到文本对象中，执行"文本"|"插入符号字符"命令，打开"插入字符"泊坞窗，选择字体和符号大小，并从列表框中选择所需的符号，单击"插入"按钮或者双击选中的符号，即可在当前位置插入所选的字符，如图8-89所示。

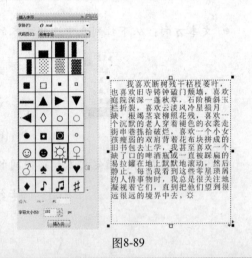

图8-89

提示 插入到文本中的符号大小是由该文本中的文字大小决定的。如果要更改符号的大小，在属性栏中改变字体大小即可。

8.7.3 段落文本环绕图形

文本沿图形排列是指在图形外部沿着图形的外框形状进行文本的排列，这种编辑方式被广泛应用于报纸、杂志等版面的设计中，增强图形的视觉显示效果，其操作方法如下。

01 创建段落文本对象，并绘制图形，如图8-90所示。

图8-90

02 使用"选择工具" 单击图形对象，单击鼠标右键，在弹出的快捷菜单中选择"段落文本换行"命令。

03 将图形移动到段落文本中，文本围绕图形排列的效果如图8-91所示，图形挤占了文字区域，文本框中无法容纳全部文字，部分文字被隐藏。

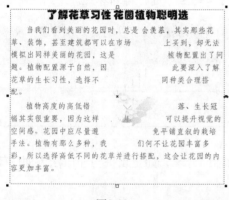

图8-91

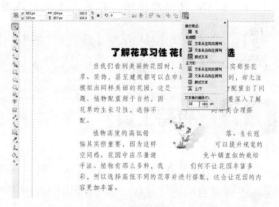

04 单击并移动段落文本框的边，扩大文本框的面积，将隐藏的文字显示出来，如图8-92所示。

05 在属性栏中单击"文本换行"按钮圖，从弹出的下拉列表中可以选择段落文本环绕对象的样式并设置偏移距离，如图8-93所示。

图8-92   图8-93

06 修改偏移距离后并移动图形的位置，效果如图8-94所示。

图8-94

提示

对比较复杂的图形执行"段落文本换行"命令后，由于运算复杂，会影响软件运行速度。用户可以选择图形后执行"排列"|"造形"|"边界"命令，创造图形的边界曲线，再对边界曲线执行"段落文本换行"命令。为了不使边界曲线影响文本排列的美观效果，可将其设置为透明，然后再将复杂的图形放置在同一位置上。

07 执行"窗口"|"泊坞窗"|"对象属性"命令，打开"对象属性"泊坞窗，单击其中的"摘要"按钮，在"摘要"选项中，同样可以选择"环绕文本"的类型，并设置

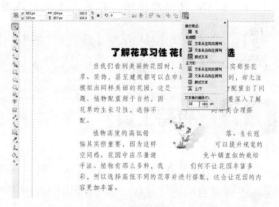

偏移量，如图8-95所示。

"环绕文本"的类型包括"轮廓图"、"正方形"和"上/下"，其功能如下。

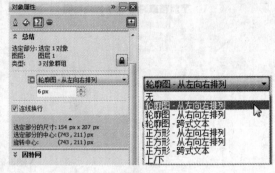

图8-95

- 无：选择此选项，将移除段落文本的环绕样式。
- 轮廓图：表示段落文本将围绕图形对象的轮廓进行换行。包括：轮廓图-从左向右排列、轮廓图-从右向左排列、轮廓图-跨式文本。
- 正方形：无论选择的图形对象轮廓如何，段落文本均以正方形的形式围绕图形对象换行。包括：正方形-从左向右排列、正方形-从右向左排列、正方形-跨式文本。
- 上/下：选择此选项，段落文本将只在图形对象的上下进行排列环绕。

提示　文本绕图功能不能应用于美术字中，要执行此项功能，必须先将美术字转换为段落文本。

8.8　书写工具

CorelDRAW X6的书写工具可以完成对文本的辅助处理，如更正拼写和语法方面的错误，还可以自动更正错误，并能帮用户改进书写样式。

8.8.1　拼写检查

"拼写检查"命令可对另一个文本对象或所选文本对象进行拼写检查。默认情况下，CorelDRAW X6会自动启用拼写检查功能，如果用户输入文字时出现拼写错误，在错误单词下将会出现一条绿色的波浪线，这时用户可在单词中间单击鼠标右键，从弹出的快捷菜单中选择合适的单词加以应用，如图8-96所示。

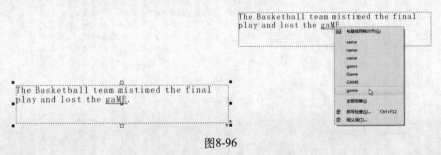

图8-96

或者执行"文本"|"书写工具"|"拼写检查"命令，打开"书写工具"对话框，在"拼写检查器"选项卡中可以检查所选文本内容中拼错的单词、重复的单词及不规则的以大写字母开头的单词，选择一个拼写建议的单词，单击"替换"按钮，即可对文字进行修正，如图8-97所示。

The Basketball team mistimed the final play and lost the gaME.

图8-97

8.8.2 语法检查

"语法"命令可以检查整个文档或文档的某一部分语法、拼写及样式的错误，其操作方法如下。

01 使用"文本工具" 字选择文本对象，执行"文本"|"书写工具"|"语法"命令，打开"书写工具"对话框，其中默认为"语法"选项卡，如图8-98所示。

Happy Happy New Year

图8-98

02 单击"替换"按钮，即可使用建议的新句子替换有语法错误的句子，在弹出的"语法"对话框中单击"是"按钮，效果如图8-99所示。

Happy New Year

图8-99

 提示 用户也可以单击"跳过一次"或者"全部跳过"按钮，以跳过错误一次或全部跳过，还可以禁用与该错误相关的规则，使"语法检查"不标出同类错误。

8.8.3 同义词

使用同义词可改进书写样式。同义词可用来查寻各种选项，如同义词、反义词及相关词汇。同义词替换和插入的方法如下。

01 使用"文本工具" 字选择一个单词或在单词中插入光标，如图8-100所示。

The stairs ascended in a graceful curve.
楼梯以优美的曲线上升。

His plane swooped a beautiful curve up and down. 他的飞机在上下翻飞时画出了一条美丽的曲线。

图8-100

02 执行"文本"|"书写工具"|"同义词"命令，即可打开"书写工具"对话框中的"同义词"选项卡，并自动查寻出该单词的同义词，如图8-101所示。

03 双击一种同义词定义后可展开列表，从列表中单击一个单词，如图8-102所示。

图8-101

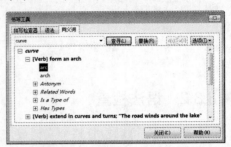

图8-102

04 单击"替换"按钮，即可替换单词，如图8-103所示。

05 使用"文本工具" 字 在页面中单击要插入单词的位置，执行"文本"|"书写工具"|"同义词"命令，在同义词页面顶部的框中键入一个单词，单击"查寻"按钮，从列表框中选择一个单词，单击"插入"按钮即可插入单词，如图8-104所示。

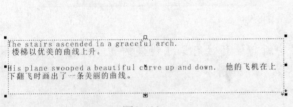

图8-103

图8-104

8.8.4 快速更改

"快速更正"命令可自动更正拼写错误的单词和大写错误，使用该命令的具体操作方法如下。

01 执行"文本"|"书写工具"|"快速更正"命令，选中"句首字母大写"复选框，如图8-105所示。

02 单击"确定"按钮，更正后的文本对象效果如图8-106所示。

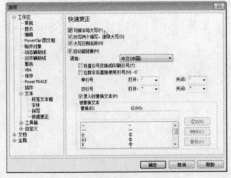

图8-105

图8-106

8.8.5 语言标记

当用户在应用拼写检查器、语法检查或同义词功能时，CorelDRAW X6将根据指定给它们的语言来检查单词、短语和句子，这样可以防止外文单词被标记为拼错的单词。

执行"文本"|"书写工具"|"语言"命令，即可打开"文本语言"对话框，如图8-107所示，用户可以为选定的文本进行标记。

图8-107

8.8.6 拼写设置

执行"文本"|"书写工具"|"设置"命令，即可打开"选项"对话框，如图8-108所示。用户可以在"拼写"选项中进行拼写校正方面的相关设置。

拼写各选项的功能如下。

● 执行自动拼写检查：可以在输入文本的同时进行拼写检查。

● 错误的显示：可以设置显示错误的范围。

● 显示：可以设置显示1~10个错误的建议拼写。

图8-108

● 将更正添加到快速更正：可以将对错误的更正添加到快速更正中，方便对同样错误的替换。

● 显示被忽略的错误：可以显示在文本的输入过程中被忽略的拼写错误。

8.9 组合与链接段落文本框

8.9.1 组合或拆分段落文本框

在CorelDRAW中，可以将分散的多个段落文本组合成一个段落文本，也可以将文本框拆分成更小的组成部分（栏、段落、项目符号、行、字以及字符）。每次拆分文本框时，各组成部分都将被放置到独立的文本框中，其操作方法如下。

01 单击"选择工具" ，按住Shift键，选择多个文本框，如图8-109所示。

02 执行"排列"|"合并"命令，选择的所有段落文本合并为一个段落文本，文本框内无法全部显示的内容会自动隐藏，单击并拖动文本框下端的控制点 ，可显示隐藏内容，如图8-110所示。

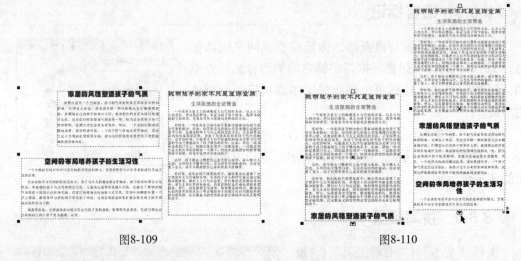

图8-109   图8-110

03 单击"选择工具" ，选择一个文本框，执行"排列"|"拆分段落文本"命令，即可将段落文本中的每一段拆分为一个文本框，如图8-111所示。

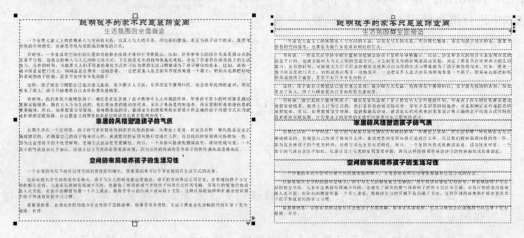

图8-111

8.9.2　链接段落文本框和断开链接

　　上一节介绍拆分段落文本的方法，拆分后的段落文本框是独立的，互相之间没有关联。本节介绍通过链接文本的方式，可以将一个段落文本分离成多个文本框链接。文本框链接可移动到同一个页面的不同位置，也可以在不同页面中进行链接，页面1无法排版的文字可以放到页面2中，它们之间始终是互相关联的。

　　经过链接后的文本可以被联系在一起，当其中一个文本框中的内容增加的时候，多出文本框的内容将自动放置到下一个文本框。如果其中一个文本框被删除，那么其中的文字内容将自动移动到与之链接的下一个文本框中。创建链接文本的具体方法如下。

01 单击"选择工具" ，选择段落文本对象，单击文本框下方的控制点 ，光标将变成 形状，在页面上其他位置按下鼠标左键拖出一个段落文本框，如图8-112所示。

02 在适当的位置松开鼠标后，此时被隐藏的部分文本将自动转移到新建的链接文本框中，两个文本框用箭头表示它们之间的链接方向，如图8-113所示。

图8-112

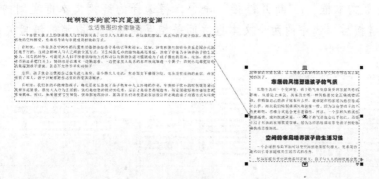

图8-113

提示　单击文本框下方的控制点 ▣ 后，当光标变成 ▣ 形状时，还可以在页面上单击，即可创建链接的文本框。如果链接文本框之间未显示链接箭头，可以执行"工具"|"选项"命令，在打开的"选项"对话框中单击左侧列表中的"工作区"|"文本"|"段落文本框"，在右侧选中"选择文本框的链接"复选框，页面中即可显示文本框之间的链接箭头。

03 在新建的链接文本框下方单击控制点 ▣，当光标变成 ▣ 形状时，再次按下鼠标左键拖出一个段落文本框，可创建文本的下一个链接，如图8-114所示。

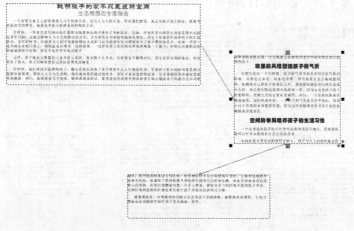

图8-114

04 选择一个文本框，在属性栏"对象大小"框中设置宽度和高度，选择全部文本框，执行"排列"|"对齐和分布"命令，将链接文本框按一定的方式对齐和分布，如图8-115所示。

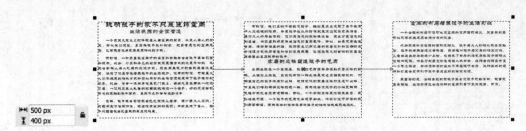

图8-115

05 单击"选择工具" ⓚ，按住Shift键的同时单击右侧的两个链接的文本框，执行"文本"|"段落文本框"|"断开链接"命令，将选择的链接文本框之间的链接关系断开。断开链接后，选中的两个文本框之间是相互独立的，取消的链接关系如图8-116所示。

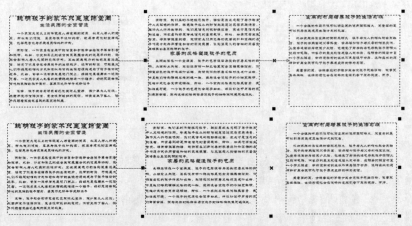

图8-116

06 选择一个文本框，单击其下方的控制点 ⊡ ，将光标移动到其他文本框中，指针变成黑色箭头➡时单击鼠标左键，即可创建两个文本框之间的链接，并用一个箭头表示它们之间的链接方向，如图8-117所示。

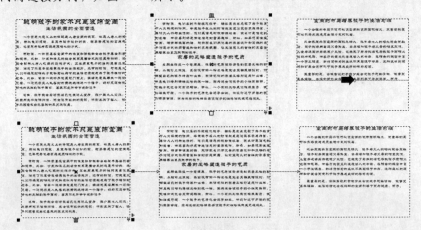

图8-117

提示　文本框之间的蓝色箭头连线只作为标识使用，不会被打印。

8.9.3　链接文本与图形

　　文本对象的链接不只限于段落文本框之间，段落文本框和图形对象之间也可以进行链接。当段落文本框中的文本与未闭合路径的图形对象链接时，文本对象将会沿路径进行链接；当段落文本框中的文本内容与闭合路径的图形对象链接时，会将图形对象作为文本框进行使用，其操作方法如下。

01 创建图形和段落文本，如图8-118所示。

02 单击"选择工具" ，选择段落文本对象，单击其下方的控制点 后，将

图8-118

光标移动到图形中，指针变成黑色箭头时单击鼠标左键，即可创建文本框与图形对象之间的链接，并用一个箭头表示它们之间的链接方向，如图8-119所示。

图8-119

03 选择原段落文本，按下Delete键将其删除，段落文本中的内容转移到其链接图形中，如图8-120所示。

04 单击"文本工具" 字，在链接后的图形对象上单击，在对象四周出现控制点，单击其下方的控制点 ，将光标移动到另一个图形中，指针变成黑色箭头时单击鼠标左键，即可创建第二个文本链接，如图8-121所示。

05 采用同样的方法，在第三个图形上创建链接文本，如图8-122所示。

06 绘制任意形状的曲线，单击"文本工具" 字，在链接后的图形对象上单击，在对象四周出现控制点，单击其下方的控制点 ，将光标移动到曲线上，指针变成黑色箭头时，单击鼠标左键，即可创建曲线文本链接，如图8-123所示。

图8-120

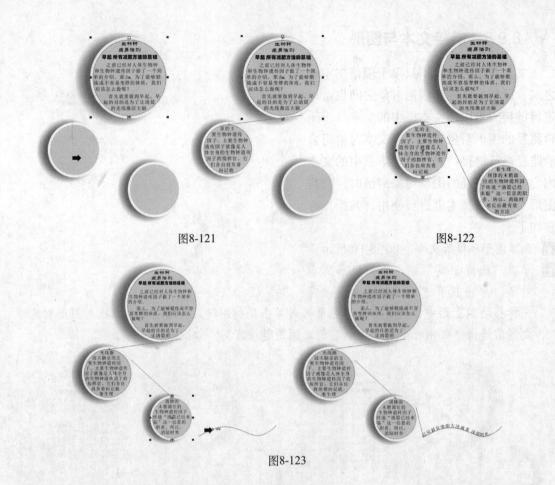

图8-121   图8-122

图8-123

8.10 上机实训：杂志内页排版

本节实例练习设计杂志内页，将文字和图片混排，练习设置文字的字体、字号和颜色，以及段落的段前间距、段后间距和行间距的调整，具体方法如下。

01 在工具箱中单击"文本工具"字，输入文字内容，在属性栏中设置文本框的尺寸，如图8-124所示。

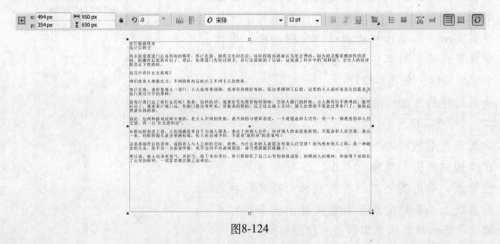

图8-124

02 执行"文件"|"导入"命令，导入素材图片，并调整大小和位置，如图8-125所示。

图8-125

03 单击"选择工具"，选择图片，单击鼠标右键，在弹出的快捷菜单中选择"段落文本换行"命令，文本围绕图片排列的效果如图8-126所示。

图8-126

04 单击"文本工具"，选择文字，在"对象属性"泊坞窗的"字符"栏中修改字体、字号和颜色，在"段落"栏中设置段前间距、段后间距和行间距，如图8-127所示。

图8-127

05 单击"选择工具" 🔓 ，按住Shift键，选择多个图片，在"对象属性"泊坞窗中单击其中的"摘要"按钮 🔟 ，在"摘要"选项中，设置偏移量，增加文本与图片的距离后，效果如图8-128所示。

图8-128

06 为左下角绘制蓝色矩形，杂志内页排版完成，如图8-129所示。

图8-129

8.11 练习题

一、填空题

1. CorelDRAW X6中使用的文本类型包括_____和_____。

2. 在段落中应用_____功能可以放大句首字符，以突出段落的句首。

3. _____可以分为两个或两个以上的文本栏，使文字在文本栏中进行排列。

二、选择题

1. 按下组合键（　　），可将选定的文本对象转换为曲线。

    A. Ctrl+C　　　　　　B. Ctrl+J　　　　　　C. Ctrl+G　　　　　　D. Ctrl+Q

2．按（ ）键，使文字与制表位对齐。

    A. Ctrl   B. Shift   C. Alt   D. Tab

3．文本不可以输入到（ ）对象中。

    A. 位图   B. 闭合路径   C. 开放路径   D. 图形

三、问答题

1．怎样拆分段落文本框？

2．怎样将文本框拆分成多个文本框？

3．怎样使段落文本环绕图形？

四、绘图题

运用本章所学的文本工具为杂志封面和咖啡吊牌添加文字内容，如图8-130所示。

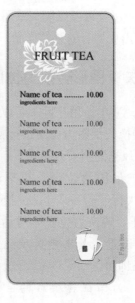

图8-130

第9章 位 图

CorelDRAW虽然主要用于处理矢量图形，但是对于位图图像的处理功能也是十分强大的。在CorelDRAW中提供了许多针对位图图像色彩和特殊视觉效果方面的处理命令。

9.1 导入与编辑位图

CorelDRAW不仅可以绘制矢量图形，还可以导入各种格式的位图，并对其进行一些编辑处理，制作出更加有创意的作品。

9.1.1 矢量图形转换为位图

在CorelDRAW中，用户除了可以从外部获得位图图像外，还可以通过CorelDRAW中的相关命令转换矢量图为位图进行使用，这样就可以应用各种位图图像的特殊处理效果，创建出别具风格的画面效果。

若想转换矢量图为位图，可以先选择图形对象，执行"位图"|"转换为位图"命令，打开"转换为位图"对话框，如图9-1所示，设置相关参数选项后，单击"确定"按钮即可。

图9-1

- 分辨率：为保证转换后的位图效果，必须将"颜色模式"选择在24位以上，"分辨率"选择在200dpi以上。

- 颜色模式：颜色模式决定构成位图的颜色数量和种类，因此文件大小也会受到影响。

- 递色处理的：模拟比可用颜色数目更多的颜色。选中此复选框可用于使用256色或更少颜色的图像。

- 总是叠印黑色：在通过叠印黑色进行打印时，避免黑色对象与下面的对象之间有间距。

- 光滑处理：选中该复选框，可减小锯齿，使位图边缘平滑。

- 透明背景：选中该复选框，设置位图的背景为透明，反之则以白色作为背景颜色填充透明区域。

提示　矢量图形转换为位图后，可对其添加各种图像效果，但不能再对其形状进行编辑，各种填充功能也不可再用。

9.1.2 导入位图

在CorelDRAW中不能直接打开位图图像，在实际操作中，用户需要使用导入位图图像的方法进行操作。导入位图图像时，可以导入整幅图像，也可以在导入的过程中对图像进行裁剪，或重新取样图像。导入整幅位图图像时，图像将保持原分辨率，原封不动地导入到CorelDRAW中，并且在导入位图时还可以一次导入多幅图像，其操作方法如下。

01 执行"文件"|"导入"命令，或单击属性栏中的"导入"按钮🖼，弹出"导入"对话框，在"文件类型"下拉列表中选择相应的图像文件类型，按住Ctrl键的同时单击图像文件，可同时选择多个图像，如图9-2所示。

02 单击"导入"按钮，此时光标变成如图9-3所示的状态，在光标后面则会显示该文件的尺寸和导入位图时的操作说明。

图9-2

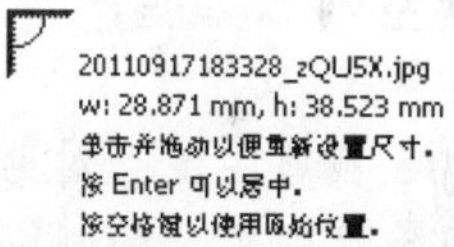

图9-3

03 在页面上按住鼠标左键拖动出一个红色的虚线框，松开鼠标后，图片将以虚线框的大小被导入，如图9-4所示。

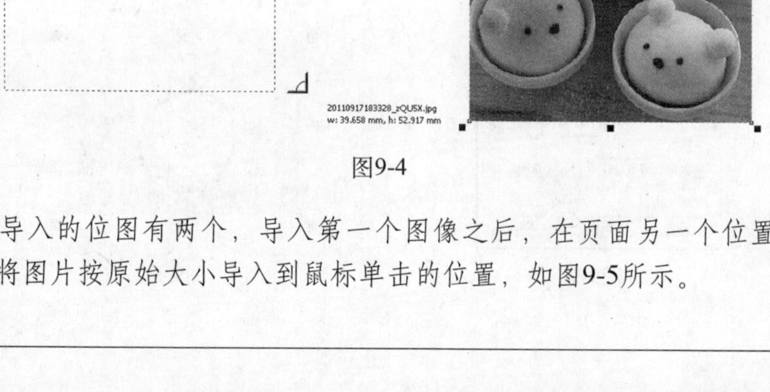

图9-4

04 由于选择导入的位图有两个，导入第一个图像之后，在页面另一个位置单击鼠标左键，即可将图片按原始大小导入到鼠标单击的位置，如图9-5所示。

图9-5

提示　　　导入图片时，可以采用拖动的方法设置图片导入的尺寸，也可以单击鼠标左键，将图片按原始大小导入到鼠标单击的位置，然后再拖动控制点改变图片的大小。

9.1.3　在导入时裁剪位图

在导入位图之前，可以根据需要将位图图像进行裁剪，以适合绘制或设计的需要，并且在使用"裁剪图像"对话框裁剪位图时，将只导入裁剪框内的图像，其操作方法如下。

01 单击属性栏中的"导入"按钮，弹出"导入"对话框，选择图片文件，在导入列表中选择"裁剪并装入"选项，如图9-6所示。

02 弹出"裁剪图像"对话框，拖动裁剪框四周的控制点，控制图像的裁剪范围，在控制框内按下鼠标左键并拖动，可以调整控制框的位置，如图9-7所示。

03 单击"确定"按钮，在页面中单击或者拖动光标绘制导入尺寸虚线框，即可将裁剪后的图片导入文档中，如图9-8所示。

图9-6

图9-7

图9-8

Chapter
09

9.1.4 导入位图之后裁剪

在当前绘图文档中导入位图图像后，还可以通过使用"裁剪工具"对位图进行裁切，或使用"形状工具"，通过添加或删除节点、将直线转换为曲线等操作，裁切出各种形状的外观，其操作方法如下。

01 选择导入的位图后，在工具箱中单击"裁剪工具" ，在选择位图上单击鼠标左键并拖动鼠标，松开鼠标后即可定义裁剪区域，可以移动裁剪区域框的控制点，改变剪切的大小，在裁剪区域内部双击，或者按Enter键，完成裁剪操作，如图9-9所示。

02 在工具箱中单击"形状工具" ，单击导入的位图，这时在图像轮廓线上会显示4个节点，如图9-10所示。

图9-9

图9-10

03 用户可以像对待普通图形对象一样对其进行编辑。拖动轮廓线上的任意一个节点可改变图像的外观形状，在轮廓线上双击即可在该位置添加一个节点，在属性栏中单击转换节点的类型按钮，调节节点的控制手柄，创建有弧度的轮廓线外观，如图9-11所示。

图9-11

04 当得到满意的曲线轮廓后，执行"位图"|"裁切位图"命令，或单击"选择工具" ，并在属性栏中单击"裁剪位图"按钮 ，位图图像就会按调整后的形状进行裁切，移除位图中不需要的区域，并且会自动重新创建位图的轮廓。

9.1.5　链接和嵌入位图

　　CorelDRAW可以插入链接位图或嵌入位图。插入的链接位图与其源文件之间始终都保持链接关系，源文件被修改之后，CorelDRAW中插入的链接位图也会显示修改后的效果。嵌入的位图与其源文件之间没有链接关系，它是插入文档的内容，可以对其进行修改和编辑，如调整图像的色调和为其应用特殊效果等。插入嵌入位图的文件要比插入链接位图的文件大，嵌入的位图越大，CDR文件也就越大。

　　要在CorelDRAW中插入链接的位图，可执行"文件"|"导入"命令，在打开的"导入"对话框中，选择一个位图文件，并单击"导入"按钮右侧的三角形按钮，在弹出的列表中选择"导入为外部链接的图像"选项，如图9-12所示。在页面中单击，即可导入链接位图。

　　如果要修改链接到CorelDRAW中的位图，必须在创建原文件的软件中进行，例如链接的图像为JPGE格式，那么必须在Photoshop软件中进行修改。在修改原文件后，执行"位图"|"自链接更新"命令，即可更新链接的图像。如果要直接在CorelDRAW中编辑和修改链接的图像，可以执行"位图"|"中断链接"命令，断开位图与源文件的链接，这样CorelDRAW才会将该图像作为一个独立的对象处理。

　　插入的嵌入位图按原分辨率显示，图像清晰；插入的链接位图是低分辨率的、不清晰的，如图9-13所示。

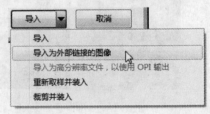

图9-12

　　执行"窗口"|"泊坞窗"|"链接和书签"命令，打开"链接和书签"泊坞窗，如图9-14所示，可以查看链接源文件的地址。

嵌入的位图　　　　链接的位图

图9-13

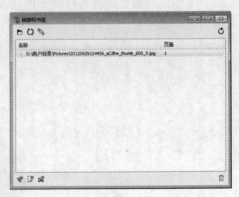

图9-14

9.1.6　更改位图尺寸和分辨率

　　在导入位图时，可以选择"重新取样并装入"的导入方式，在弹出的"重新取样图像"对话框中，可更改对象的尺寸大小、分辨率等参数，如图9-15所示。

　　导入的位图也可以更改其尺寸和分辨率。选择位图后，用鼠标左键按住并移动其控制点，可以更改位图的尺寸，或者在属性栏中设置尺寸。除此之外，还可以执行"位图"|"重新取样"命令，在弹出的"重新取样"对话框中设置图像大小和分辨率，如图9-16所示。

图9-15   图9-16

9.1.7 编辑位图

选中一张位图,执行"位图"|"编辑位图"命令,或者单击属性栏中的"编辑位图"按钮 ,即可将位图导入到Corel PHOTO-PAINT软件窗口中进行编辑,如图9-17所示。

图9-17

编辑完成后,单击标准工具栏中的"完成编辑"按钮,编辑完成的位图将会出现在CorelDRAW软件窗口中。

提示   Corel PHOTO-PAINT是一个全面的图像编辑应用程序,可用于修饰和增强相片效果,以及创建原始位图插图和绘画,这样可以轻松地校正红眼或曝光问题、修饰 RAW 相机文件和准备用于 Web 的图像。

9.2 调整位图的颜色和色调

在CorelDRAW中可以调整位图的颜色和色调。例如,可以替换颜色及调整颜色的亮度、光度和强度。通过调整颜色和色调,可以恢复阴影或高光中丢失的细节,移除色

偏，校正曝光不足或曝光过度，并且全面改善位图质量。调节位图颜色和色调的方法有三种，使用"图像调整实验室"命令快速校正颜色和色调，使用"自动调整"命令或通过选择"效果"|"调整"菜单中的命令。"调整"菜单中的命令可以分为三类，如图9-18所示，包括用于调整图像色彩的命令，用于调整图像色调的命令，以及同时调整图像色彩和色调的命令。

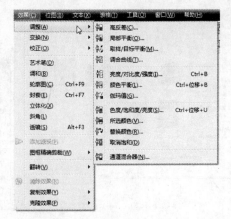

图9-18

9.2.1 使用"图像调整实验室"快速校正颜色和色调

"图像调整实验室"可以快速、轻松地校正大多数相片的颜色和色调。

选中位图，执行"位图"|"图像调整实验室"命令，打开"图像调整实验室"对话框，如图9-19所示。调节各参数后，单击"确定"按钮，位图即可应用其调节效果。

图9-19

"图像调整实验室"对话框中的各按钮功能如下。

● 旋转工具：可顺时针或逆时针将图像旋转90°。

● 平移工具：使用平移工具拖动图像，直到要查看的区域可见为止。

● 缩放工具：单击"放大"和"缩小"按钮，在预览窗口中单击，可以放大或缩小图像观察的尺寸。单击"按窗口大小显示"按钮，使图像符合预览窗口的大小。单击"100%"按钮，以实际大小显示图像

● 预览模式：单击"全屏预览"按钮，在单个预览窗口中查看校正后的图像。单击"全屏预览之前和之后"按钮，在一个窗口中查看校正后的图像，而在另一个窗口中查看原始图像。单击"拆分预览之前和之后"按钮，在一个以分割线

将原始版本和校正后的版本分割开的窗口中查看图像，将指针移至分割虚线上，然后通过拖动将分割线移动到图像中的另一个区域。"全屏预览之前和之后"预览模式和"拆分预览之前和之后"预览模式如图9-20所示。

全屏预览之前和之后

拆分预览之前和之后

图9-20

- 撤销、重做和重置 ：图像校正是试用和处理错误的过程，因此能否撤销和重做校正非常重要。重置为原始值按钮可以清除所有校正，以便重新开始。
- 使用自动控件。
  - 自动调整：通过检测最亮的区域和最暗的区域并调整每个颜色通道的色调范围，自动校正图像的对比度和颜色。在某些情况下，可能只需使用此控件就能改善图像。而在其他情况下，可以撤销更改并继续使用更多精确控件。
  - 选择白点工具：依据设置的白点自动调整图像的对比度。例如，可以使用选择白点工具使太暗的图像变亮。
  - 选择黑点工具：依据设置的黑点自动调整图像的对比度。例如，可以使用选择黑点工具使太亮的图像变暗。

- 使用颜色校正控件：使用自动控件后，可以校正图像中的色偏，如图9-21所示。色偏通常是由拍摄相片时的照明条件导致的，而且会受到数码相机或扫描仪中的处理器的影响。

  - 温度滑块：通过增强图像中颜色的"暖色"或"冷色"来校正色偏，从而补偿拍摄相片时的照明条件。例如，要校正因在室内昏暗的白炽灯照明条件下拍摄相片导致的黄色色偏，可以将滑块向蓝色的一端移动，以增大温度值（基于开尔文度数）。较低的值与低照明条件对应，如烛光或白炽灯灯泡发出的光；这些条件可能会导致橙色的色偏。较高的值与强照明条件对应，如阳光，这些条件会导致蓝色的色偏。

  - 淡色滑块：通过调整图像中的绿色或品红色来校正色偏。可通过将滑块向右侧移动来添加绿色；可通过将滑块向左侧移动来添加品红色。使用温度滑块后，可以移动淡色滑块对图像进行微调。

  - 饱和度滑块：用于调整颜色的鲜明程度。例如，通过将该滑块向右侧移动，可以提高图像中蓝天的鲜明程度。通过将该滑块向左侧移动，可以降低颜色的鲜明程度。通过将该滑块不断向左侧移动，可以创建黑白相片效果，从而移除图像中的所有颜色。

- 调整整个图像的亮度和对比度：使整个图像变亮、变暗或提高对比度，如图9-22所示。

  - 亮度滑块：使整个图像变亮或变暗。此控件可以校正因拍摄相片时光线太强（曝光过度）或光线太弱（曝光不足）导致的曝光问题。如果要调整图像中特定区域的明暗度，请使用高光、阴影和中间色调滑块。通过亮度滑块进行的是非线性调整，因此不影响当前的白点和黑点值。

  - 对比度滑块：用于增加或减少图像中暗色区域和明亮区域之间的色调差异。向右移动滑块可以使明亮区域更亮，暗色区域更暗。例如，如果图像呈现暗灰色调，则可以通过提高对比度使细节鲜明化。

色偏图片校正后的图片　　　　　　　　　调整图像的亮度和对比度可以显示更多图像细节

图9-21　　　　　　　　　　　　　　　　　图9-22

- 调整高光、阴影和中间色调：可以使图像的特定区域变亮或变暗，如图9-23所示。在许多情况下，拍摄相片时光的位置或强度会导致某些区域太暗，其他区域太亮。

  - 高光滑块：允许您调整图像中最亮区域的亮度。例如，如果使用闪光灯拍摄相片，且闪光灯会使前景主题褪色，则可以向左侧移动高光滑块，以使图像的退色区域变暗。可以将高光滑块与阴影和中间色调滑块结合使用来平衡照明效果。

  - 阴影滑块：允许您调整图像中最暗区域的亮度。例如，拍摄照片时相片主题后面的亮光（逆光）可能会导致该主题显示在阴影中。可通过向右侧移动阴影滑块来使暗色区域更暗并显示更多细节，从而校正相片。可以将阴影滑块与高光和中间色调滑块结合使用来平衡照明效果。

■ 中间色调滑块：允许您调整图像内中间范围色调的亮度。调整高光和阴影后，可以使用中间色调滑块对图像进行微调。

高光和阴影滑块可以使图像的特定区域变亮或变暗

图9-23

● 柱状图：可以使用柱状图来查看图像的色调范围，从而评估和调整颜色及色调。例如，柱状图有助于您检测由于曝光不足（在拍照时光线不足）而太暗的相片中隐藏的细节。柱状图绘制了图像中的像素亮度值，值的范围是0（暗）到255（亮）。柱状图的左部表示阴影，中部表示中间色调，右部表示高光。尖突的高度表示每个亮度级别上有多少个像素。例如，柱状图的左侧的像素数量较大表示图像较暗区域中存在的图像细节，如图9-24所示。

相片曝光不足，柱状图表示相片的较暗区域中存在大量的图像细节

图9-24

● 当前工具的提示：提示当前使用的工具操作方法。
● 创建快照：单击"创建快照"按钮，可以随时在"快照"中捕获校正后的图像版本。快照的缩略图出现在窗口中的图像下方。通过快照，可以方便地比较校正后的不同图像版本，进而选择最佳图像。

9.2.2　自动调整

选中位图，执行"位图"|"自动调整"命令，该命令没有参数设置对话框，可立即调整位图的颜色和色调，如图9-25所示。

如果对自动调整的颜色不满意，可以按组合键Ctrl+Z，取消自动调整操作，使用更专业的调整过滤器对图像的颜色和色调进行调节。

图9-25

9.2.3　高反差

　　"高反差"命令用于在保留阴影和高亮度显示细节的同时，调整色调、颜色和位图对比度。交互式柱状图可以将亮度值更改或压缩到可打印限制，也可以通过从位图取样来调整柱状图。

　　选中位图，执行"效果"|"调整"|"高反差"命令，弹出"高反差"对话框，单击"双预览窗口"按钮 ◙，显示对比预览窗口，设置各项参数，单击"预览"按钮，右侧预览窗口中显示图像应用"高反差"过滤器的效果，如图9-26所示。单击"确定"按钮，即可调节位图颜色。

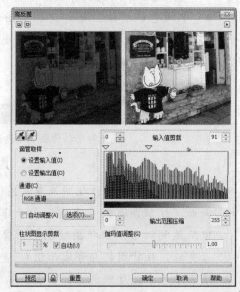

图9-26

- 双预览窗口 ◙：单击此按钮可以显示对比预览窗口，左窗口显示图像原始效果，右窗口显示滤镜完成各项设置后的效果。将鼠标移动到左侧预览窗口中，按下鼠标左键并拖动，可平移视图；单击鼠标左键，可放大视图；单击鼠标右键，可缩小视图。

- 单预览窗口 ▣：单击此按钮可以只显示一个预览窗口，显示滤镜完成各项设置后的效果。

- 滴管取样：用于设置滴管工具的取样种类。

- 通道：用于选择要进行调整的颜色通道。

- 自动调整：选中"自动调整"复选框，可自动对选择的颜色通道进行调整。单击右侧的"选项"按钮，可以在打开的"自动调整范围"对话框中对黑白色限定范围进行调整。

- 柱状图显示剪裁：用于设置色调柱状图的显示效果。

- 输入值剪裁：使用"白色滴管工具" ◢ 吸取图像中的亮色调时，在"输入值剪裁"选项右侧的数值框中最亮处色值将跟随滴管所取样图像的色调同步改变，图像效果也会随之改变。同样使用"黑色滴管工具" ◢ 的功能也一样。

- 输出范围压缩：在色阶示意图下面的"输出范围压缩"选项是用于指定图像最暗色调和最亮色调的标准值，拖动相应三角滑块可调整对应色调效果。

- 伽玛值调整：拖动滑块调整图像的伽玛值，从而提高低对比度图像中的细节部分。

9.2.4　局部平衡

　　"局部平衡"命令用来提高边缘附近的对比度，以显示明亮区域和暗色区域中的细节。可以在此区域周围设置高度和宽度来强化对比度。

　　选中位图，执行"效果"|"调整"|"局部平衡"命令，在弹出的"局部平衡"对话

框中进行选项设置，如图9-27所示。单击"确定"按钮，即可调节位图颜色。

图9-27

9.2.5 取样/目标平衡

"取样/目标平衡"命令可以使用从图像中选取的色样来调整位图中的颜色值，可以从图像的黑色、中间色调以及浅色部分选取色样，并将目标颜色应用于每个色样。

选中位图，执行"效果"|"调整"|"样本/目标平衡"命令，弹出"样本/目标平衡"对话框，单击"黑色吸管工具" ，然后单击图像中最深的颜色；选择"中间色调吸管工具" ，在图像中的中间色调处使用吸管单击；选择"白色吸管工具" ，在图像中的颜色最浅处单击，然后分别单击黑色、中间色、白色的目标色，从弹出的"选择颜色"对话框中选择颜色，单击"预览"按钮，观察颜色调节效果，如图9-28所示。单击"确定"按钮，即可调节位图颜色。

图9-28

9.2.6 调合曲线

"调合曲线"命令用来通过控制各个像素值来精确地校正颜色。通过更改像素亮度值，可以更改阴影、中间色调和高光。

选中位图，执行"效果"|"调整"|"调合曲线"命令，弹出"调合曲线"对话框，在曲线上单击鼠标左键，可以添加一个控制点，移动该控制点，可以调整曲线的形状，如图9-29所示。单击"确定"按钮，即可调节位图颜色。

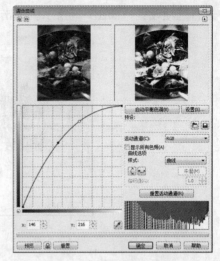

> **提示** 　　曲线上的控制点向上移动可以使图像变亮，反之变暗。可以添加多个控制点，如果是S形的曲线可使图像中原来较亮的部位越亮，而原来暗的部分越暗，可以提高图像的对比度。

图9-29

9.2.7　亮度/对比度/强度

"亮度/对比度/强度"命令可以调整所有颜色的亮度以及明亮区域与暗色区域之间的差异。

选中位图，执行"效果"|"调整"|"亮度/对比度/强度"命令，在弹出的"亮度/对比度/强度"对话框中进行选项设置，如图9-30所示。单击"确定"按钮，即可调节位图颜色。

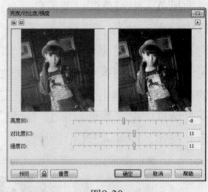

图9-30

9.2.8　颜色平衡

"颜色平衡"命令用来将青色或红色、品红或绿色、黄色或蓝色添加到位图中选定的色调中。

选中位图，执行"效果"|"调整"|"颜色平衡"命令，在弹出的"颜色平衡"对话框中进行选项设置，如图9-31所示。单击"确定"按钮，即可调节位图颜色。

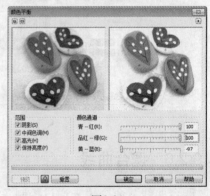

图9-31

9.2.9　伽玛值

"伽玛值"命令用来在较低对比度区域强化细节而不会影响阴影或高光。

选中位图，执行"效果"|"调整"|"伽玛值"命令，在弹出的"伽玛值"对话框中

进行选项设置，如图9-32所示。单击"确定"
按钮，即可调节位图颜色。

图9-32

9.2.10 色度/饱和度/亮度

"色度/饱和度/亮度"命令用来调整位图
中的颜色通道，并更改色谱中颜色的位置。
这种效果使用户可以更改颜色及其浓度，以
及图像中白色所占的百分比。

选中位图，执行"效果"|"调整"|"色
度/饱和度/亮度"命令，在弹出的"色度/饱和
度/亮度"对话框中进行选项设置，如图9-33
所示。单击"确定"按钮，即可调节位图
颜色。

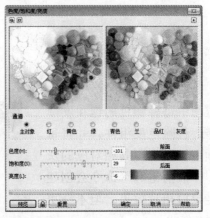

图9-33

9.2.11 所选颜色

"所选颜色"命令可以通过更改位图
中红、黄、绿、青、蓝和品红色谱的色谱
CMYK印刷色百分比更改颜色。例如，降低
红色色谱中的品红色百分比会使颜色偏黄。

选中位图，执行"效果"|"调整"|"所
选颜色"命令，在弹出的"所选颜色"对话
框中进行选项设置，如图9-34所示。单击"确
定"按钮，即可调节位图颜色。

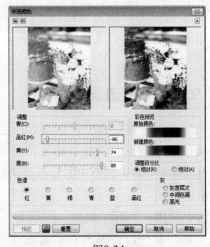

图9-34

9.2.12 替换颜色

"替换颜色"命令可以使用一种位图颜色替换另一种位图颜色，会创建一个颜色遮
罩来定义要替换的颜色。根据设置的范围，可以替换一种颜色或将整个位图从一个颜色
范围变换到另一个颜色范围，还可以为新颜色设置色度、饱和度以及亮度。

选中位图，执行"效果"|"调整"|"替换颜色"命令，弹出"替换颜色"对话框，选择"原颜色"，再选择"新建颜色"，进行选项设置，如图9-35所示。单击"确定"按钮，即可调节位图颜色。

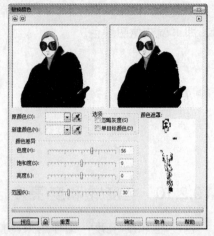

图9-35

9.2.13 取消饱和

"取消饱和"命令用来将位图中每种颜色的饱和度降到零，移除色度组件，并将每种颜色转换为与其相对应的灰度。"取消饱和"命令会创建灰度黑白相片效果，但不会更改颜色模式。

选中位图，执行"效果"|"调整"|"取消饱和"命令，即可将彩色图像转换为黑白图像，如图9-36所示。

图9-36

9.2.14 通道混合器

"通道混合器"命令可以混合颜色通道以平衡位图的颜色。例如，如果位图颜色太红，可以调整 RGB 位图中的红色通道以提高图像质量。

选中位图，执行"效果"|"调整"|"通道混合器"命令，在弹出的"通道混合器"对话框中进行选项设置，如图9-37所示。单击"确定"按钮，即可调节位图颜色。

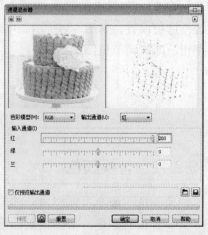

图9-37

9.3 调整位图的色彩效果

"变换"功能的使用方法同"调整"功能类似。通过"变换"功能能对选定对象的颜色和色调产生一些特殊的变换效果。例如，可以创建像摄影负片效果的图像或拼合图像外观。选择"效果"|"变换"菜单中的子命令，变换效果包括"去交错"、"反显"和"极色化"三个命令，如图9-38所示。

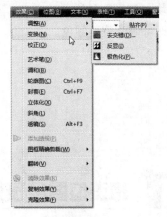

图9-38

9.3.1 去交错

"去交错"命令用于从扫描或隔行显示的图像中移除线条。

执行"效果"|"变换"|"去交错"命令，弹出"去交错"对话框，选择扫描行的方式和替换方法，如图9-39所示。单击"确定"按钮，即可调节位图颜色。

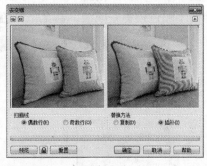

图9-39

9.3.2 反显

"反显"命令可以反显图像的颜色。反显图像会形成摄影负片的图片效果。

执行"效果"|"变换"|"反显"命令，创建负片效果如图9-40所示。

图9-40

9.3.3 极色化

"极色化"命令用于减少图像中的色调值数量。极色化可以去除颜色层次并产生大面积缺乏层次感的颜色。

执行"效果"|"变换"|"极色化"命令，弹出"极色化"对话框，移动"层次"滑块，如图9-41所示。单击"确定"按钮，即可调节位图颜色。

图9-41

9.4 修正位图色斑效果

通过"校正"功能能够修正和减少图像中的色斑，减轻锐化图像中的瑕疵。执行"校正"|"尘埃与刮痕"命令，可以通过更改图像中相异的像素来减少杂色。但该命令会使图案颜色模糊并减淡，甚至把颜色淡的图案抹除，如图9-42所示。

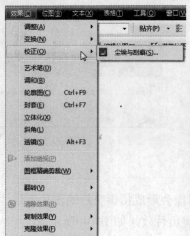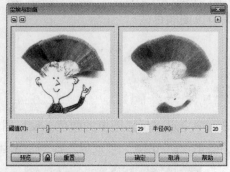

图9-42

9.5 位图颜色遮罩

"位图颜色遮罩"命令可以将选择的颜色隐藏或显示，一般可以用来抠图。这个遮罩功能可以帮助用户改变选定的颜色，而不改变图像中的其他颜色。

选中一张位图，执行"位图"|"位图颜色遮罩"命令，打开"位图颜色遮罩"泊坞窗，选中"隐藏颜色"单选按钮，在下面的颜色列表中选择第一个颜色条，将其勾选，在列表下面单击"吸管"按钮 ✎，再去单击位图中想要遮罩掉的色彩部分，移动"容差"值滑块，单击"应用"按钮，即可把选择的色彩变成透明色，如图9-43所示。

- 容差：取值范围为0~100，容差值为0时，只能精确取色，容差值越大，则选取的颜色的范围就越大，近似色就越多。容限级越高，所选颜色周围的颜色范围则越广。例如，如果选定淡紫并增加容差值，CorelDRAW会隐藏或显示浅蓝或铁青等颜色。

图9-43

在"位图颜色遮罩"泊坞窗中选择"隐藏颜色"单选按钮，单击"应用"按钮，经过颜色遮罩，除了选定的颜色外，其余的位图部分都成为透明区域，如图9-44所示。

在只保留选取的颜色之后，要改变这个选取的颜色，可以选择"效果"|"调整"菜单下的子命令来调节颜色。

图9-44

9.6 位图的颜色模式

颜色模式是指图像在显示与打印时定义颜色的方式。颜色模式根据其构成色彩方式的不同有多种模式类型，CorelDRAW有以下几种颜色模式：黑白（1位）、双色调（8位）、灰度（8位）、调色板色（8位）、RGB色（24位）、Lab色（24位）、CMYK色（32位）。

9.6.1 黑白模式

黑白模式是颜色结构中最简单的位图色彩模式，由于只使用一位（1-bit）来显示颜色，所以只能有黑白两色。

选中一张位图，执行"位图"|"模式"|"黑白"命令，打开"转换为1位"对话框，在其中设置选项，如图9-45所示。

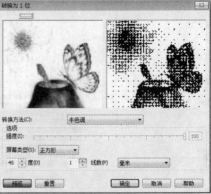

图9-45

单击"确定"按钮，即可将位图置换为黑白模式，如图9-46所示。

图9-46

9.6.2 灰度模式

将选定的位图转换成灰度（8位）模式，可以产生一种类似于黑白照片的效果。

选中一张位图，执行"位图"|"模式"|"灰度"命令，应用灰度模式后，可以去掉图像中的色彩信息，只保留从0~255的不同级别的灰度颜色，因此图像中只有黑、白、灰的显示，如图9-47所示。

图9-47

9.6.3 双色模式

双色模式包括单色调、双色调、三色调和四色调4种类型，可以使用1~4种色调构建图像色彩，使用双色模式可以为图像构建统一的色调效果。

采用2~4种彩色油墨混合其色阶来创建双色调（2种颜色）、三色调（3种颜色）、四色调（4种颜色）的图像，在将灰度图像转换为双色调模式的图像过程中，可以对色调进行编辑，产生特殊的效果。使用双色调的重要用途之一是使用尽量少的颜色表现尽量多的颜色层次，减少印刷成本。

选中一张位图，执行"位图"|"模式"|"双色"命令，弹出"双色调"对话框，在该对话框的"类型"下拉列表中可选择双色模式的类型，在曲线框中设置曲线形状来调节图像的颜色，单击"预览"按钮，观察效果，如图9-48所示。单击"确定"按钮，即可将位图置换为双色模式。

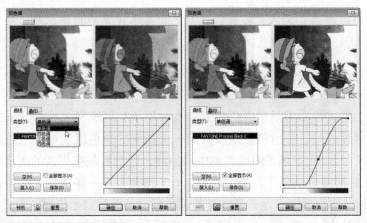

图9-48

双色调、三色调和四色调的模式效果如图9-49所示。在列表中选择一个颜色，单击网格上的墨水色调曲线以添加一个节点，然后拖动该节点来调整曲线上该点的颜色百分比。

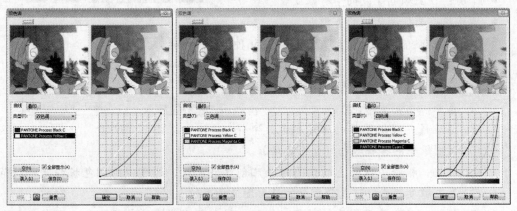

图9-49

- 曲线：将灰阶图像转换成双色调颜色模式时，色调曲线网格会显示出在转换过程中使用的动态浓度曲线。

- 叠印：如果调整了双色转换的色调曲线，就可选择叠印方式自定义在以后的图像中所使用的颜色。
- 单色调：创建以一种颜色打印的灰阶图像。
- 双色调：创建以两种颜色打印的灰阶图像，一种颜色为黑色，另一种颜色为彩色。
- 三色调：创建以三种颜色打印的灰阶图像，大多数情况下一种颜色为黑色，另外两种颜色为彩色。
- 四色调：创建以4种颜色打印的灰阶图像，大多数情况下一种颜色为黑色，另外三种颜色为彩色。
- 空：单击"空"按钮，可以使色调曲线编辑窗口中保持默认的未调节状态。
- 全部显示：启用"全部显示"复选框，在网格上显示所有墨水色调曲线。
- 保存：单击"保存"按钮，选择用于保存文件的磁盘和文件夹，然后在文件名框中键入文件名，保存墨水设置。
- 装入：通过单击"装入"按钮，找到包含墨水设置的文件，然后双击文件名，就可以装入预设的墨水颜色。

9.6.4　调色板颜色模式

调色板颜色模式也称为索引颜色模式，有时用于在万维网上显示的图像。将图像转换为调色板颜色模式时，会给每个像素分配一个固定的颜色值。这些颜色值存储在简洁的颜色表中，或包含多达256色的调色板中。因此，调色板颜色模式的图像包含的数据比24位颜色模式的图像少，文件大小也较小。对于颜色范围有限的图像，通过这种色彩转换模式效果最佳，用户可以设定转换颜色的调色板，从而得到指定颜色阶数的位图。

选中一张位图，执行"位图"|"模式"|"调色板色"命令，打开"转换至调色板色"对话框，如图9-50所示。设置参数后，单击"确定"按钮，完成转换。

- 平滑：设置颜色过渡的平滑程度。
- 调色板：选择调色板的类型。
  - 标准色：提供红、绿、蓝等值的256种颜色。
  - 标准VGA：提供标准VGA 16色调色板。

图9-50

  - 适应性：提供图像的原始颜色，并保留图像中的各种颜色（整个色谱）。
  - 优化：根据图像颜色的最高百分比创建调色板，还可以给调色板指定一种范围灵敏度颜色。这是最常见的摄影图像调色板。
  - 黑体：包含基于温度的颜色。例如，黑色可以代表冷，而红色、橙色、黄色和白色可以代表暖。
  - 灰度：提供从黑色到白色的256级灰度。
  - 系统：提供操作系统所使用颜色的预定义调色板。

- ■ Web安全颜色：提供包含216种未经递色处理的颜色的预定义调色板，这些颜色在大多数浏览器上的显示方式相同。这个调色板不适用于相片处理，仅适合老式电脑用户。
  - ■ 自定义：允许用户添加颜色以创建自定义调色板。
- 递色处理的：在下拉列表中选择图像抖动的处理方式。
- 颜色：在"调色板"中选择"适应性"和"优化"两种调色板类型后，可以在"颜色"文本框中设置位图的颜色设置。
- 颜色范围敏感度：可以设置转换颜色过程中某种颜色的灵敏程度。
- 已处理的调色板：显示当前调色板中所包含的颜色。

9.6.5 RGB颜色模式

RGB颜色模式描述了能在计算机上显示的最大范围的颜色。R、G、B分别各自代表三原色（Red 红、Green 绿、Blue 蓝），且都具有255级强度，其余的颜色都是由这三个颜色按照一定的比例混合而成。默认状态下，位图都采用这种颜色模式。

选中一张位图，执行"位图"|"模式"|"RGB"命令，即可将位图置换为RGB模式。

提示 如果导入的位图是RGB色彩模式，则此项命令不能执行。同理其他的色彩模式也是如此。

9.6.6 Lab颜色模式

Lab颜色是基于人眼认识颜色的理论而建立的一种与设备无关的颜色模型。L、a、b分别各自代表照度、从绿到红的颜色范围及从蓝到黄的颜色范围。

选中一张位图，执行"位图"|"模式"|"Lad色"命令，即可将位图置换为Lad模式。

提示 Lab色彩模式在理论上包括了人眼可见的所有色彩，它所能表现的色彩范围比任何色彩模式更加广泛。当RGB和CMYK两种模式互相转换时，最好先转换为Lab色彩模式，这样可减少转换过程中颜色的损耗。

9.6.7 CMYK颜色模式

CMYK颜色是为印刷工业开发的一种颜色模式，它的4种颜色分别代表了印刷中常用的油墨颜色（Cyan青、Magenta品红、Yellow黄、Black黑），将4种颜色按照一定的比例混合起来，就能得到范围很广的颜色。由于CMYK颜色比RGB颜色的范围要小一些，故将RGB位图转换为CMYK位图时，会出现颜色损失的现象。

选中一张位图，执行"位图"|"模式"|"CMYK色"命令，即可将位图置换为CMYK模式，转换后的图像会与原图像的颜色略有差异，如图9-51所示。

提示 每次转换图像时都可能会丢失颜色信息。因此，应该先保存编辑好的图像，再将其更改为不同的颜色模式。

图9-51

9.7 描摹位图（位图转换为矢量图）

在CorelDRAW中，能够按照位图图像的轮廓进行描摹，从而将位图转换为可完全编辑且完全缩放的矢量图形。可以描摹艺术品、相片、扫描的草图或徽标等位图，然后将它们轻松地融入到设计中。

9.7.1 快速描摹位图

使用"快速描摹"命令，可以一步完成位图转换为矢量图的操作。

选中一张位图，执行"位图"|"快速描摹"命令，或单击属性栏中的"描摹位图"按钮 ，从弹出的下拉列表中选择"快速描摹"选项，即可将选择的位图转换为矢量图，如图9-52所示。

图9-52

使用"快速描摹"命令创建的矢量图是一个群组对象，执行"排列"|"取消全部群组"命令，即可将群组解散。在工具箱中单击"形状工具"，单击矢量图可以修改轮廓形状，还可以修改填充颜色和轮廓颜色等操作，如图9-53所示。

图9-53

9.7.2 中心线描摹位图

"中心线描摹"命令使用未填充的封闭和开放曲线（笔触）来描绘图像，描画的是位图中的轮廓线，得到的是没有填充颜色和填充图案的曲线。当技术图纸、施工图、地图、线条画和拼版等只有黑色线条的位图需要转换为矢量图时，适用"中心线描摹"命令。

● 技术图解：是使用很细很淡的线条描摹的黑白图，如图9-54所示。

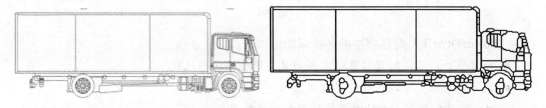

技术图解描摹的矢量图

图9-54

● 线条画：是使用很粗且很突出的线条描摹的黑白草图，如图9-55所示。

线条画描摹的矢量图

图9-55

1. 技术图解位图转换为矢量图

01 选择一个技术图解位图，执行"位图"|"中心线描摹"|"技术图解"命令，或单击属性栏中的"描摹位图"按钮 ，从弹出的下拉列表中选择"中心线描摹"|"技术图解"命令，打开"PowerTRACE"对话框，预览并编辑描摹效果，如图9-56所示。

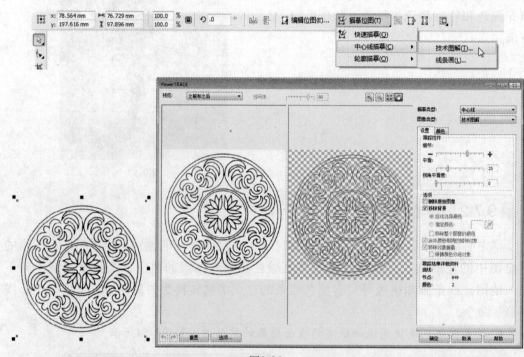

图9-56

"PowerTRACE"对话框中的各选项功能如下。

● 预览窗口：可以预览描摹结果并将其与源位图进行比较。

● 预览列表框：可以选择以下预览选项之一。

　■ 之前和之后：同时显示源位图和描摹结果。

　■ 较大预览：在单窗格预览窗口中预览描摹结果。

　■ 线框叠加：在源位图的上方显示描摹结果的线框（轮廓）视图。

● 透明度滑块：当选中线框叠加选项后控制线框下源位图的可视性。

● 缩放和平移工具：可以缩放显示在预览窗口中的图像，平移以缩放级别大于100%显示的图像并使图像符合预览窗口的大小。

● 描摹类型列表框：可以更改描摹方式，在两种类型可供选择：中心线和轮廓。

● 图像类型列表框：可以为要描摹的图像选择合适的图像类型。根据选择的描摹方式，可用的图像类型会更改。

● 撤销和重做按钮：可以撤销和重做执行的上一个操作。

● 重置按钮：可以恢复用于描摹源位图的第一个设置。

● 设置页面：包括用于调整描摹结果的控件。设置页面上的描摹结果细节区域使用户可以在进行调整时查看描摹结果中的对象数、节点数和颜色数。

● 跟踪控件：可以调整描摹结果中的细节量及平滑曲线。

■ 细节：可以控制描摹结果中保留的原始细节量。值越大，保留的细节就越多，对象和颜色的数量也就越多；值越小，某些细节就被抛弃，对象数也就越少。

■ 平滑：可以平滑描摹结果中的曲线及控制节点数。值越大，节点就越少，所产生的曲线与源位图中的线条就越不接近。值越小，节点就越多，产生的描摹结果就越精确。

■ 拐角平滑度：该滑块与平滑滑块一起使用并可以控制拐角的外观。值越小，则保留拐角外观；值越大，则平滑拐角。

● 选项按钮：可以在选项对话框中访问PowerTRACE选项页面以设置默认描摹选项。

■ 删除原始图像：选中该复选框，在生成描摹结果后删除原始位图图像。

■ 移除背景：在描摹图像时消除图像的背景。选中"指定颜色"单选按钮，可指定要清除的背景颜色。

■ 合并颜色相同的相邻对象：合并颜色相同的相邻对象。

■ 移除对象重叠：保留通过重叠对象隐藏的对象区域。

■ 根据颜色分组对象：颜色相同的图形生成为一个对象。

● 跟踪结果详细资料：显示描摹结果中的曲线、节点和颜色信息。

● 颜色页面：包括用于修改描摹结果颜色的控件相关详细信息，可参阅调整描摹结果中的颜色。

02 单击"确定"按钮，即可将选择的位图按照指定的样式转换为矢量图。

03 创建的矢量图与位图位置重叠，可以单击"选择工具" ↖，移动矢量图的位置，如图9-57所示。

04 执行"排列"|"取消全部群组"命令，将矢量图群组解散。使用"形状工具" ↖ 对错误的描摹进行修补，如图9-58所示。

图9-57

图9-58

2. 线条画位图转换为矢量图

选择一个线条画位图，执行"位图"|"快速描摹"|"线条画"命令，或单击属性栏中的"描摹位图"按钮 描摹位图(T)，从弹出的下拉列表中选择"线条画"选项，打开"PowerTRACE"对话框，预览并编辑描摹效果，如图9-59所示。单击"确定"按钮，即可将选择的线条画位图转换为矢量图。

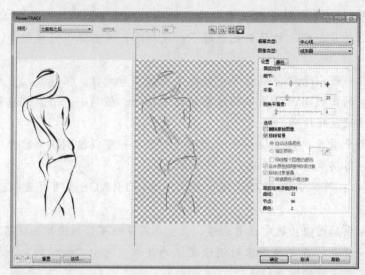

图9-59

9.7.3 轮廓描摹位图

"轮廓描摹"命令使用无轮廓线的曲线来描绘位图，矢量图形只有填充颜色，没有轮廓线。轮廓描摹方式还称为"填充"或"轮廓图描摹"。"轮廓描摹"命令有6个子命令，如图9-60所示，这6个子命令分别代表6种位图的图像类型，包括线条图、徽标、详细徽标、剪贴画、低品质图像和高质量图像。根据位图所属类型选择不同的描摹命令，才能达到更理想的转换效果。

图9-60

● 线条图：用于描摹黑白草图与图解的位图，执行该命令，对线条图进行描摹，效果如图9-61所示。

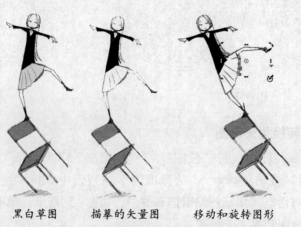

黑白草图　　　描摹的矢量图　　　移动和旋转图形

图9-61

- 徽标：用于描摹细节和颜色都较少的简单徽标位图，执行该命令，对简单的徽标进行描摹，效果如图9-62所示。

简单图案的位图　　　　描摹的矢量图　　　　删除多余的图形

图9-62

- 详细徽标：用于描摹包含精细细节和许多颜色的徽标，执行该命令，对复杂的徽标进行描摹，效果如图9-63所示。

图9-63

- 剪贴画：用于描摹具有较少细节和颜色的图形。执行该命令，对剪贴画进行描摹，并移除背景的效果，得到剪贴图的轮廓，如图9-64所示。

图9-64

- 低品质图像：用于描摹细节不足（或忽略精细细节）的相片。执行该命令，即可忽略图片的细节对位图进行描摹，效果如图9-65所示。

图9-65

● 高质量图像：用于描摹高质量、超精细的相片。执行该命令，对高质量的图像进行描摹，效果如图9-66所示。

高清晰图片　　　　较少细节的描摹　　　　较多细节的描摹

图9-66

轮廓描摹位图的方法如下。

01 选择位图，执行"位图"|"快速描摹"|"高质量图像"命令，或单击属性栏中的"描摹位图"按钮 [⚡ 描摹位图(m)] ，从弹出的下拉列表中选择"高质量图像"选项，打开"PowerTRACE"对话框，预览并调节描摹效果，如图9-67所示。

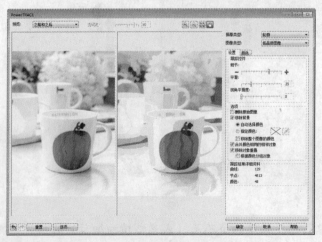

图9-67

02　选中"删除原始图像"复选框，
　　单击"确定"按钮，即可将选择
　　的位图转换为轮廓矢量图。

03　执行"排列"|"取消全部群组"
　　命令，将群组解散。在工具箱中
　　单击"形状工具" ↳，单击多余
　　的背景矢量图形，按Delete键，删
　　除多余的背景，并修改水杯的轮
　　廓形状，得到水杯的轮廓图形，
　　如图9-68所示。

图9-68

9.8 上机实训：保湿化妆品广告

　　本节实例练习对现有位图进行再次编辑并组合成化妆品广告。制作过程中将对导入的位图进行色彩调节，以及裁剪位图，并添加广告语和几何图案。制作广告的方法如下。

01　执行"文件"|"导入"命令，导入素材文件"水滴.jpg"。

02　执行"位图"|"位图颜色遮罩"命令，打开"位图颜色遮罩"泊坞窗，选中"隐藏颜色"单选按钮，在下面的颜色列表中选择第一个颜色条并勾选，在列表下面单击"吸管"按钮 ✎，再去单击位图中想要遮罩掉的白色部分，移动"容差"值滑块，单击"应用"按钮，即可将选择的白色区域变成透明色，如图9-69所示。

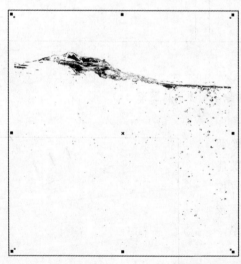

图9-69

03　执行"效果"|"调整"|"替换颜色"命令，弹出"替换颜色"对话框，单击"原颜色"右侧的吸管按钮 ✎，在水花颜色上单击，选中需要替换的深蓝色，再单击"新建颜色"右侧的色样，在弹出的下拉列表中单击"更多"按钮，选择替换的淡蓝色，单击"确定"按钮，即可调节位图颜色，如图9-70所示。

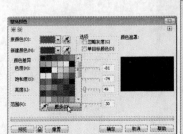

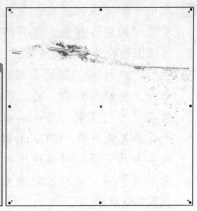

图9-70

04 再次导入位图，如图9-71所示。

05 在工具箱中单击"形状工具" ，拖动轮廓线上的任意一个节点可改变图像的外观形
状，在轮廓线上双击增加一个节点，在属性栏中单击转换节点的类型按钮，调节节点
的控制手柄，创建有弧度的轮廓线外观，如图9-72所示，将产品图像轮廓以外的白色
区域剪裁掉。

Chapter
09

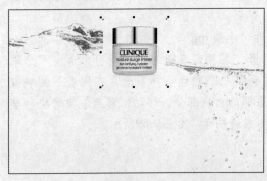

图9-71

图9-72

提示
　用户也可以使用"橡皮擦工具"擦除不需要的位图部分。

06 使用"选择工具" 单击化妆品图像两
次，当对象四周的控制点转换为双箭
头形状时，移动鼠标至对象四周的控
制点上，当鼠标指针变成 形状时，按
下鼠标左键并移动旋转化妆品图像，
如图9-73所示。

图9-73

07 在工具箱中单击"矩形工具" □，绘制矩形，并在属性栏中设置圆弧半径，如图9-74所示。

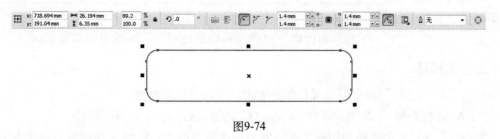

图9-74

08 在工具箱中选择"交互式填充工具" ，在圆角矩形底部按住鼠标左键，向圆角矩形顶部拖动鼠标，松开鼠标后，创建线性渐变填充的方向，在属性栏中重新选择起点颜色（深粉色）和终点颜色（浅粉色）。用鼠标右键单击调色板中的"无"轮廓按钮，取消轮廓线，如图9-75所示。

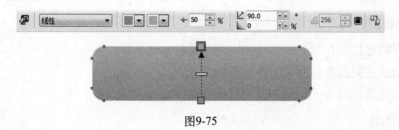

图9-75

09 在工具箱中单击"选择工具" ，选择要裁剪的水花图像，在工具箱中单击"裁剪工具" ，在水花图像上绘制裁剪区域，按Enter键，确定裁剪操作。

10 在工具箱中单击"文本工具" 字，创建宣传文字，完成的广告效果如图9-76所示。

图9-76

9.9 练习题

一、填空题

1．选中一张位图，执行"位图"|"编辑位图"命令，即可将位图导入到

_____软件窗口中进行编辑。

2. 双色模式包括_____、_____、_____和_____4 种类型。

3. "_____"命令可以将选择的颜色隐藏或显示，一般可以用来抠图。

二、选择题

1. "（　　　）"命令可以混合颜色通道以平衡位图的颜色。

　　A. 颜色平衡　　　B. 伽玛值　　　　　　C. 通道混合器　　　D. 取消饱和

2. （　　　）颜色是为印刷工业开发的一种颜色模式，它的 4 种颜色分别代表了印刷中常用的油墨颜色。

　　A. 调色板　　　　B. Lab　　　　　　　C. RGB　　　　　　D. CMYK

3. 通过"（　　　）"功能，能够修正和减少图像中的色斑，减轻锐化图像中的瑕疵。

　　A. 高反差　　　　B. 极色化　　　　　　C. 蒙尘与刮痕　　　D. 位图颜色遮罩

三、问答题

1. 怎样裁剪位图？

2. 调节位图的颜色和色调的方法有哪几种？

3. 位图快速转换为矢量图的方法是什么？

四、绘图题

改变瓶中饮料的颜色，给饮料瓶添加商标包装图像，如图9-77所示。

图9-77

第10章　滤镜的应用

在CorelDRAW中，通过使用内置滤镜对位图图像进行特效处理，可以迅速地改变位图对象的外观效果，滤镜具有操作简单、功能强大的特点。CorelDRAW提供的滤镜与其他专业位图处理软件相比毫不逊色，而且系统还支持第三方提供的滤镜插件。CorelDRAW中单个滤镜的使用方法比较简单，但是由于滤镜较多，读者要想熟练掌握每个滤镜的特点以及灵活运用多种滤镜组合，还需要大量的练习和实践经验的积累。

10.1　应用滤镜效果

CorelDRAW滤镜主要是用来处理位图，从而添加一些普通编辑难以达到的效果。CorelDRAW滤镜大部分使用对话框的形式来接收用户输入的参数，同时提供预览框，以便于用户观察使用滤镜之后的图像效果。

10.1.1　添加滤镜效果

位图处理过程中最具魅力的操作就是为位图添加滤镜效果。在选择位图对象后，单击"位图"菜单，在弹出的菜单命令中选择所要应用的滤镜组，然后在展开的子菜单中选择所需要的滤镜效果即可，如图10-1所示。

在选择所需要的滤镜效果后，会弹出相应的参数设置对话框，在其中设置好相关选项，并通过预览得到满意的效果后，单击对话框中的"确定"按钮，即可将该滤镜效果应用到所选择的位图图像上。

图10-1

10.1.2　删除滤镜效果

在为图像应用滤镜效果后，如果对产生的图像效果不满意，可以通过还原操作，将图像还原到应用滤镜效果前的状态。还原后，如果还需要应用该滤镜效果，可通过使用重做功能，将其恢复。

要撤销上一步应用的滤镜操作，执行"编辑"|"撤销"命令，即可将图像还原到应用滤镜前的状态。

在还原图像后，如果未对图像进行其他的编辑和修改，执行"编辑"|"重做"命令，即可将图像恢复到应用滤镜效果后的状态。

10.2 滤镜效果

CorelDRAW X6中共包括10组滤镜，分别是"三维效果"滤镜组、"艺术笔触"滤镜组、"模糊"滤镜组、"相机"滤镜组、"颜色转换"滤镜组、"轮廓图"滤镜组、"创造性"滤镜组、"扭曲"滤镜组、"杂点"滤镜组和"鲜明化"滤镜组。每个滤镜组中都包含多个滤镜效果。在这些滤镜效果中，一部分可以用来校正图像，对图像进行修复；另一部分滤镜则可以用来破坏图像原有画面正常的位置或颜色，从而模仿自然界的各种状态或产生一种抽象的色彩效果。每种滤镜都有各自的特性，灵活运用则可产生丰富多彩的图像变化。

10.2.1 三维效果

"三维效果"滤镜组可以创建纵深感的效果，使位图看起来更具有生动、逼真的三维视觉效果。在"三维效果"滤镜组中有"三维旋转"、"柱面"、"浮雕"、"卷页"、"透视"、"挤远/挤近"和"球面"7种滤镜命令，如图10-2所示。

1. 三维旋转

"三维旋转"滤镜可以按照设置角度的水平和垂直数值旋转位置。应用这种旋转时，位图将模拟成三维立方体的一个面，模拟从各种角度来观察这个立方体，从而使立方体上的这个位图产生变形效果。"三维旋转"滤镜常用于给立体的建筑外立面或包装盒之类的设计作品添加图案，其具体操作方法如下。

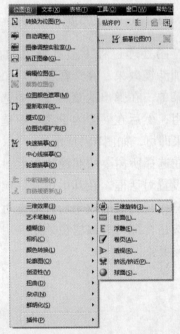

图10-2

01 选择位图后，执行"位图"|"三维效果"|"三维旋转"命令，打开"三维旋转"对话框，单击"双预览窗口"按钮回，显示对比预览窗口，设置各项参数，单击"预览"按钮，右侧预览窗口中显示图像三维旋转变形的效果，如图10-3所示。

"三维旋转"对话框中各参数按钮的功能如下。

● 双预览窗口回：单击此按钮可以显示对比预览窗口，左窗口显示图像原始效果，右窗口显示滤镜完成各项设置后的效果。将鼠标移动到左侧预览窗口中，按下鼠标左键并拖动，可平移视图；单击鼠标左键，可放大视图；单击鼠标右键，可缩小视图。

图10-3

- 单预览窗口▣：单击此按钮可以只显示一个预览窗口，显示滤镜完成各项设置后的效果。
- 垂直：设置绕垂直轴旋转的角度。
- 水平：设置绕水平轴旋转的角度。
- 最适合：选中该复选框，经过三维旋转后的图形尺寸将严格接近原来的位图尺寸。
- 预览：单击此按钮，页面上选择的位图或者预览窗口中的位图会显示滤镜效果。
- 锁定预览🔒：单击此按钮后，只要修改了滤镜的参数，图像就会自动刷新修改后的滤镜效果，不需要单击"预览"按钮。
- 重置：单击此按钮，所有参数将恢复默认值。

02 单击"确定"按钮，即可将位图旋转为立方体的一个面效果，如图10-4所示。

图10-4

2. 柱面

"柱面"滤镜通过调节水平和垂直方向产生挤压或拉伸程度，使图像产生缠绕在柱面内侧或柱面外侧的变形效果。

选择位图后，执行"位图"|"三维效果"|"柱面"命令，打开"柱面"对话框，设置各项参数，单击"确定"按钮，"柱面"滤镜效果如图10-5所示。

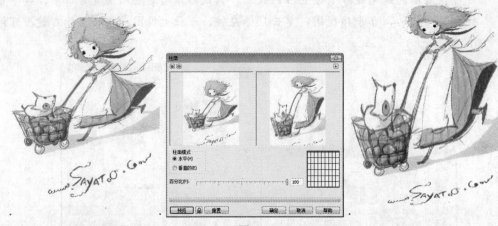

图10-5

"柱面"对话框中各参数按钮的功能如下。

● 水平：表示沿水平柱面产生缠绕效果。

● 垂直：表示沿垂直柱面产生缠绕效果。

● 百分比：移动百分比滑块，可以设置柱面凹凸的强度。

3. 浮雕

"浮雕"滤镜可使选定的对象产生具有深度感的浮雕效果。

选择位图后，执行"位图"|"三维效果"|"浮雕"命令，打开"浮雕"对话框，设置各项参数，单击"确定"按钮，"浮雕"滤镜效果如图10-6所示。

图10-6

"浮雕"对话框中各参数按钮的功能如下。

● 深度：移动滑块，可设置浮雕效果中凸起区域的深度。

● 层次：移动滑块，可设置浮雕效果的背景颜色总量。

● 方向：在文本框中输入数值，可设置浮雕效果采光的角度。

● 浮雕色：选项组中可选择创建浮雕所使用的颜色为原始颜色、灰色、黑或其他颜色。

4. 卷页

"卷页"滤镜效果使位图的4个边角产生不同程度的卷起效果，该效果常在对照片进行修饰时使用。

选择位图后，执行"位图"|"三维效果"|"卷页"命令，打开"卷页"对话框，设置各项参数，单击"确定"按钮，"卷页"滤镜效果如图10-7所示。

图10-7

"卷页"对话框中各参数按钮的功能如下。

● 4个边角按钮：单击对话框左面的4个按钮，可选择页面卷曲哪一个角。
● 定向：可选择页面卷曲的方向为"垂直的"或"水平的"方向。
● 纸张：可选择纸张（卷曲的区域）的透明性为"不透明"或"透明的"。
● 颜色：设置页面卷曲时，纸张背面"卷曲"部分的抛光颜色和"背景"颜色。
● 宽度和高度滑块：可调整页面卷曲区域的范围。

5. 透视

"透视"滤镜可以使图像产生三维透视效果。

选择位图后，执行"位图"|"三维效果"|"透视"命令，打开"透视"对话框，设置各项参数，单击"预览"按钮，如图10-8所示，单击"确定"按钮。

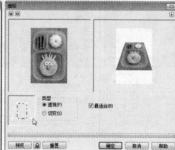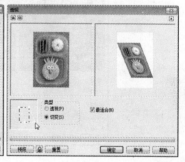

图10-8

"透视"对话框中各参数按钮的功能如下。

● 调节框：通过调节框中的4个白色方块节点，可以设置图像的透视方向。
● 类型：选择"透视"后，调节框中的4个白色方块节点可以使图像产生透视效果；选择"切变"后，移动调节框中的4个白色方块节点，可以使图像产生倾斜效果。
● 最适合：选中该复选框，透视后的图像会最大限度地接近原来位图的尺寸。

6. 挤远/挤近

"挤远/挤近"滤镜可使图像相对于某个点弯曲产生拉近或拉远的效果。

选择位图后，执行"位图"|"三维效果"|"挤远/挤近"命令，打开"挤远/挤近"对话框，单击"中心点"按钮 ，在左侧预览窗口中单击一点作为挤压变形的中心点，设置各项参数，单击"预览"按钮，如图10-9所示。单击"确定"按钮，位图即可应用滤镜。

"挤远/挤近"对话框中各参数按钮的功能如下。

● 中心点 ：单击该按钮后，在预览窗口左侧窗中单击一点，可设置变形的中心位置。

● 挤远/挤近：拖动其滑块，可以设置图像挤远或挤近变形的程度。

图10-9

7. 球面

"球面"滤镜可以使位图产生一种贴在球体上的球化效果。

选择位图后，执行"位图"｜"三维效果"｜"球面"命令，打开"球面"对话框，设置各项参数，单击"预览"按钮，如图10-10所示。单击"确定"按钮，即可应用滤镜设置。

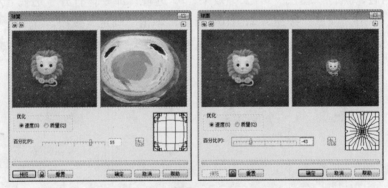

图10-10

"球面"对话框中各参数按钮的功能如下。

● 优化：可以根据需要选择"速度"或"质量"作为优化标准。

● 百分比：设置柱面凹凸的强度。

10.2.2 艺术笔触效果

"艺术笔触"滤镜组可以为位图添加一些手工美术绘画技法的效果，此组滤镜中包括了炭笔画、单色蜡笔画、蜡笔画、立体派、印象派、调色刀、彩色蜡笔画、钢笔画、点彩派、木版画、素描、水彩画、水印画和波纹纸画共14种特殊的美术表现技法。

1. 炭笔画

"炭笔画"滤镜可以使位图图像产生类似于用炭笔绘画的效果。

选择位图后，执行"位图"｜"艺术笔触"｜"炭笔画"命令，打开"炭笔画"对话框，设置各项参数，单击"预览"按钮，如图10-11所示。单击"确定"按钮，位图即可应用滤镜。

"炭笔画"对话框中各参数按钮的功能如下。

- 大小：可以设置画笔尺寸的大小。
- 边缘：可以设置轮廓边缘的清晰程度。

2. 单色蜡笔画

"单色蜡笔画"滤镜可以将图像制作成类似于粉笔画的图像效果。

选择位图后，执行"位图"|"艺术笔触"|"单色蜡笔画"命令，打开"单色蜡笔画"对话框，设置各项参数，单击"预览"按钮，如图10-12所示。单击"确定"按钮，位图即可应用滤镜。

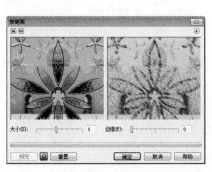

图10-11

图10-12

"单色蜡笔画"对话框中各参数按钮的功能如下。

- 单色：可以选择制作成单色蜡笔画的整体色调，可同时选择多个颜色的复选框，组成混合色。
- 纸张颜色：设置背景纸张的颜色。
- 压力：调节单色蜡笔的轻重。
- 底纹：调节底纹质地的粗细，数值越大，质地越细腻。

3. 蜡笔画

"蜡笔画"滤镜可以使位图变成蜡笔画的效果。

选择位图后，执行"位图"|"艺术笔触"|"蜡笔画"命令，打开"蜡笔画"对话框，设置各项参数，单击"预览"按钮，如图10-13所示。单击"确定"按钮，位图即可应用滤镜。

"蜡笔画"对话框中各参数按钮的功能如下。

- 大小：调节图像上的像素值。数值越大，图像上的像素就越多，图像就越平滑；数值越小，图像上的像素就越少，图像就越粗糙。
- 轮廓：调节对象轮廓显示的清晰程序。数值越大，轮廓越明显。

4. 立体派

"立体派"滤镜可以将图像中相同颜色的像素组合成颜色块，生成类似于立体派的绘画风格。

选择位图后，执行"位图"|"艺术笔触"|"立体派"命令，打开"立体派"对话框，设置各项参数，单击"预览"按钮，如图10-14所示。单击"确定"按钮，位图即可

应用滤镜。

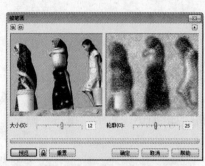
图10-13

图10-14

"立体派"对话框中各参数按钮的功能如下。

● 大小：设置颜色块的色块大小，即颜色相同部分像素的稠密程度。数值越小，图像就越平滑；越值越大，图像就越粗糙。

● 亮度：调节图像的光亮程度，数值越大，图像就越亮。

● 纸张色：设置背景纸张的颜色。

5. 印象派

"印象派"滤镜可以将图像制作出印象派绘画效果，使画面呈现未经修饰的笔触，着重于光影的变化。

选择位图后，执行"位图"｜"艺术笔触"｜"印象派"命令，打开"印象派"对话框，设置各项参数，单击"预览"按钮，如图10-15所示。单击"确定"按钮，位图即可应用滤镜。

"印象派"对话框中各参数按钮的功能如下。

● 样式：选择"笔触"或"色块"任意单选按钮，作为构成画面的元素。

● 技术：可以调节"笔触"的大小、"着色"的强度、图像的"亮度"。

6. 调色刀

"调色刀"滤镜可以使位图产生一种用刀刻画的效果。

选择位图后，执行"位图"｜"艺术笔触"｜"调色刀"命令，打开"调色刀"对话框，设置各项参数，单击"预览"按钮，如图10-16所示。单击"确定"按钮，位图即可应用滤镜。

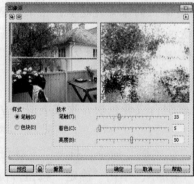
图10-15

图10-16

"调色刀"对话框中各参数按钮的功能如下。

● 刀片尺寸：调节刀刃的锋利程度。数值越小，刀片刻画痕迹越粗、越深；数值越大，刀片刻画痕迹越细、越浅。

● 柔软边缘：调节刀的坚硬程度。在"刀片尺寸"参数一定的情况下，数值越大，在图像上刻出的痕迹就越平滑；数值越小，痕迹就越粗糙。

● 角度：刀片刻画的角度。

7. 彩色蜡笔画

"彩色蜡笔画"滤镜可以使图像产生使用彩色蜡笔绘画的效果。

选择位图后，执行"位图"|"艺术笔触"|"彩色蜡笔画"命令，打开"彩色蜡笔画"对话框，设置各项参数，单击"预览"按钮，如图10-17所示。单击"确定"按钮，位图即可应用滤镜。

"彩色蜡笔画"对话框中各参数按钮的功能如下。

● 彩色蜡笔类型：选择"柔性"，将使创建的图像柔和；选择"油性"，使图像有一种涂油脂的感觉，画面更模糊。

● 笔触大小：调节笔触的大小，数值越大，笔触也就越大。

● 色度变化：用于调节图像的色调。数值越大，绘制出的图像色调就越重，颜色区别就越明显；数值越小，图像色调就越轻，颜色就越接近。

8. 钢笔画

"钢笔画"滤镜可以使图像产生使用钢笔绘画的效果，通过单色线条的变化和由线条的轻重疏密组成的灰白调子来表现对象。

选择位图后，执行"位图"|"艺术笔触"|"钢笔画"命令，打开"钢笔画"对话框，设置各项参数，单击"预览"按钮，如图10-18所示。单击"确定"按钮，位图即可应用滤镜。

图10-17

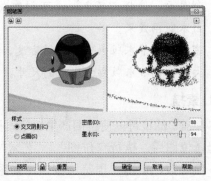

图10-18

"钢笔画"对话框中各参数按钮的功能如下。

● 样式：有两种绘画样式。选择"交叉阴影"，可产生由疏密程度不同的交叉线条组成的素描画效果；选择"点画"，可产生由疏密程度不同的点组成的素描画效果。

● 密度：调节素描中交叉笔划和点的密度，数值大，密度越高。

● 墨水：控制绘画的复杂程度。数值越大，区域内绘画的笔划线条就越多，颜色就越深；反之则越浅。

9. 点彩派

"点彩派"滤镜可以将图像制作成由大量颜色点组成的图像效果。

选择位图后，执行"位图"|"艺术笔触"|"点彩派"命令，打开"点彩派"对话框，设置各项参数，单击"预览"按钮，如图10-19所示。单击"确定"按钮，位图即可应用滤镜。

"点彩派"对话框中各参数按钮的功能如下。

● 大小：调节像素点的大小。

● 亮度：调节图像的亮度。

10. 木版画

"木版画"滤镜可以在图像上产生有刮痕的效果。

选择位图后，执行"位图"|"艺术笔触"|"木版画"命令，打开"木版画"对话框，设置各项参数，单击"预览"按钮，如图10-20所示。单击"确定"按钮，位图即可应用滤镜。

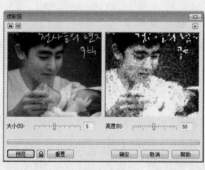
图10-19

图10-20

"木版画"对话框中各参数按钮的功能如下。

● 刮痕至：选择"颜色"，可制作成彩色木版画效果；选择"白色"，可制作成黑白木版画效果。

● 密度：调节木版画中线条的密度，数值越大，线条越密集。

● 大小：调节木版画中线条的尺寸，数值越大，线条就越长、越宽。

11. 素描

"素描"滤镜可以使位图产生铅笔素描画的效果。

选择位图后，执行"位图"|"艺术笔触"|"素描"命令，打开"素描"对话框，设置各项参数，单击"预览"按钮，如图10-21所示。单击"确定"按钮，位图即可应用滤镜。

"素描"对话框中各参数按钮的功能如下。

● 碳色：选择该选项后，图像可制作成黑白素描效果。

● 颜色：选择该选项后，图像可制作成彩色素描效果。

● 样式：设置从精选到精细的画面效果。数值越大，画面越精细。

● 笔芯：设置铅笔的颜色深浅。数值越大，铅笔越软，画面越精细。

● 轮廓：设置轮廓的清晰程度。数值越大，轮廓越清晰。

12. 水彩画

"水彩画"滤镜可以使位图产生色彩透明，一层颜色覆盖另一层，类似于水彩画的效果。

选择位图后，执行"位图"|"艺术笔触"|"水彩画"命令，打开"水彩画"对话框，设置各项参数，单击"预览"按钮，如图10-22所示。单击"确定"按钮，位图即可应用滤镜。

图10-21

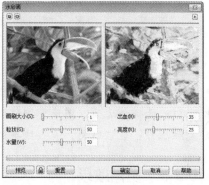
图10-22

"水彩画"对话框中各参数按钮的功能如下。

● 画刷大小：设置笔刷的大小。
● 粒状：设置纸张底纹的粗糙程度。
● 水量：设置笔刷中的含水量，数值越大，笔刷的含水量越多，画面的颜色越浅。
● 出血：设置颜色块超出轮廓线的程度。数值越小，图像的轮廓越清晰。数值越大，颜色块覆盖在轮廓线上的面积越大，轮廓线将会被更多的颜色所覆盖。
● 亮度：设置画面的亮度。

13. 水印画

"水印画"滤镜可以使位图产生使用水和油脂类颜料运用油水分离的原理进行绘画的艺术效果。

选择位图后，执行"位图"|"艺术笔触"|"水印画"命令，打开"水印画"对话框，设置各项参数，单击"预览"按钮，如图10-23所示。单击"确定"按钮，位图即可应用滤镜。

"水印画"对话框中各参数按钮的功能如下。

● 变化：提供三种变化形式，默认、顺序和随机。
● 大小：用于调节水印色块的大小。
● 颜色变化：用于调节水印色块颜色的深浅。

14. 波纹纸画

"波纹纸画"滤镜可以使图像产生好像在带有波纹纹理的纸张上进行绘画的效果。

选择位图后，执行"位图"|"艺术笔触"|"波纹纸画"命令，打开"波纹纸画"对话框，设置各项参数，单击"预览"按钮，如图10-24所示。单击"确定"按钮，位图即可应用滤镜。

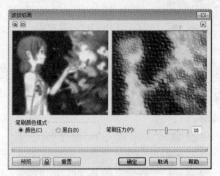

图10-23   图10-24

"波纹纸画"对话框中各参数按钮的功能如下。

● 颜色：选择该选项，图像可制作成在彩色波纹纸上绘画的效果。

● 黑白：选择该选项，图像可制作成在黑白波纹纸上绘画的效果。

● 笔触压力：数值越大，波纹线条的颜色越深。

10.2.3 模糊效果

"模糊"滤镜可以使位图画面柔化、边缘平滑。"模糊"滤镜组中提供了定向平滑、高斯式模糊、锯齿状模糊、低通滤波器、动态模糊、放射式模糊、平滑、柔和及缩放共9种模糊滤镜。

1. 定向平滑

"定向平滑"滤镜可以为图像的边缘添加细微的模糊效果，使图像中的颜色过渡平滑。

选择位图后，执行"位图"|"模糊"|"定向平滑"命令，打开"定向平滑"对话框，设置各项参数，单击"预览"按钮，如图10-25所示。单击"确定"按钮，位图即可应用滤镜。

2. 高斯式模糊

"高斯式模糊"滤镜可以使图像按照高斯分布曲线产生一种朦胧雾化的效果。

这种滤镜可以改变边缘比较锐利的图像的品质，提高边缘参差不齐的位图的图像质量。选择位图后，执行"位图"|"模糊"|"高斯式模糊"命令，打开"高斯式模糊"对话框，设置各项参数，单击"预览"按钮，如图10-26所示。单击"确定"按钮，位图即可应用滤镜。

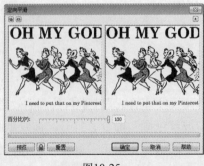

图10-25   图10-26

3. 锯齿状模糊

"锯齿状模糊"滤镜可以在相邻颜色的一定高度和宽度范围内产生锯齿波动的模糊效果。

选择位图后，执行"位图"|"模糊"|"锯齿状模糊"命令，打开"锯齿状模糊"对话框，设置各项参数，单击"预览"按钮，如图10-27所示。单击"确定"按钮，位图即可应用滤镜。

4. 低通滤波器

"低通滤波器"滤镜可以使图像降低相邻像素间的对比度，即消除图像锐利的边缘，保留光滑的低反差区域，从而产生模糊的效果。

选择位图后，执行"位图"|"模糊"|"低通滤波器"命令，打开"低通滤波器"对话框，设置各项参数，单击"预览"按钮，如图10-28所示。单击"确定"按钮，位图即可应用滤镜。

图10-27

图10-28

5. 动态模糊

"动态模糊"滤镜可以将图像沿一定方向创建镜头运动所产生的动态模糊效果，就像用照像机拍摄快速运动的物体产生的运动模糊效果。

选择位图后，执行"位图"|"模糊"|"动态模糊"命令，打开"动态模糊"对话框，设置各项参数，单击"预览"按钮，如图10-29所示。单击"确定"按钮，位图即可应用滤镜。

图10-29

6. 放射状模糊

"放射状模糊"滤镜可以使位图图像从指定的圆心处产生同心旋转的模糊效果。

选择位图后，执行"位图"|"模糊"|"放射状模糊"命令，打开"放射状模糊"对话框，设置各项参数，单击"预览"按钮，如图10-30所示。单击"确定"按钮，位图即可应用滤镜。

7. 平滑

"平滑"滤镜可以减小图像中相邻像素之间的色调差别。

选择位图后，执行"位图"|"模糊"|"平滑"命令，打开"平滑"对话框，设置各项参数，单击"预览"按钮，如图10-31所示。单击"确定"按钮，位图即可应用滤镜。

图10-30   图10-31

8. 柔和

"柔和"滤镜可以使图像产生轻微的模糊效果，从而达到柔和画面的目的。

选择位图后，执行"位图"|"模糊"|"柔和"命令，打开"柔和"对话框，设置各项参数，单击"预览"按钮，如图10-32所示。单击"确定"按钮，位图即可应用滤镜。

9. 缩放

"缩放"滤镜可以从图像的某个点往外扩散，产生爆炸的视觉冲击效果。

选择位图后，执行"位图"|"模糊"|"缩放"命令，打开"缩放"对话框，单击"中心点"按钮，在左侧预览窗口中单击一点作为中心点，设置扩散程度，单击"预览"按钮，如图10-33所示。单击"确定"按钮，位图即可应用滤镜。

图10-32   图10-33

10.2.4　相机效果

"相机"滤镜组中只包含"扩散"这一个滤镜。利用"扩散"滤镜可以使位图的像素向周围均匀扩散，从而使图像变得模糊、柔和。

选择位图后，执行"位图"|"相机"|"扩散"命令，打开"扩散"对话框，设置各项参数，单击"预览"按钮，如图10-34所示。单击"确定"按钮，位

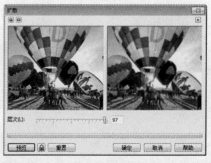

图10-34

图即可应用滤镜。

10.2.5　颜色转换效果

"颜色转换"滤镜组中主要用于改变位图原有的色彩，使位图产生各种色彩的变化。"颜色转换"滤镜组中包含"位平面"、"半色调"、"梦幻色调"和"曝光"4种颜色转换滤镜。

1. 位平面

"位平面"滤镜可以使位图图像中的颜色以红、绿、蓝三种色块平面显示出来，用纯色来表示位图中颜色的变化，以产生特殊的视觉效果。

选择位图后，执行"位图"|"颜色转换"|"位平面"命令，打开"位平面"对话框，设置各项参数，单击"预览"按钮，如图10-35所示。单击"确定"按钮，位图即可应用滤镜。

2. 半色调

"半色调"命令可以使位图图像产生彩色网板的效果。

选择位图后，执行"位图"|"颜色转换"|"半色调"命令，打开"半色调"对话框，设置各项参数，单击"预览"按钮，如图10-36所示。单击"确定"按钮，位图即可应用滤镜。

图10-35

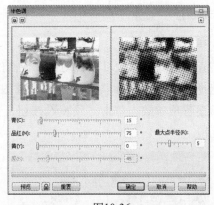

图10-36

3. 梦幻色调

"梦幻色调"滤镜可将位图图像中的颜色变换为明快、鲜艳的颜色，从而产生一种高对比度的幻觉效果。

选择位图后，执行"位图"|"颜色转换"|"梦幻色调"命令，打开"梦幻色调"对话框，设置各项参数，单击"预览"按钮，如图10-37所示。单击"确定"按钮，位图即可应用滤镜。

4. 曝光

"曝光"滤镜可以将图像制作成类似照片底片的效果。

选择位图后，执行"位图"|"颜色转换"|"曝光"命令，打开"曝光"对话框，设置各项参数，单击"预览"按钮，如图10-38所示。单击"确定"按钮，位图即可应用滤镜。

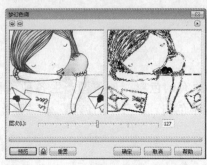

图10-37　　　　　　　　　　　　　　　　图10-38

10.2.6　轮廓图效果

应用"轮廓图"滤镜组，可以突出显示和增强图像的边缘，显示出一种素描效果。该滤镜组中共包括"边缘检测"、"查找边缘"和"描摹轮廓"三种滤镜效果。

1. 边缘检测

"边缘检测"滤镜可以查找位图图像中对象的边缘并勾画出对象轮廓，此滤镜适用于高对比的位图图像的轮廓查找。

选择位图后，执行"位图"|"轮廓图"|"边缘检测"命令，打开"边缘检测"对话框，设置各项参数，单击"预览"按钮，如图10-39所示。单击"确定"按钮，位图即可应用滤镜。

2. 查找边缘

"查找边缘"滤镜可以自动寻找位图的边缘并将其边缘以较亮的色彩显示出来。

选择位图后，执行"位图"|"轮廓图"|"查找边缘"命令，打开"查找边缘"对话框，设置各项参数，单击"预览"按钮，如图10-40所示。单击"确定"按钮，位图即可应用滤镜。

图10-39　　　　　　　　　　　　　　　　图10-40

3. 描摹轮廓

"描摹轮廓"滤镜可以勾画出图像的边缘，边缘以外的大部分区域将以白色填充。

选择位图后，执行"位图"|"轮廓图"|"描摹轮廓"命令，打开"描摹轮廓"对话框，设置各项参数，单击"预览"按钮，如图10-41所示。单击"确定"按钮，位图即可应用滤镜。

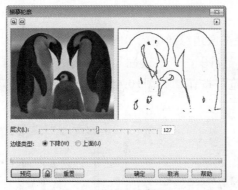

图10-41

10.2.7 创造性效果

"创造性"滤镜组可以为图像添加各种底纹和形状。"创造性"滤镜组中包括工艺、晶体化、织物、框架、玻璃砖、儿童游戏、马赛克、粒子、散开、茶色玻璃、彩色玻璃、虚光、旋涡及天气共14种效果。

1. 工艺

"工艺"滤镜可以使位图图像具有类似于用工艺元素拼接起来的画面效果。

选择位图后，执行"位图"|"创造性"|"工艺"命令，打开"工艺"对话框，设置各项参数，单击"预览"按钮，如图10-42所示。单击"确定"按钮，位图即可应用滤镜。

2. 晶体化

"晶体化"滤镜可以使位图图像产生类似于晶体块状组合的画面效果。

选择位图后，执行"位图"|"创造性"|"晶体化"命令，打开"晶体化"对话框，设置各项参数，单击"预览"按钮，如图10-43所示。单击"确定"按钮，位图即可应用滤镜。

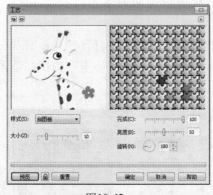

图10-42

图10-43

3. 织物

"织物"滤镜可以使位图图像产生类似于各种编织物的画面效果。

选择位图后，执行"位图"|"创造性"|"织物"命令，打开"织物"对话框，设置各项参数，单击"预览"按钮，如图10-44所示。单击"确定"按钮，位图即可应用滤镜。

4. 框架

"框架"滤镜可以使图像边缘产生艺术的抹刷效果。

选择位图后，执行"位图"|"创造性"|"框架"命令，打开"框架"对话框，设置各项参数，单击"预览"按钮，如图10-45所示。单击"确定"按钮，位图即可应用滤镜。

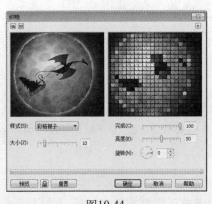

图10-44 　　　　　　　　　　　图10-45

5. 玻璃砖

"玻璃砖"滤镜可以使图像产生通过块状玻璃观看图像的效果。

选择位图后，执行"位图"|"创造性"|"玻璃砖"命令，打开"玻璃砖"对话框，设置各项参数，单击"预览"按钮，如图10-46所示。单击"确定"按钮，位图即可应用滤镜。

6. 儿童游戏

"儿童游戏"滤镜可以使图像产生拼图游戏组合画面的效果，与"工艺"滤镜类似。

选择位图后，执行"位图"|"创造性"|"儿童游戏"命令，打开"儿童游戏"对话框，设置各项参数，单击"预览"按钮，如图10-47所示。单击"确定"按钮，位图即可应用滤镜。

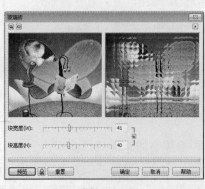

图10-46 　　　　　　　　　　　图10-47

7. 马赛克

"马赛克"滤镜可以使图像产生类似于马赛克拼接成的画面效果。

选择位图后，执行"位图"|"创造性"|"马赛克"命令，打开"马赛克"对话框，设置各项参数，单击"预览"按钮，如图10-48所示。单击"确定"按钮，位图即可应用滤镜。

8. 粒子

"粒子"滤镜可以在图像上添加星点或气泡。

选择位图后，执行"位图"|"创造性"|"粒子"命令，打开"粒子"对话框，设置各项参数，单击"预览"按钮，如图10-49所示。单击"确定"按钮，位图即可应用滤镜。

图10-48

图10-49

9. 散开

"散开"滤镜可以将图像分解成颜色点。

选择位图后，执行"位图"|"创造性"|"散开"命令，打开"散开"对话框，设置各项参数，单击"预览"按钮，如图10-50所示。单击"确定"按钮，位图即可应用滤镜。

10. 茶色玻璃

"茶色玻璃"滤镜使图像产生类似于透过茶色玻璃或其他单色玻璃看到的画面效果。

选择位图后，执行"位图"|"创造性"|"茶色玻璃"命令，打开"茶色玻璃"对话框，设置各项参数，单击"预览"按钮，如图10-51所示。单击"确定"按钮，位图即可应用滤镜。

图10-50

图10-51

11. 彩色玻璃

"彩色玻璃"滤镜使图像产生类似于透过彩色玻璃看到的画面效果。

选择位图后，执行"位图"|"创造性"|"彩色玻璃"命令，打开"彩色玻璃"对话框，设置各项参数，单击"预览"按钮，如图10-52所示。单击"确定"按钮，位图即可应用滤镜。

12. 虚光

"虚光"滤镜可以使图像周围产生虚光的画面效果。

选择位图后，执行"位图"|"创造性"|"虚光"命令，打开"虚光"对话框，设置各项参数，单击"预览"按钮，如图10-53所示。单击"确定"按钮，位图即可应用滤镜。

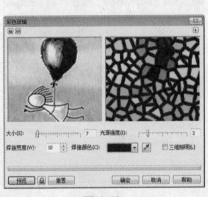

图10-52

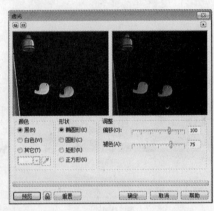

图10-53

13. 旋涡

"旋涡"滤镜可以按指定的角度旋转，使图像产生旋涡的变形效果。

选择位图后，执行"位图"|"创造性"|"旋涡"命令，打开"旋涡"对话框，设置各项参数，单击"预览"按钮，如图10-54所示。单击"确定"按钮，位图即可应用滤镜。

14. 天气

"天气"滤镜可在图像中模拟雨、雾、雪的天气效果。

选择位图后，执行"位图"|"创造性"|"天气"命令，打开"天气"对话框，设置各项参数，单击"预览"按钮，如图10-55所示。单击"确定"按钮，位图即可应用滤镜。

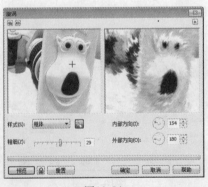

图10-54

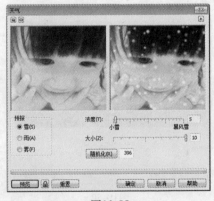

图10-55

10.2.8　扭曲效果

"扭曲"滤镜组可以为图像添加各种扭曲变形的效果。此滤镜组中包含了块状、置换、偏移、像素、龟纹、旋涡、平铺、湿笔画、涡流及风吹效果共10种滤镜效果。

1. 块状

"块状"滤镜可以使图像分裂成块状的效果。

选择位图后，执行"位图"|"扭曲"|"块状"命令，打开"块状"对话框，设置各项参数，单击"预览"按钮，如图10-56所示。单击"确定"按钮，位图即可应用滤镜。

2. 置换

"置换"滤镜可以使图像边缘按波浪、星形或方格等图形进行置换，产生类似夜晚灯光闪烁出射线光芒的效果。

选择位图后，执行"位图"|"扭曲"|"置换"命令，打开"置换"对话框，设置各项参数，单击"预览"按钮，如图10-57所示。单击"确定"按钮，位图即可应用滤镜。

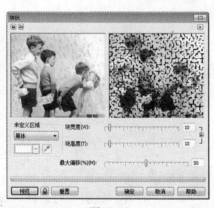
图10-56

图10-57

3. 偏移

"偏移"滤镜可以使图像产生画面对象的位置偏移效果。

选择位图后，执行"位图"|"扭曲"|"偏移"命令，打开"偏移"对话框，设置各项参数，单击"预览"按钮，如图10-58所示。单击"确定"按钮，位图即可应用滤镜。

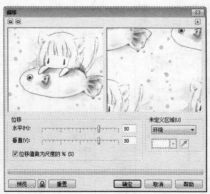
图10-58

4. 像素

"像素"滤镜可以使图像产生由正方形、矩形和射线组成的像素效果。

选择位图后，执行"位图"|"扭曲"|"像素"命令，打开"像素"对话框，设置各项参数，单击"预览"按钮，如图10-59所示。单击"确定"按钮，位图即可应用滤镜。

5. 龟纹

"龟纹"滤镜可以对位图中的像素进行颜色混合，使图像产生畸变的波浪效果。

选择位图后，执行"位图"|"扭曲"|"龟纹"命令，打开"龟纹"对话框，设置各项参数，单击"预览"按钮，如图10-60所示。单击"确定"按钮，位图即可应用滤镜。

图10-59

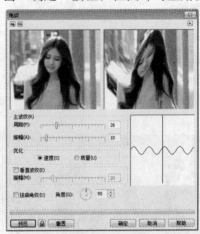

图10-60

6. 旋涡

"旋涡"滤镜可以使图像产生顺时针或逆时针的旋涡变形效果。

选择位图后，执行"位图"|"扭曲"|"旋涡"命令，打开"旋涡"对话框，设置各项参数，单击"预览"按钮，如图10-61所示。单击"确定"按钮，位图即可应用滤镜。

7. 平铺

"平铺"滤镜可以使图像产生由多个原图像平铺成的画面效果。

选择位图后，执行"位图"|"扭曲"|"平铺"命令，打开"平铺"对话框，设置各项参数，单击"预览"按钮，如图10-62所示。单击"确定"按钮，位图即可应用滤镜。

图10-61

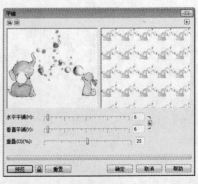

图10-62

8. 湿笔画

"湿笔画"滤镜可以使图像产生类似于油漆未干时油漆往下流的画面浸染效果。

选择位图后，执行"位图"|"扭曲"|"湿笔画"命令，打开"湿笔画"对话框，设置各项参数，单击"预览"按钮，如图10-63所示。单击"确定"按钮，位图即可应用滤镜。

9. 涡流

"涡流"滤镜可以使图像产生无规则的条纹流动效果。

选择位图后，执行"位图"|"扭曲"|"涡流"命令，打开"涡流"对话框，设置各项参数，单击"预览"按钮，如图10-64所示。单击"确定"按钮，位图即可应用滤镜。

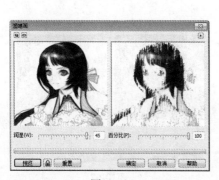

图10-63

图10-64

10. 风吹效果

"风吹效果"滤镜可以使图像产生类似于被风吹过的画面效果。

选择位图后，执行"位图"|"扭曲"|"风吹效果"命令，打开"风吹效果"对话框，设置各项参数，单击"预览"按钮，如图10-65所示。单击"确定"按钮，位图即可应用滤镜。

- 浓度：确定风吹的强度效果。
- 不透明度：确定不透明度效果。
- 角度：确定风吹的方向。

图10-65

10.2.9 杂点效果

"杂点"滤镜组可以在位图中模拟或消除由于扫描或者颜色过渡所造成的颗粒效果。"杂点"滤镜组中包含了添加杂点、最大值、中值、最小、去除龟纹及去除杂点共6种滤镜效果。

1. 添加杂点

"添加杂点"命令可以在位图图像中增加颗粒，使图像画面具有粗糙的效果。

选择位图后，执行"位图"|"杂点"|"添加杂点"命令，打开"添加杂点"对话框，设置各项参数，单击"预览"按钮，如图10-66所示。单击"确定"按钮，位图即可应用滤镜。

2. 最大值

"最大值"滤镜可以扩大图像的亮区，缩小图像的暗区，产生边缘浅色块状模糊的效果。

选择位图后，执行"位图"|"杂点"|"最大值"命令，打开"最大值"对话框，设置各项参数，单击"预览"按钮，如图10-67所示。单击"确定"按钮，位图即可应用滤镜。

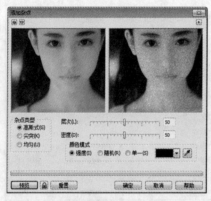

图10-66

图10-67

"半径"数值用于设置暗区像素被替换为亮区像素的范围。通过"百分比"数值的调节，可以设置替换的多少，值越大效果越强烈；减小"百分比"值，可以得到重影效果，可以更明显地观察到图像原始边缘和扩展后的边缘，如图10-68所示。

3. 中值

"中值"滤镜会对图像的边缘进行检测，将邻域中的像素按灰度级进行排序，然后选择该组的中间值作为输出像素值，产生边缘模糊的效果。

选择位图后，执行"位图"|"杂点"|"中值"命令，打开"中值"对话框，设置各项参数，单击"预览"按钮，如图10-69所示。单击"确定"按钮，位图即可应用滤镜。

图10-68

图10-69

4. 最小

"最小"滤镜会使图像中颜色浅的区域缩小、颜色深的区域扩大，产生深色的块状杂点，进而产生边缘模糊的效果。

选择位图后，执行"位图"|"杂点"|"最小"命令，打开"最小"对话框，设置各项参数，单击"预览"按钮，如图10-70所示。单击"确定"按钮，位图即可应用滤镜。

5. 去除龟纹

龟纹指的是在扫描、拍摄、打样或印刷中产生的不正常的、不应该有的、不悦目的网纹图形。"去除龟纹"滤镜可以去除图像中的龟纹杂点，减少粗糙程度，但同时去除龟纹后的画面会相应变模糊。

选择位图后，执行"位图"|"杂点"|"去除龟纹"命令，打开"去除龟纹"对话框，设置各项参数，单击"预览"按钮，如图10-71所示。单击"确定"按钮，位图即可应用滤镜。

图10-70

图10-71

6. 去除杂点

"去除杂点"命令可以去除图像(比如扫描图像)中的灰尘和杂点，使图像有更加干净的画面效果，但同时去除杂点后的画面会相应模糊。

选择位图后，执行"位图"|"杂点"|"去除杂点"命令，打开"去除杂点"对话框，设置各项参数，单击"预览"按钮，如图10-72所示。单击"确定"按钮，位图即可应用滤镜。

图10-72

10.2.10 鲜明化效果

"鲜明化"滤镜组可以改变位图图像中相邻像素的色度、亮度以及对比度，从而增强图像的颜色锐度，使图像颜色更加鲜明突出，从而使图像更加清晰。"鲜明化"滤镜组中包含适应非鲜明化、定向柔化、高通滤波器、鲜明化及非鲜明化遮罩共5种滤镜效果。

1. 适应非鲜明化

"适应非鲜明化"滤镜可以增强图像中对象边缘的颜色锐度，使对象的边缘颜色更加鲜艳，即可提高图像的清晰度。

选择位图后，执行"位图"|"鲜明化"|"适应非鲜明化"命令，打开"适应非鲜明化"对话框，设置各项参数，单击"预览"按钮，如图10-73所示。单击"确定"按钮，位图即可应用滤镜。

> 提示　　有些滤镜效果对原图的改变程度是微量的，效果不明显，为了更好地观察应用滤镜后画面的效果，读者可以重复执行滤镜命令多次。

2. 定向柔化

"定向柔化"滤镜通过提高图像中相邻颜色对比度的方法，突出和强化边缘，使图像更清晰，比"适应非鲜明化"滤镜锐化效果强烈一些。

选择位图后，执行"位图"|"鲜明化"|"定向柔化"命令，打开"定向柔化"对话框，设置各项参数，单击"预览"按钮，如图10-74所示。单击"确定"按钮，位图即可应用滤镜。

图10-73

图10-74

3. 高通滤波器

"高通滤波器"滤镜可以增加图像的颜色反差，可以准确地显示出图像的轮廓，产生的效果和负片效果有些相似。

选择位图后，执行"位图"|"鲜明化"|"高通滤波器"命令，打开"高通滤波器"对话框，设置各项参数，单击"预览"按钮，如图10-75所示。单击"确定"按钮，位图即可应用滤镜。

图10-75

4. 鲜明化

"鲜明化"滤镜通过增加图像中相邻像素的色度、亮度以及对比度，使图像更加鲜明、清晰。

选择位图后，执行"位图"|"鲜明化"|"鲜明化"命令，打开"鲜明化"对话框，设置各项参数，单击"预览"按钮，如图10-76所示。单击"确定"按钮，位图即可应用滤镜。

5. 非鲜明化遮罩

"非鲜明化遮罩"滤镜可以增强图像的边缘细节，对模糊的区域进行锐化，从而使图像更加清晰。

选择位图后，执行"位图"|"鲜明化"|"非鲜明化遮罩"命令，打开"非鲜明化遮罩"对话框，设置各项参数，单击"预览"按钮，如图10-77所示。单击"确定"按钮，位图即可应用滤镜。

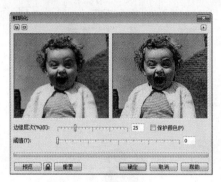

图10-76

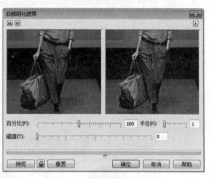

图10-77

10.3 上机实训：水彩插画风格羽绒服广告设计

本节实例练习使用滤镜创建图像水彩画、素描和下雪天气等特殊效果，并利用透明工具将多个图像进行混合拼接，具体操作方法如下。

01 执行"文件"|"导入"命令，导入位图，如图10-78所示。

02 执行"窗口"|"泊坞窗"|"对象管理器"命令，打开"对象管理器"泊坞窗，在"对象管理器"泊坞窗中单击"新建图层"按钮，即可创建一个新的图层，如图10-79所示。

图10-78

图10-79

03 选择"图层1"下面的对象（导入的位图对象），单击"对象管理器"泊坞窗左上角的"对象管理器选项"按钮，弹出选项列表，从中选择"复制到图层"命令，单击"图层2"，即可在"图层2"复制导入的位图，如图10-80所示。

04 当前"图层2"中的位图处于选中状态，选择位图后，执行"位图"|"艺术笔触"|"水彩画"命令，打开"水彩画"对话框，设置各项参数，单击"预览"按钮，如图10-22所示。单击"确定"按钮，位图即可应用滤镜，如图10-81所示。

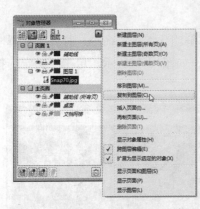
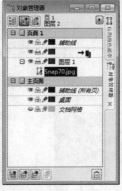

图10-80

图10-81

05 在工具箱中单击"透明度工具" ，在图像右上方按住鼠标左键向下移动光标，松开
光标后，即可为水彩画图像设置透明度，效果如图10-82所示。只有头部区域显示为
水彩画效果，身体向下显示出"图层1"中导入的位图效果。

06 在"对象管理器"泊坞窗中单击"新建图层"按钮 ，创建"图层3"。

07 选择"图层1"下面的对象（导入的位图对象），单击"对象管理器"泊坞窗左上角
的"对象管理器选项"按钮 ，弹出选项列表，从中选择"复制到图层"命令，单击
"图层3"，即可在"图层3"复制导入的位图，如图10-83所示。

图10-82 图10-83

08 选择位图后，执行"位图"|"轮廓图"|"边缘检测"命令，打开"边缘检测"对话框，设置各项参数，单击"预览"按钮并查看效果，再单击"确定"按钮，位图即可应用滤镜，如图10-84所示。

09 在工具箱中单击"透明度工具"，在图像左下方按住鼠标左键，向右上方移动光标，松开光标后，即可为水彩画图像设置透明度，效果如图10-85所示，只有脚部区域显示为轮廓线效果。

图10-84　　　　　　　　　　　　　　图10-85

10 在"对象管理器"泊坞窗中单击"新建图层"按钮，创建"图层4"。

11 选择"图层1"下面的对象（导入位图），单击"对象管理器"泊坞窗左上角的"对象管理器选项"按钮，弹出选项列表，从中选择"复制到图层"命令，单击"图层4"，即可在"图层4"复制导入的位图。

12 当前"图层4"中的位图处于选中状态，执行"位图"|"创造性"|"天气"命令，打开"天气"对话框，设置各项参数，单击"预览"按钮，如图10-86所示。单击"确定"按钮，位图即可应用滤镜。

图10-86

13 在工具箱中单击"透明度工具"，在属性栏中单击"编辑透明度"按钮，打开"渐变透明度"对话框，"颜色调和"选择"自定义"，在预览颜色带中的适当位置双击鼠标可添加三角形，并在右侧单击颜色块色样，设置渐变路径该位置的颜色，单击"确定"按钮，即可应用渐变透明度效果，如图10-87所示。在透明度控制线上移动矩形控制点，改变透明区域范围直到满意为止。

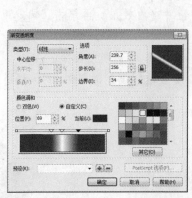

图10-87

14 在工具箱中单击"文本工具"字，创建文字。

15 在工具箱中选择"阴影工具"▢，为文字对象创建阴影效果。

16 执行"位图"|"转换为位图"命令，打开"转换为位图"对话框，单击"确定"按
钮，将文本对象转换为位图。

17 选择转换为位图的文字后，执行"位图"|"扭曲"|"湿笔画"命令，打开"湿笔
画"对话框，设置各项参数，单击"预览"按钮，如图10-88所示。单击"确定"按
钮，位图即可应用滤镜。

图10-88

18 羽绒服宣传广告设计完成，由水彩画
+位图+素描轮廓线组合形成了雪中人
物图像，如图10-89所示。

图10-89

10.4 练习题

一、填空题

1. CorelDRAW X6中共包括10组滤镜，分别是"＿＿＿＿＿＿＿＿＿"滤镜组、"＿＿＿＿＿＿＿＿"滤镜组、"＿＿＿＿＿＿＿＿"滤镜组、"＿＿＿＿＿＿＿＿"滤镜组、"＿＿＿＿＿＿＿＿"滤镜组、"＿＿＿＿＿＿＿＿"滤镜组、"＿＿＿＿＿＿＿＿"滤镜组、"＿＿＿＿＿＿＿＿"滤镜组、"＿＿＿＿＿＿＿＿"滤镜组和"＿＿＿＿＿＿＿＿"滤镜组。

2. "＿＿＿＿＿＿＿＿"滤镜组可以给位图添加一些手工美术绘画技法的效果。

3. "＿＿＿＿＿＿＿＿"滤镜可在图像中模拟雨、雾、雪的天气效果。

二、选择题

1. "卷页"滤镜属于"（　　　）"滤镜组。

　　A. 相机　　　　　B. 创造性　　　　　C. 三维效果　　　　D. 扭曲

2. "（　　　）"滤镜可以从图像的某个点往外扩散，产生爆炸的视觉冲击效果。

　　A. 柱面　　　　　B. 挤远/挤近　　　　C. 缩放　　　　　D. 动态模糊

3. "鲜明化"滤镜组可以改变位图图像中相邻像素的色度、亮度以及对比度，从而使图像更加（　　　）。

　　A. 扭曲　　　　　B. 杂乱　　　　　C. 模糊　　　　　D. 清晰

三、问答题

1. "三维效果"滤镜组中有哪几种滤镜命令？

2. 哪个滤镜适合查找高对比图像的轮廓？

3. "曝光"滤镜的作用是什么？

四、绘图题

导入位图并添加"缩放"滤镜，增加图像的冲击力，并使用"局部平衡"命令调整图像的色调，如图10-90所示。

原图　　　　　　　　添加"缩放"滤镜　　　　　　　"局部平衡"调整

图10-90

第11章 图层、样式和模板

所有CorelDRAW绘图都由堆栈的对象组成。这些对象的垂直顺序（即迭放顺序）决定了绘图的外观。组织这些对象的一个有效方式便是使用不可见的平面（称为图层）。

CorelDRAW中的样式是一个可以控制对象外观属性的集合，它分为图形样式、文本样式和颜色样式。一个样式可以同时应用于多个对象中，使这些对象具有相同的外观属性，从而避免编辑单个对象时进行的重复操作。

CorelDRAW中的模板是一组可以控制绘图布局、页面布局和外观样式的设置，用户可以从CorelDRAW提供的多种预设模板中选择一种可用的模板。如果预设的模板不能满足绘图要求，则可以根据用户创建的样式或采用其他的模板样式创建模板。

11.1 使用图层控制对象

图层为组织和编辑复杂绘图中的对象提供了更大的灵活性。可以将一个绘图划分成多个图层，每个图层分别包含一部分绘图内容。例如，可以使用图层来组织建筑物的建筑设计图。可以把建筑物的各组成部分（例如，管道、电气、结构等）放到不同的图层上进行组织。

在CorelDRAW中控制和管理图层的操作都是通过"对象管理器"泊坞窗来完成的。默认状态下，每个新创建的文件都是由默认页面（页面1）和主页面构成。默认页面包含"辅助线图层"和"图层1"，"辅助线图层"用于存储页面上特定的（局部）辅助线。"图层1"是默认的局部图层，在没有选择其他的图层时，在工作区中绘制的对象都将添加到当前页面的"图层1"上。

主页面包含应用于当前文档中所有的页面信息。默认状态下，主页面可包含辅助线图层、桌面图层和网格图层。主页面中的图层功能如下。

- 辅助线图层：包含用于文档中所有页面的辅助线。
- 桌面图层：包含绘图页面边框外部的对象，该图层可以创建以后可能要使用的图形对象。
- 网格图层：包含用于文档中所有页面的网格，该图层始终位于图层底部。

执行"窗口"｜"泊坞窗"｜"对象管理器"命令，打开"对象管理器"泊坞窗，如图11-1所示。单击"对象管理器"泊坞窗左上角的"对象管理器选项"按钮，可弹出选项列表，如图11-2所示，选择其中的命令可对图层进行管理。

- 显示或隐藏：单击 图标，可以隐藏图层。在隐藏图层后， 图标将变为 图标，单击 图标，可以重新显示图层。

- 启用或禁用图层的打印和导出：单击 图标，可以禁用图层的打印和导出，此时图标切换为禁止状态 。禁止打印和导出图层后，可防止该图层中的内容被打印或导出到绘图中，也防止在打印预览中显示。单击 图标，又可重新启用图层的打印和导出。

- 锁定或解锁：单击 图标，可以锁定图层，此时图标将切换为锁定状态 。单击 图标，可解除图层的锁定，使图层恢复可编辑状态。

图11-1

图11-2

在"对象管理器"泊坞窗弹出的选项列表中，各命令的功能如下。

- 新建图层：选择该命令，可以新建一个图层。

- 新建主图层：选择该命令，可以新建一个主图层。

- 删除图层：选取需要删除的图层，然后选择该命令，可以将所选的图层删除。

- 移到图层：选取需要移动的对象，然后选择该命令，再单击目标图层，即可将所选的对象移动到目标图层中去。

- 复制到图层：选取需要复制的对象，然后选择该命令，再单击目标图层，即可将所选的对象复制到目标图层中去。

- 显示对象属性：选择该命令，或者在"对象管理器"泊坞窗左上角单击"显示对象属性"按钮 ，对象的名称右侧会显示对象的详细信息，如图11-3所示。

图11-3

- 跨图层编辑：当该命令为勾选状态时，可允许编辑所有的图层。当取消该命令的勾选时，只允许编辑当前活动图层，也就是所选的图层。"对象管理器"泊坞窗左上角也有"跨图层编辑"按钮。

● 扩展为显示选定的对象：选择该命令，显示选定的对象。

● 显示页面和图层：选择该命令，"对象管理器"泊坞窗内会展开所有的页面列表，显示出每个页面中包含的图层。

● 显示页面：选择该命令，"对象管理器"泊坞窗内只显示页面列表。

● 显示图层：选择该命令，"对象管理器"泊坞窗内只显示主页面的图层列表。

11.1.1 新建和删除图层

如果要新建图层，在"对象管理器"泊坞窗中单击"新建图层"按钮，即可创建一个新的图层，同时在出现的文字编辑框中可以修改图层的名称，如图11-4所示。默认状态下，页面中都会有一个"图层1"，新建的图层以"图层2"命名。

如果要在主页面中创建新的主图层，可以单击"对象管理器"泊坞窗左下角的"新建主图层（所有页）"按钮，如图11-5所示。图层名称以红色粗体显示时，表示该图层为活动图层，此时在页面中绘制的图形都将绘制在该图层上。

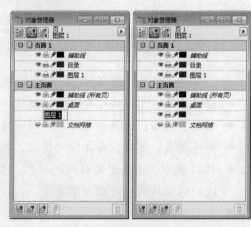

图11-4   图11-5

在绘图过程中，如果要删除不需要的图层，可在"对象管理器"泊坞窗中单击需要删除的图层名称，然后单击该泊坞窗中的"删除"按钮，或者按Delete键，即可将选择的图层删除。

> **提示** 默认页面（页面1）不能被删除或复制，同时辅助线图层、桌面图层和网格图层也不能被删除。如果需要删除的图层被锁定，那么必须将该图层解锁后，才能将其删除。在删除图层时，将同时删除该图层上的所有对象，如果要保留该图层上的对象，可先将对象移到另一个图层上，然后再删除当前图层。

11.1.2 在图层中添加对象

要在指定的图层中添加对象，首先需要保证该图层处于未锁定状态。如果图层被锁定，可在"对象管理器"泊坞窗中单击图层名称前的图标，将其解锁，然后在图层名称上单击，使该图层成为选取状态，如图11-6所示。

选中图层后，接下来绘制的图形、导入或粘贴的对象都会被放置在该图层中，如图11-7所示。

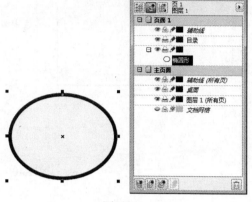

图11-6 图11-7

11.1.3 在主图层中添加对象

图层分"局部图层"和"主图层"。可以将同类的内容放在一个局部图层上。应用于文档中所有页面的内容可以放在"主图层"中，主页面下的图层称为主图层，包含的内容将应用于文档中的所有页面。在主图层中添加对象的方法如下。

01 在"对象管理器"泊坞窗中，单击"新建主图层（所有页）"按钮，新建一个主图层为"图层1（所有页）"，如图11-8所示。

02 绘制或粘贴背景图形，此时该图形被添加到主图层"图层1（所有页）"中，如图11-9所示。

图11-8 图11-9

03 在页面控制区单击"插入页面"按钮两次，即可插入两个新页面，得到的页面2和页面3具有与页面1相同的背景元素。

04 执行"视图"|"页面排序器视图"命令，可以同时查看全部页面的内容，如图11-10所示。再次执行"视图"|"页面排序器视图"命令，或者在属性栏中单击"页面排序器视图"按钮即可返回默认的页面视图。

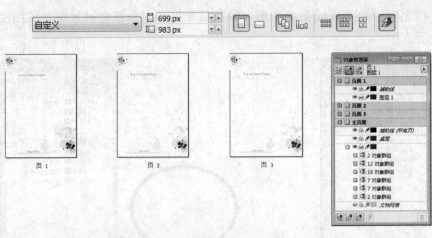

图11-10

11.1.4 在图层中移动和复制对象

在"对象管理器"泊坞窗中，可以移动图层的位置或者将对象移动到不同的图层中，也可以将选取的对象复制到新的图层中。在图层中移动和复制对象的操作方法如下。

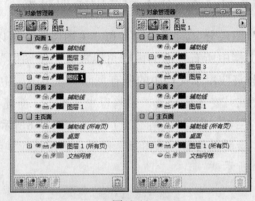

图11-11

- 要移动图层，可在图层名称上单击，选中图层后，将该图层拖动到新的位置即可，如图11-11所示。
- 要移动对象到新的图层，选择所要移动的对象，"对象管理器"泊坞窗中即可显示该对象所在的子图层，将其拖到新的图层，当光标显示为➡▮状态时，松开鼠标，即可将该对象移到指定的图层中，如图11-12所示。
- 要在不同图层之间复制对象，可在"对象管理器"泊坞窗中单击需要复制的对象所在的子图层，然后按组合键Ctrl+C进行复制，再选择目标图层，按下组合键Ctrl+V进行粘贴，即可将选取的对象复制到新的图层中，如图11-13所示。

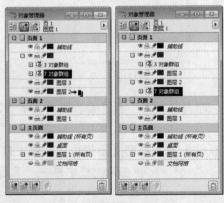

图11-12

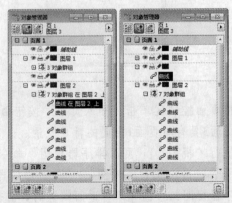

图11-13

11.2 页面管理

设计多页作品或者复杂的作品时，需要对页面和图层进行有效的管理。页面管理的主要任务是建立一个理想的工作环境，提高工作效率；而图层管理的主要任务是建立各个对象之间的层次关系。

11.2.1 插入页面

在绘制多页画册、小册子等多页文件时，需要在同一个窗口中插入多个页面。

新页的插入方法有三种。

- 方法一：执行"布局"|"插入页"命令，在弹出的"插入页面"对话框中设置插入的页数、位置和页面尺寸，单击"确定"按钮，即可插入指定页面，如图11-14所示。
- 方法二：在页面控制区单击"插入页面"按钮 ，即可插入页面，如图11-15所示。

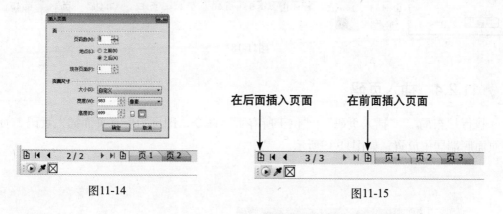

在后面插入页面　　　　在前面插入页面

图11-14　　　　　　　　　　　　　　图11-15

- 方法三：用鼠标右键单击页面序号，在弹出的列表中选择页面插入的位置，如图11-16所示。

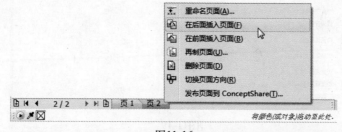

图11-16

提示

"再制页面"命令可以复制一个页面，复制的内容包括当前页面的图层及其内容。

11.2.2 删除页面

页面的删除方法如下。

- 方法一：执行"布局"|"删除页面"命令，打开"删除页面"对话框，键入要删除的页码，单击"确定"按钮，即可删除指定页面，如图11-17所示。选中"通到页面"复选框，然后在后面的文本框中输入要删除的最后一页的页码，即可删除特定范围的页面。

图11-17

- 方法二：用鼠标右键单击页面序号，在弹出的列表中选择"删除页面"命令。

11.2.3 重命名页面

为了让页面名称更直观地显示页面的设计内容，可以在页面数字序列号后添加自定义的名称。执行"布局"|"重命名页面"命令，打开"重命名页面"对话框，输入名称，单击"确定"按钮，完成页面名称的修改，新的页面名称如图11-18所示。

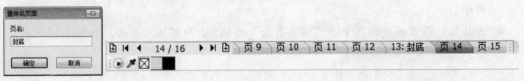

图11-18

11.2.4 插入页码

执行"布局"|"插入页码"|"位于所有页"命令，即可为所有页面插入页码，页码在页面底端居中放置，如图11-19所示。

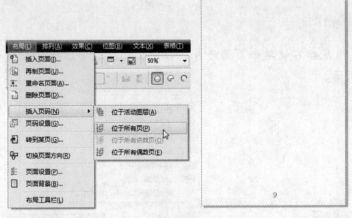

图11-19

插入页码命令功能如下。

- 位于活动图层：可以在当前"对象管理器"泊坞窗中选定的图层上插入页码。如果活动图层为主图层，那么页码将插入文档中显示该主图层的所有页面。如果活动图层为局部图层，那么页码将仅插入当前页。
- 位于所有页：可以在所有页面上插入页码。页码插入新的所有页主图层，而且该图层将成为活动图层。

- 位于所有奇数页：可以在所有奇数页上插入页码。页码插入新的奇数页主图层，而且该图层将成为活动图层。

- 位于所有偶数页：可以在所有偶数页上插入页码。页码插入新的偶数页主图层，而且该图层将成为活动图层。

插入的页码是一个美术字对象，使用"选择工具" 可以将页码移动到新位置，在属性栏中可以设置精确的位置。使用"文本工具" 字 可以对其进行编辑。

11.2.5 转到页面

当在一个窗口中设置了多个页面时，往往需要切换页面。切换页面有两种方法，一种是使用"页面导航器"切换，一种是使用"转到某页"命令切换。

用鼠标左键单击页面导航器上的相应按钮，即可切换到指定的页面，如图11-20所示。

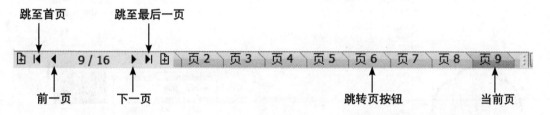

图11-20

在进行多页面设计时，还可以执行"布局"|"转到某页"命令，打开"转到某页"对话框，如图11-21所示。输入页面号，可以快速跳过其他页面而直接到达指定页面。

图11-21

11.3 图形和文本样式

CorelDRAW具有先进的样式功能，利用这些功能用户能够快速、轻松地用一致的样式设置文档格式。可以创建样式和样式集并将其应用于不同类型的对象：图形对象、美术字和段落文本、标注和度量对象以及通过艺术笔工具创建的任何对象。

图形样式包括填充设置和轮廓设置，可应用于矩形、椭圆形或曲线等图形对象。例如，当一个群组对象中使用了同一种图形样式，就可以通过编辑该图形样式同时更改该群组对象中各个对象的填充或轮廓属性。

文本样式包括文本的字体、大小、填充和轮廓属性等设置，分为美术字和段落文本两类。通过文本样式，可以更改默认美术字和段落文本外观，使其具有统一的格式。

11.3.1 创建图形或文本样式

在CorelDRAW中，可以根据现有对象的属性创建图形或文本样式，也可以重新创建图形或文本样式。CorelDRAW还允许将样式分组保存为样式集。样式集是定义对象外观的样式集合。例如，可以创建包含可应用于矩形、椭圆形和曲线等图形对象的填充样式和轮廓样式的样式集，其操作步骤如下。

01 用鼠标右键单击对象，在弹出的快捷菜单中选择"对象样式"|"从以下项新建样式"|"填充"命令，并在弹出的对话框中输入新样式名称，单击"确定"按钮，即可将该对象中的填充属性创建为新的图形样式，并显示在"对象样式"泊坞窗中，如图11-22所示。

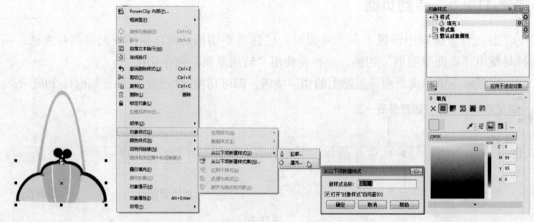

图11-22

02 选择多个图形并拖动到"对象样式"泊坞窗的"样式集"中，效果如图11-23所示。

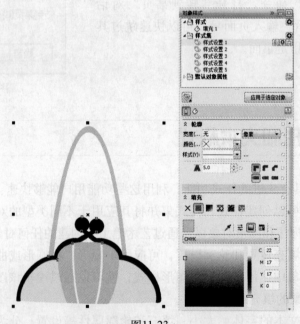

图11-23

03 如果用鼠标右键单击文本对象，在弹出的快捷菜单中选择"对象样式"|"从以下项新建样式"|"字符"命令，并在弹出的对话框中输入新样式名称，单击"确定"按钮，即可将该对象中的字符属性创建为新的图形样式，并显示在"对象样式"泊坞窗中，如图11-24所示。

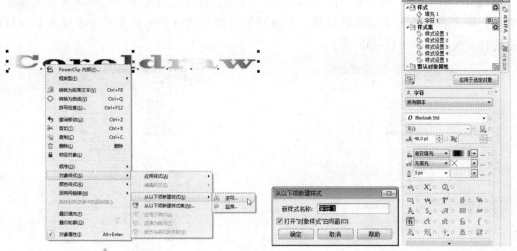

图11-24

11.3.2 应用图形或文本样式

在创建新的图形或文本样式后，新绘制的对象不会自动应用该样式。要应用新建的图形样式，可在对象上单击鼠标右键，从弹出的快捷菜单中选择"对象样式"|"从以下项新建样式"命令，再从可应用的样式名称中选择需要的样式即可，如图11-25所示。

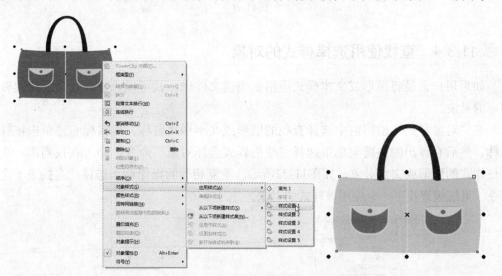

图11-25

用户也可以在"对象样式"泊坞窗中选中样式名称，并拖动到图形或文本对象上，即可使该对象应用选择的样式。还可以选择对象，然后在"对象样式"泊坞窗中双击需要应用的图形或文本样式名称，即可快速地将指定的样式应用到选取的对象上。

11.3.3 编辑图形或文本样式

如果对保存在CorelDRAW中的图形或文本样式的外观不太满意，可对图形或文本样式进行编辑和修改，具体操作方法如下。

执行"窗口"|"泊坞窗"|"对象样式"命令，打开"对象样式"泊坞窗，选择样式名称，即可在泊坞窗下端编辑样式，同时所有应用了该样式的对象都会自动更新为修改后的样式效果，如图11-26所示。

图11-26

11.3.4 查找使用选择样式的对象

如果用户已经将图形或文本样式应用到当前文件中，就可以通过查找命令快速查找相应的对象。

在"对象样式"泊坞窗中选择查找的图形或文本样式名称，用鼠标右键单击该样式名称，然后在弹出的快捷菜单中选择"使用样式选择对象"命令，即可查找到第一个应用该样式的图形或文本对象，如图11-27所示。重复相同的操作后，选择"查找下一个"命令，可继续查找下一个应用该样式的对象。

图11-27

11.3.5 删除图形或文本样式

要删除不需要的图形或文本样式,可在"对象样式"泊坞窗中选择样式名称,然后单击其右侧的"删除"按钮圙或者按Delete键即可将其删除。

11.4 颜色样式

颜色样式是指保存并应用于文档中对象的颜色,可以利用颜色样式轻松地为多个对象应用一致的自定义颜色。只要更新颜色样式,应用了该颜色样式的所有对象的颜色也会自动更新。

11.4.1 从对象创建颜色样式以及和谐组

创建颜色样式后,新的颜色样式将保存到活动文档和"颜色样式"泊坞窗中,这样可更加方便地调用并应用于对象。

颜色样式可组合成名为"和谐"的组。利用颜色和谐,可以将颜色样式与基于色度的关系相关联,并将颜色样式作为一个集合进行修改。通过编辑和谐组中的颜色样式,能够替换全部颜色,快速创建多种备用颜色方案,使更改作品的颜色构成变得更简单。

创建颜色样式的操作方法如下。

01 使用"选择工具"选择需要创建颜色样式的对象。

02 执行"工具"|"颜色样式"命令,打开"颜色样式"泊坞窗,单击"新建颜色样式"按钮,在弹出的下拉列表中选择"从选定项新建"选项,然后在弹出的"创建颜色样式"对话框中选择"填充和轮廓"单选按钮,取消"将颜色样式归组至相应和谐"复选框的选择,单击"确定"按钮,即可利用选择对象的填充颜色和轮廓颜色创建颜色样式,新建的颜色样式显示在"颜色样式"泊坞窗中,如图11-28所示。

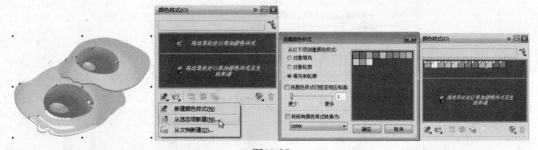

图11-28

"创建颜色样式"对话框中各选项的功能如下。

- 对象填充:利用对象填充颜色创建颜色样式。
- 对象轮廓:利用对象轮廓的颜色创建颜色样式。
- 填充和轮廓:利用对象填充颜色和轮廓颜色创建颜色样式。
- 将颜色样式归组至相应和谐:选中该复选框,并在文本框中指定和谐的数量,可以按照具有相似饱和度及颜色值的色度对新颜色样式进行分组。

317

03 将选择对象拖到"颜色样式"泊坞窗的和谐组框内，在弹出的"创建颜色样式"对话框中选择"将颜色样式归组至相应和谐"复选框，单击"确定"按钮，即可利用选择对象的填充颜色和轮廓颜色创建颜色样式，新建的和谐组颜色样式显示在"颜色样式"泊坞窗中，如图11-29所示。

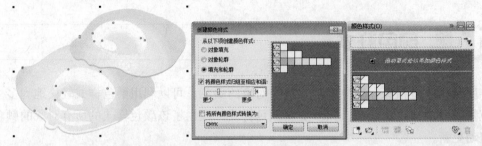

图11-29

11.4.2 编辑和应用颜色样式

创建的颜色样式可以随时进行修改，只要在"颜色样式"泊坞窗中单击一个独立的颜色样式，即可在泊坞窗下面使用滴管工具、颜色查看器、滑块和调色板对颜色进行编辑，如图11-30所示。

在"颜色样式"泊坞窗中单击"和谐文件夹"图标，即可选中颜色和谐组所包含的全部颜色样式，在和谐编辑器中，单击环形选色器，拖动光标即可编辑和谐中的颜色样式，应用该和谐组颜色的对象也会同时自动更新效果，如图11-31所示。编辑和谐颜色时，和谐组内包含的颜色样式都将根据新的色度、原始饱和度以及亮度值更新。

图11-30

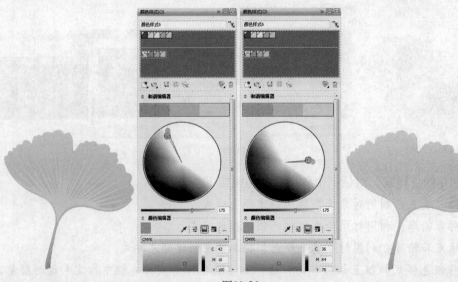

图11-31

在"和谐"组中分别单击其中的子颜色样式，在颜色编辑器或和谐编辑器中编辑该样式的颜色，效果如图11-32所示。在编辑和谐组中的某一个子颜色样式时，和谐组中其他的子颜色不会受到影响。

图11-32

使用"选择工具" 选择对象，在"颜色样式"泊坞窗中双击一个颜色样式，选择对象会填充该颜色样式，如果用鼠标右键单击颜色样式，该颜色样式将应用于选择对象的轮廓。

11.4.3　删除颜色样式

对于"颜色样式"泊坞窗中不需要的颜色样式，可以将其删除。当删除应用在对象上的颜色样式后，对象的外观效果不会受到影响。要删除颜色样式，可在选择需要删除的颜色样式后，单击"删除"按钮或者按下Delete键即可。

11.4.4　颜色渐变样式

颜色和谐组中还包括一种特殊类型："渐变"颜色和谐。渐变由一种主要颜色样式及该颜色样式的多个阴影组成。对大多数可用的颜色模型和调色板而言，衍生颜色样式与主要颜色样式具有相同的色度，但是具有不同的饱和度和亮度级别。主要颜色样式与衍生颜色样式互相关联，但浓淡级别不同。渐变样式的创建方法如下。

01 在"颜色样式"泊坞窗中，选择一个颜色样式作为渐变的主要颜色。

02 单击"新建颜色和谐"按钮，在弹出的下拉列表中选择"新建渐变"选项，在弹出的"新建渐变"对话框中，在"颜色数"输入框中指定阴影的数量，调整"阴影相似性"滑块，单击"确定"按钮，创建渐变和谐组，如图11-33所示。

对话框中的各选项功能如下。

● 阴影相似性：左移滑块可以创建极其不同的阴影；右移滑块可以创建极其相似的阴影。

- 较浅的阴影：创建比主要颜色浅的阴影。
- 较深的阴影：创建比主要颜色深的阴影。
- 二者：创建同等数量的浅/深阴影。

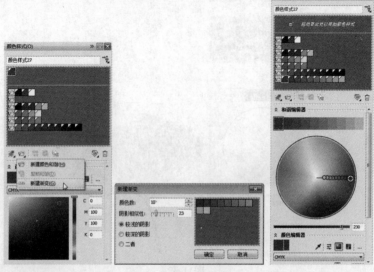

图11-33

11.5 模板

模板是一组可以控制绘图的布局、外观样式和页面布局设置。用户可以从 CorelDRAW提供的多种预设模板中选择一种可用的模板。在模板基础上进行绘图创作，可以减少设置页面布局和页面格式等样式的时间。

11.5.1 创建模板

如果预设模板不符合设计需求，用户可以基于经常使用的文档创建属于用户自己的模板。例如，可以将定期汇总通讯文档的页面布局设置与样式保存至模板中，以便以后随时调用。

保存模板时，CorelDRAW允许添加一些参考信息，例如页码、折叠、类别、行业和其他重要注释。添加的模板信息，可使以后组织和定位模板更加容易。例如，向模板添加描述性注释"通讯"，然后可以通过输入注释中的文本"通讯"来搜索到该模板。

创建模板的操作方法如下。

01 为当前文件设置好页面属性，并在页面中绘制出模板中的基本图形或添加所需要的文本对象。

02 执行"文件"|"另存为模板"命令，打开"保存绘图"对话框，选择保存的位置，并键入名称，如图11-34所示。

03 单击"保存"按钮，弹出"模板属性"对话框，如图11-35所示。指定所需的选项，单击"确定"按钮，即可将当前文件保存为模板。

图11-34   图11-35

- 名称：为模板指定一个名称。该名称将在模板窗格中随缩略图显示。
- 打印面：选择页码选项。
- 折叠：从列表中选择折叠，或选择其他并在折叠列表框旁边的文本框中输入折叠类型。
- 类型：从列表中选择选项，或选择其他并在类型列表框旁边的文本框中输入模板类型。
- 行业：从列表中选择选项，或选择其他并输入模板专用的行业。
- 设计员注释：输入有关模板设计用途的重要信息。

11.5.2 应用模板

CorelDRAW预设了多种类型的模板，用户可以从这些模板中创建新的绘图页面，也可以从中选择一种适合的模板载入到绘制的图形文件中。应用模板的方法如下。

01 执行"文件"|"从模板新建"命令，打开"从模板新建"对话框，从模板列表中选择一种模板，如图11-36所示。

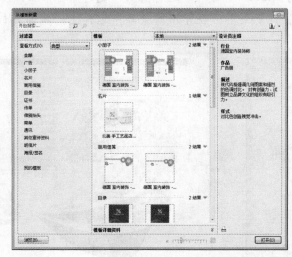

图11-36

提示　　　单击"从模板新建"对话框左下角的"浏览"按钮，可以打开其他目录中保存的更多模板文件。

02 单击"打开"按钮，即可从该模板新建一个绘图页面，如图11-37所示。

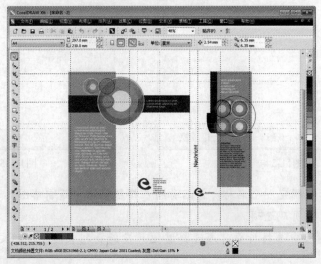

图11-37

11.6 上机实训：时尚购物广告

本节实例练习使用相同的背景，添加不同的人物素材组合成一个系列的时尚购物广告，并将素材元素分别保存在不同的图层中，具体操作方法如下。

01 新建一个文档，执行"窗口"|"泊坞窗"|"对象管理器"命令，打开"对象管理器"泊坞窗，单击"新建主图层（所有页）"按钮 ，新建一个主图层，设置名称为"背景"，如图11-38所示。

02 打开素材文件"背景.cdr"，使用"选择工具" 选择对象后，按组合键Ctrl+C将对象复制，单击"窗口"菜单，在弹出的菜单中选择上一步新建的文档，如图11-39所示。

图11-38

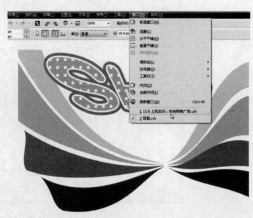

图11-39

03 切换到新建文档的操作状态后，在"对象管理器"泊坞窗中单击"背景"主图层，再按组合键Ctrl+V将对象粘贴到"背景"主图层中，如图11-40所示。

图11-40

04 在页面控制区单击"插入页面"按钮 两次，插入两个新页面，如图11-41所示。

05 打开素材文件"人物1.cdr"，使用"选择工具" 选择对象后，按组合键Ctrl+C将对象复制，单击"窗口"菜单，在弹出的菜单中选择上一步新建的文档，如图11-42所示，即可切换回新建文档的操作状态。

图11-41

图11-42

06 在"对象管理器"泊坞窗中，单击"页面3"下的"图层1"，再按组合键Ctrl+V将对象粘贴到"页面3"的"图层1"中，如图11-43所示。

图11-43

07 在页面控制区单击"页2"，采用同样的方法将素材文件"人物2.cdr"复制到新建文档"页面2"的"图层1"中，如图11-44所示。

图11-44

08 在页面控制区单击"页1"，采用同样的方法将素材文件"人物3.cdr"复制到新建文档"页面1"的"图层1"中，如图11-45所示。

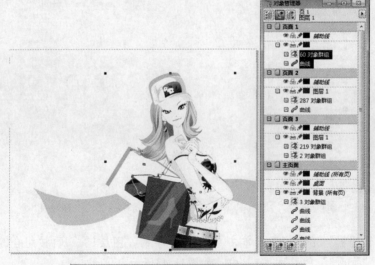

图11-45

09 在"对象管理器"泊坞窗中单击"新建图层"按钮，创建一个新的图层，同时在出现的文字编辑框中输入新图层名称"人物阴影"；单击"图层1"下的"曲线"对象，并拖动到"阴影"图层中；单击并拖动"图层1"到"人物阴影"图层的上面，如图11-46所示。

10 采用同样的方法，为"页面2"和"页面3"创建"人物阴影"图层，并将阴影曲线对象移到该图层上，如图11-47所示。

11 执行"视图"|"页面排序器视图"命令，可以同时查看全部页面的内容，如图11-48所示。

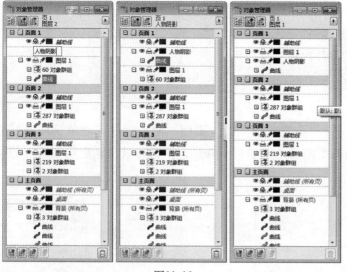

图11-46   图11-47

页 1

页 2

页 3

图11-48

11.7 练习题

一、填空题

1. 执行_____命令，即可为所有页面插入页码。

2. _____包含应用于当前文档中所有的页面信息。

3. _____是一组可以控制绘图的布局、外观样式和页面布局设置。

二、选择题

1. 默认状态下，主页面不包含（　　　　）。

　A. 辅助线图层　　　　B. 桌面图层　　　　C. 网格图层　　　　D. 图层1

2. 颜色样式可组合成名为"（　　　　）"的组。

　A. 图形样式　　　　　B. 文本样式　　　　C. 和谐　　　　　　D. 模板

3. 默认状态下，页面插入的页码在页面底端（　　　　）。

　A. 左侧　　　　　　　B. 右侧　　　　　　C. 居中　　　　　　D. 任意位置

三、问答题

1．页面管理和图层管理的区别是什么？

2．怎样查看全部页面的设计内容？

3．模板的作用是什么？

四、绘图题

1．新建一个图形文件，并为该文件插入两个页面，然后通过"对象管理器"泊坞窗新建一个主图层，在新建的主图层中添加页面背景，使该背景自动应用到所有的页面中，如图11-49所示。

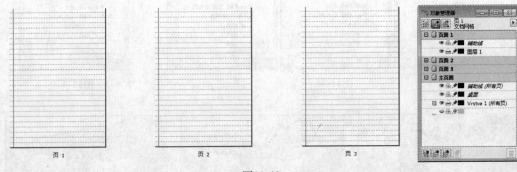

图11-49

2．创建一个文本样式，然后将其应用到其他的文本对象上，如图11-50所示。

图11-50

第12章 打印与输出

在设计作品制作完成之后，需要按客户的要求输出指定格式的文件或打印出校稿、菲林胶片等。为此，CorelDRAW提供了大量用于打印和输出作品的选项，正确进行这些参数的设置，才能完整、顺畅地打印输出作品。

12.1 管理文件

CorelDRAW可以将多种格式的文件应用到当前文件中，同时也可以将当前文件导出为多种指定格式的文件。用户还可以将创建的CorelDRAW文档输出为网络格式，以便将图形文件发布到互联网上。

12.1.1 导入与导出文件

在实际的设计工作中，常常需要配合多个图像处理软件来完成一个复杂设计作品，这时就需要在CorelDRAW中导入其他格式的图像文件，或者将绘制好的CorelDRAW图形导出为其他指定格式的文件，使其可以被其他软件导入或打开。

执行"文件"|"导入"命令，或者在标准工具栏中单击"导入"按钮 📇，弹出"导入"对话框，如图12-1所示。选择需要导入的文件，单击"导入"按钮后，在当前文档的页面中单击，即可将该文件导入到当前CorelDRAW文档中。

图12-1

要将当前CorelDRAW中绘制的图形导出为其他格式的文件，可以执行"文件"|"导出"命令，或者在标准工具栏中单击"导出"按钮 📇，弹出"导出"对话框，在对话框中设置好导出文件的"保存路径"和"文件名"，并在"保存类型"下拉列表中选择需要导出的文件格式，如图12-2所示。

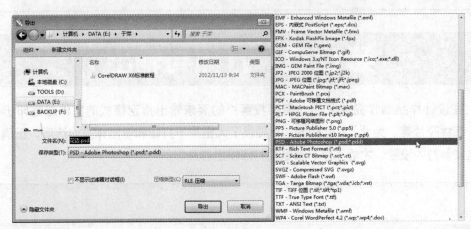

图12-2

单击"导出"按钮，将打开"转换为位图"对话框，如图12-3所示。在其中设置好图像大小、颜色模式等参数后，单击"确定"按钮，即可将文件以此种格式导出在指定的位置。

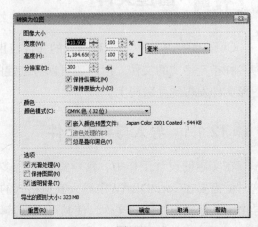

图12-3

"转换为位图"对话框中各选项功能如下。

- 宽度/高度：可以在其中设置图像的尺寸，或者在"百分比"文本框中按照原始尺寸的百分比调整对象大小。

- 分辨率：可以根据应用的范围来设置对象的分辨率。

- 颜色模式：选择位图的颜色模式。颜色模式决定构成位图的颜色数量和种类，因此文件大小也受到影响。

- 嵌入颜色预置文件：嵌入颜色预置文件会将颜色预置文件附加到文档中，以确保与查看或打印文档的其他人共享使用的相同颜色。

- 递色处理的：模拟比可用颜色的数量更多的颜色。此选项可用于使用 256 色或更少颜色的图像。递色就是在可用的颜色数目有限的情况下用于模拟更多颜色的过程。

- 总是叠印黑色：当黑色为顶部颜色时叠印黑色。打印位图时，启用该选项可以防止黑色对象与下面的对象之间出现间距。

- 光滑处理：平滑位图的边缘。

- 保持图层：输出的文件保持原文件的图层堆叠顺序。

- 透明背景：使位图的背景透明。

将CorelDRAW当前编辑的文档保存为其他格式的方法，除了使用"导出"命令，还可以使用"另存为"命令。

- 使用"文件"|"导出"命令时，可将文件导出为多种可在其他应用程序中使用的位图和矢量文件格式。例如，可以将文件导出为 Adobe Illustrator (AI) 或 JPG 格式。导出文件后，原始文件在CorelDRAW绘图窗口中仍然以现有格式打开。

- 使用"文件"|"另存为"命令将文件保存为其他矢量格式。将文件保存为其他格式后，保存的文件将立即显示在绘图窗口中。建议用户首先将文件另存为CorelDRAW (CDR) 文件，因为某些文件格式不支持在CorelDRAW文件中的所有功能。

12.1.2　其他图形文件格式

CorelDRAW支持导入和导出的文件格式有很多种，极大地丰富了素材来源，为创作出更有创意的作品提供了有力支持。下面介绍几种常用文件格式的使用特性和使用范围。

- PSD（*.PSD）文件格式

PSD格式是Adobe Photoshop软件的文件保存格式，可以保存图像的层、通道等许多信息。如果保存为其他格式，其中的一些内容将会丢失，并且有时会合并图层及附加的蒙版信息，当再次编辑时会产生不少麻烦。由于PSD格式的文件图像数据信息比较多，因此相比其他格式的图像文件而言比较大，但使用这种格式存储的图像修改起来比较方便。

- BMP（*.BMP）文件格式

BMP文件格式是作为在Windows操作系统上将图形图像表示为位图的标准而开发出来的，但产生的文件较大。

- TIFF（*.TIF）文件格式

TIFF格式是一种无损压缩格式，是除PSD格式外唯一能存储多个通道的文件格式，应用非常广泛，可以在许多图像软件之间转换。

- JPEG（*.jpg）文件格式

JPEG是由联合图像专家组开发的一种标准格式。通过高级压缩技术的使用，此格式允许在各种平台之间进行文件传输。它是一种有损压缩格式，支持 8 位灰度、24 位RGB和 32 位CMYK颜色模式。由于它支持真彩色，在生成时可以通过设置压缩的类型，产生不同大小和质量的文件，所以通常用在Web上。

- GIF（*.GIF）文件格式

GIF格式能够保存背景透明化的图像形式，但只能处理256种色彩，常用于网络传输，其传输速度要比其他格式的文件快很多，并且可以将多张图像存储为一个文件形成动画效果。

- PNG（*.PNG）文件格式

PNG格式是广泛应用于网络图像的编辑。它不同于GIF格式图像，除了能保存256色还可以保存24位的真彩色图像，具有支持透明背景和消除锯齿边缘的功能，可在不失真的情况下进行压缩并保存图像。

- EPS（*.EPS）文件格式

EPS格式为压缩的PostScript格式，可用于绘图或者排版，它最大的优点是可以在排版软件中以低分辨率预览，打印或出胶片时以高分辨率输出，可以达到效果和图像输出质量两不耽误。EPS格式支持Photoshop里所有的颜色模式，其中在位图模式下还可以支持透明，并可以用来存储点阵图和向量图形，但不支持Alpha通道。

- PDF（*.PDF）文件格式

PDF格式是Adobe公司开发的用于Windows、MAC OS、UNIX和DOS系统的一种电子出版软件的文档格式，适用于不同平台。该格式文件可包含矢量图和位图，可以存储多页信息，包含图形、文档的查找和导航功能。因此在使用该软件时不需要排版就可以获得图文混排的版面。由于该格式支持超文本链接，所以是网络下载经常使用的文件。

- AI（*.AI）文件格式

AI格式是Adobe公司出品的Adobe Illustrator软件生成的一种矢量文件格式，它的优点是占用硬盘空间小，打开速度快，方便格式转换。

12.1.3 发布到Web

在CorelDRAW中设计的网页或其应用的图像可以发布为HTML格式的文档，扩展名为".htm"。默认状态下，HTML文件与CorelDRAW（CDR）源文件共享同一个文件名，并且保存在用于存储导出的Web文档的最后一个文件夹中。

1. 导出网页文件

HTML文件为纯文本文件。将CorelDRAW文件和对象发布为HTML文件后，可以在HTML编写软件中使用生成的HTML代码和图像来创建Web站点或页面。导出HTML文件的方法如下。

01 执行"文件"|"导出HTML"命令，弹出"导出HTML"对话框，如图12-4所示。在"目标"下设置导出的路径，设置其他选项后，单击"确定"按钮，即可导出HTML文件。

图12-4

"导出 HTML"对话框中各选项卡的功能如下。

- **常规**：包含HTML布局、HTML文件和图像的文件夹、FTP站点和导出范围等选项。也可以选择、添加和移除预设。
- **细节**：包含生成的HTML文件的细节，且允许更改页面名和文件名。
- **图像**：列出所有当前HTML导出的图像。可将单个对象设置为JPEG、GIF和PNG格式。单击选项可以选择每种图像类型的预设。
- **高级**：提供生成翻转和层叠样式表的JavaScript，维护到外部文件的链接选项。
- **总结**：根据不同的下载速度显示文件统计信息。
- **无问题**：显示潜在问题的列表，包括解释、建议和提示。

02 在CorelDRAW（CDR）源文件所在的文件夹中可以找到新建的"Corel"文件夹，导出的HTML文件在其子文件夹"WebSite"中，"images"是导出的网页图片，如图12-5所示。

图12-5

提示 群组对象将作为一个整体对象导出为一个网页图片。

03 双击导出的网页文件".htm",打开网页,如图12-6所示。

2. 导出用于Web的位图

用户在将文件输出为HTML格式之后,如果对导出的图片不满意,可以对文件中的图像进行自定义优化,自定义图像的质量,以减小文件的大小,提高图像在网络中的下载速度。优化网络图像的方法如下。

01 打开设计的网页文档,在页面中选择需要进行优化的图像,如图12-7所示。

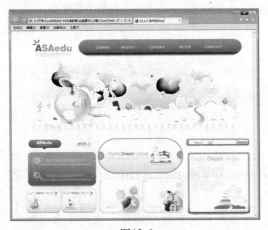
图12-6

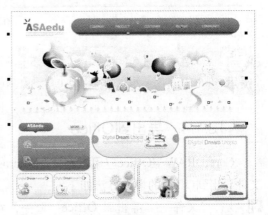
图12-7

02 执行"文件"|"导出到网页"命令,打开"导出到网页"对话框,如图12-8所示。

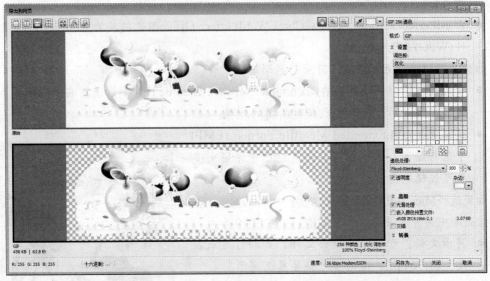
图12-8

03 在"格式"下拉列表中选择一种图像输出格式,自定义导出设置,如颜色、显示选项和大小等,观察优化后图像的大小和下载所需时间,如图12-9所示。满意后,单击"另存为"按钮,即导出优化的网络图像。

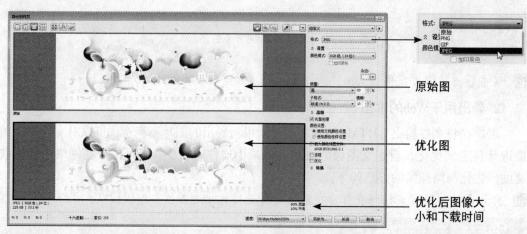

原始图

优化图

优化后图像大
小和下载时间

图12-9

提示　　在"导出到网页"对话框右下角有"速度"下拉列表，从中可选择图像所应用网络
的传输速度，并在优化图左下角查看该图像当前优化后所需要的下载时间。

12.1.4 导出到Office

CorelDRAW与Office应用程序（如Microsoft Word和WordPerfect Office）高度兼容，将
文件导出到Office的操作方法如下。

01 执行"文件"｜"导出到 Office"命令，在"导出到"列表框中选择图像的应用类型，
应用类型有两种，应用到Word和应用到所有的Office文档中。

- Microsoft Office：可以设置选项以满足各种Microsoft Office应用程序的不同输出
需求。
- WordPerfect Office：通过将Corel WordPerfect Office图像转换为WordPerfect图形文
件(WPG)来优化图像。

02 如果选择Microsoft Office，可从"图形最佳适合"下拉列表中选择以下选项之一。

- 兼容性：可以将绘图另存为Portable Network Graphic (PNG)位图。当将绘图导入办
公应用程序时，这样可以保留绘图的外观。
- 编辑：可以在Extended Metafile Format (EMF)
中保存绘图，这样可以在矢量绘图中保留大多
数可编辑元素。

03 如果选择Microsoft Office和兼容性，可从"优化"下
拉列表中选择图像最终应用品质，如图12-10所示。

- 演示文稿：可以优化输出文件，如幻灯片或在
线文档(96 dpi)，适用于电脑屏幕上演示。
- 桌面打印：可以保持用于桌面打印良好的图像
质量(150 dpi)，适用于一般文档打印。
- 商业印刷：可以优化文件以适用高质量打印
(300 dpi)，适用于出版级别。

图12-10

04 应用的品质越高，输出图像文件大小越大，估计的文件大小出现在对话框的左下角，单击"确定"按钮，选择保存到的文件夹，在"文件名"文本框中键入文件名，单击"保存"按钮，即可根据用途需要将文件导出为合适质量的图像。

12.1.5 发布至PDF

将文档导出为PDF文件，可以保存原始文档的字体、图像、图形及格式。如果用户在其计算机上安装了Adobe Acrobat、Adobe Reader或PDF兼容的阅读器，就可在任意平台上查看、共享和打印PDF文件。PDF文件也可以上载到企业内部网或Web，还可以将个别选定部分或整个文档导出到PDF文件中。

执行"文件"|"发布至PDF"命令，打开"发布至PDF"对话框，在"PDF预设"下拉列表中选择所需要的PDF预设类型，如图12-11所示。输入文件名后，单击"保存"按钮，即可将当前文档保存为PDF文件。

图12-11

PDF预设的类型介绍如下。

- 预印：启用ZIP位图图像压缩，嵌入字体并且保留专为高端质量打印设计的专色选项。在准备打印PDF文件之前，最好咨询打印提供商要选择哪种设置。
- Web：创建打算用于联机查看的PDF文件，例如要通过电子邮件分发或在Web上发布的PDF文件。该样式启用JPEG位图图像压缩、压缩文本，并且包含超链接。
- 文档发布：创建可以在激光打印机或桌面打印机上打印的PDF文件，该选项适合于常规的文档传送。该样式启用JPEG位图图像压缩，并且可以包含书签和超链接。
- 编辑：创建打算发送到打印机或数字复印机的高质量PDF文件。此选项启用LZW压缩，嵌入字体并包含超链接、书签及缩略图。显示的PDF文件中包含所有字体、最高分辨率的所有图像以及超链接，以便用户以后可以编辑此文件。
- PDF/X-1a：启用ZIP位图图像压缩，将所有对象转换为目标CMYK颜色空间。
- PDF/X-3：此样式是PDF/X-1a的超集。它允许PDF文件中同时存在CMYK数据和非CMYK数据（如Lab或"灰度"）。
- 正在存档（CMYK）：创建一个PDF/A-1b文件，该文件适用于存档。与传统的PDF文件比较，PDF/A-1b文件更加适合长期保存文档，因为它们的设置更加完备和独立。PDF/A-1b文件会将嵌入的字体、设备独立的颜色以及它们自身的描述作为XMP元数据包含。这种PDF样式将保留原始文档中包括的所有专色或Lab色，但是会将所有其他的颜色（例如，灰度颜色或RGB颜色）转换为CMYK色模式。此外，该样式会嵌入颜色预置文件来指定应该在渲染设备上如何解释CMYK色。
- 正在存档（RGB）：与前一样式相似，将创建一个PDF/A-1b文件（保存所有专色和Lab色）。所有其他颜色将转换为RGB颜色模式。

● 当前校样设置：将校样颜色预置文件应用到PDF。

> **提示** 在"发布至PDF"对话框中，可以单击"设置"按钮，然后在弹出的对话框中对"常规"、"颜色"、"文档"等属性进行设置，如图12-12所示。

图12-12

12.2 打印和印刷

在将设计好的作品打印或印刷出来后，整个设计制作过程才算彻底完成。要成功地打印作品，还需要对打印选项进行设置，以得到更好的打印效果。用户可以选择按标准模式打印，指定文件中的某种颜色进行分色打印，也可以将文件打印为黑白或单色效果。在CorelDRAW中提供了详细的打印选项，通过设置打印选项，能够即时预览打印效果，以提高打印的准确性。

印刷不同于打印，印刷是一项相对更复杂的输出方式，它需要先制版才能交付印刷。要得到准确无误的印刷效果，在印前需要了解与印刷相关的基本知识和印刷技术。

12.2.1 打印设置

打印设置是指对打印页面的布局和打印机类型等参数进行设置。执行"文件"|"打印"命令，或者单击"打印"按钮 🖨，也可以按组合键Ctrl+P，弹出"打印"对话框，其中包括"常规"、"颜色"、"复合"、"布局"、"预印"、"问题"等选项卡，选择打印机，并设置范围和份数，单击"打印"按钮，即可打印输出文档。

"打印"对话框各选项卡中的参数设置介绍如下。

1. 常规

"常规"选项卡可以设置打印范围、份数及打印样式。单击"最小预览"按钮 📖，打开预览窗口，快速预览打印效果，如图12-13所示。如果单击"打印预览"按钮，会打开"打印预览"对话框，可进行放大预览页面、预览分色等操作。

● 打印机：在其下拉列表中，可以选择与本台计算机相连接的打印机，或者选择虚拟打印机。

● 首选项：单击该按钮，将弹出与所选打印机类型对应的设置对话框，在其中可以根据需要设置各个打印选项，如打印的张纸尺寸等。

- 打印范围
  - 当前文档：打印当前文件中的所有页面。
  - 当前页：打印当前编辑的页面。
  - 页：打印指定页，可以输入打印特定页面范围，或者选择只打印偶数页面或奇数页面。
  - 文档：可以在文件列表框中选择所要打印的文档，出现在该列表框中的文件是已经被CorelDRAW打开的文件。
  - 选定内容：打印选定的对象。

图12-13

- 份数：设置文件被打印的份数。
- 打印类型：在其下拉列表中选择打印的类型。单击"另存为"按钮，可将设置好的打印参数保存起来，以方便日后在需要的时候直接调用。
- 打印为位图：选中此复选框后，在右侧dpi数值框中可输入一个数值来设置图像的分辨率。通常在要打印复杂文件时，可能需要花相当多的时间修复和校正文件。这时可以选中"打印为位图"复选框，即可将页面转换为位图，该过程也称为光栅化，这样就可以更加轻松地打印复杂文件了。要减小文件大小，可以缩减位图取样。由于位图是由像素组成的，所以当缩减位图像素采样时，每个线条的像素数将减少，从而减小了文件大小。

2. 颜色

单击"颜色"标签，切换到"颜色"选项卡设置，如图12-14所示。

图12-14

- 执行颜色转换：可从"执行颜色转换"右侧的列表框中选择CorelDRAW或打印机。选择CorelDRAW，可以让应用程序执行颜色转换。选择打印机，可让所选的打印机执行颜色转换（此选项仅适用于PostScript打印机）。
- 将颜色输出为：从右侧的列表框中选择合适的颜色模式，可打印文档并保留RGB或灰度颜色。
- 使用颜色预置文件校正颜色：在右侧的列表框中选择文档颜色预置文件，可打印原始颜色的文档。

- 匹配类型：指定打印的匹配类型。
  - 相对比色：在打印机上生成校样，且不保留白点。
  - 绝对比色：保留白点和校样。
  - 感性：适用于多种图像，尤其是位图和摄影图像。
  - 饱和度：适用于矢量图形，保留高度饱和的颜色（线条、文本和纯色对象，如图表）。

3. 复合

单击"复合"标签，切换到"复合"选项卡设置，如图12-15所示。在其中进行颜色补漏和叠印设置，在对象边缘补充颜色打印，使得分色打印时没有对齐的地方不明显。

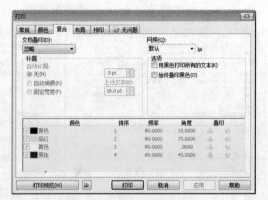

图12-15

- 文档叠印：系统默认为"忽略"选项，可以忽略文档中的叠印设置。可以选择"模拟"选项。
- 始终叠印黑色：选中该复选框，可以使任何含95%以上的黑色对象与其下面的对象叠印在一起。
- 自动伸展：通过给对象指定与其填充颜色相同的轮廓，然后使轮廓叠印在对象的下面。
- 固定宽度：固定宽度的自动扩展值。在"上述文本"框中键入的值表示应用自动伸展时的最小程度。如果该值设置得太小，在应用自动伸展时，小文字会被渲染得看不清楚。

4. 布局

单击"布局"标签，切换到"布局"选项卡设置，如图12-16所示。通过指定大小、位置和比例，可以设计打印作业的版面。

图12-16

- 与文档相同：保持图像大小与原文档相同。
- 调整到页面大小：调整打印页面的大小和位置，以适合打印页面。
- 将图像重定位到：可以通过从列表框中选择一个位置来重新定位图像在打印页面中的位置。启用"将图像重定位到"选项可以在相应的框中指定大小、位置和比例。
- 打印平铺页面：平铺打印作业会将每页的各个部分打印在单独的纸张上，然后可以将这些纸张合并为一张。

- 　■　平铺重叠：指定要重叠平铺的数量。
- 　■　页宽%：指定平铺要占用的页宽的百分比。
- 出血限制：设置图像可以超出裁剪标记的距离。使打印作业扩展到最终纸张大小的边缘之外。出血边缘限制可以将稿件的边缘设计成超出实际纸张的尺寸，通常在上下左右可各留出3~5mm，这样可以避免由于打印和裁切过程中的误差而产生不必要的白边。
- 版面布局：可以从版面布局列表框中选择一种版面布局，如2×2或2×3。

5. 预印

单击"预印"标签，切换到"预印"选项卡设置，如图12-17所示。在其中可以设置纸张/胶片、文件信息、裁剪/折叠标记、注册标记以及调校栏等参数。

图12-17

- 纸张/胶片设置：选中"反显"复选框后，可以打印负片图像；选中"镜像"复选框，可打印为图像的镜像效果。
- 打印文件信息：选中该复选框，可在页面底部打印出文件名，当前日期和时间等信息。
- 打印页码：选中该复选框，可以打印页码。
- 在页面内的位置：选中该复选框，可以在页面内打印文件信息。
- 裁剪/折叠标记：选中该复选框，可以输出裁切线标记，作为装订厂装订的参照依据。
- 仅外部：选中该复选框，可以在同一纸张上打印出多个面，并且将其分割成各个单张。
- 对象标记：选中该复选框，将打印标记置于对象的边框，而不是页面的边框。
- 打印套准标记：选中该复选框，可以在页面上打印套准标记。
- 样式：在右侧列表中选择套准标记的样式。
- 颜色调校栏：选中该复选框，可以在作品旁边打印包含基本颜色的色条，用于质量较高的打印输出。
- 尺度比例：选中该复选框，可以在每个分色版上打印一个不同灰度深浅的条，它允许被称为密度计的工具来检查输出内容的精确性、质量程度和一致性，用户可以在下面的"浓度"列表框中选择颜色的浓度值。
- 位图缩减取样：在该选项中，可以分别设置在单色模式和彩色模式下的打印分辨率，常用于打印样稿时降低像素取样率，以减小文件大小，提高打样速率。不宜在需要较高品质的打印输出时设置该选项。

6. 问题

单击"问题"标签，切换到"问题"选项卡设置，如图12-18所示。"问题"选项卡显示有CorelDRAW自动检查到的绘图页面存在的打印冲突或者打印错误的信息，为用户提供修正打印方式的参考。

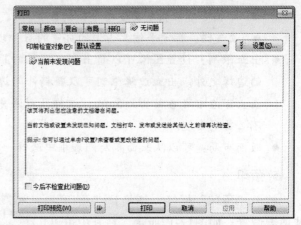

图12-18

12.2.2　打印预览

在CorelDRAW设计的作品中可以预览到文件在输出前的打印状态，显示打印的作品在纸张上显示的位置和大小。可以缩放一个区域，或者查看打印时单个分色的显示方式，具体操作方法如下。

01 执行"文件"|"打印预览"命令，打开"打印预览"对话框，如图12-19所示。

图12-19

02 单击"挑选"按钮 ，在预览窗口的页面对象上按下鼠标左键并拖动鼠标，可移动图形的位置；在图形对象上单击，拖动对象四周的控制点，可以调整对象在页面上的大小，如图12-20所示。

03 单击"页面中的图像位置"按钮 ，在弹出的下拉列表中选择打印对象在纸张上的位置，如图12-21所示。

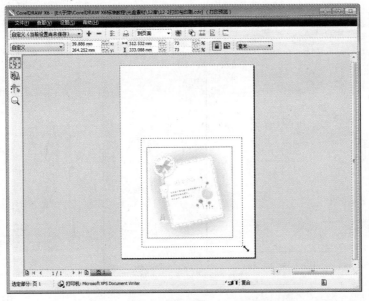

图12-20

图12-21

04 单击"缩放"按钮 🔍，可以放大和缩小预览页面，还可以在属性栏上从缩放列表中选择缩放比例和显示方式，如图12-22所示。

05 在属性栏上单击"启用分色"按钮 🖼，通过单击应用程序窗口底部的分色标签（青色、品红、黄色、黑体），可以查看各个分色效果，如图12-23所示。

06 执行"查看"|"分色片预览"|"合成"命令，可以预览合成输出的效果，如图12-24所示。

07 如果效果满意，可以单击"打印"按钮 🖨，即可开始打印文件。

图12-22

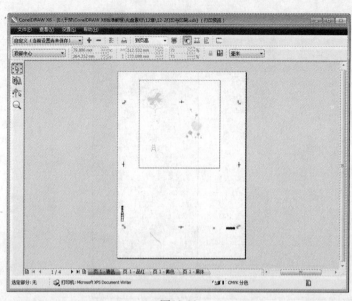

图12-23

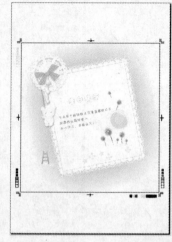

图12-24

12.2.3 打印合并

通过 CorelDRAW 可以将来自数据源的文本与当前绘图文档合并，并打印输出。在日常文字处理工作中常常需要打印一些格式相同而内容不同的东西，例如信封、名片、明信片、请柬等，如果分别一一编辑打印，数量大时操作会非常繁琐，这时就可以应用到"打印合并"功能了。

打印合并的操作顺序是：（1）创建/装入合并域；（2）插入域；（3）合并到新文档；（4）设置域文本属性；（5）打印。具体的操作方法如下。

01 打开图形文档，如图12-25所示。

02 执行"文件"|"合并打印"|"创建/装入合并域"命令，弹出"合并打印向导"对话框，选中"创建新文本"单选按钮，如图12-26所示。

图12-25

图12-26

03 单击"下一步"按钮，进入"添加域"页面，在"文本域"文本框中输入文字"名称"后，单击"添加"按钮，即可将其加入到下面的域名列表中；采用同样的方法添加域名"主题"和"日期"，如图12-27所示。

图12-27

04 单击"下一步"按钮，进入"添加或编辑记录"页面，在"名称"下的文本框中输入第一张卡片中的文字，包括名称、主题、日期，然后单击"新建"按钮，创建新的记录条目，添加第二张卡片中的信息内容，采用同样的方法添加第三张卡片中的信息内容，如图12-28所示。

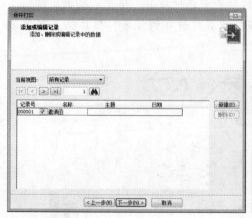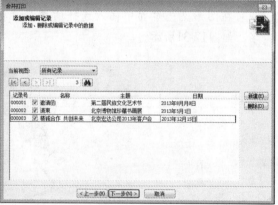

图12-28

05 单击"下一步"按钮，进入保存页面，选中"数据设置另存为"复选框，单击 按钮，打开"另存为"对话框，选择保存路径，并输入数据文件名称，单击"完成"按钮，数据文件将保存在指定目录中，如图12-29所示。

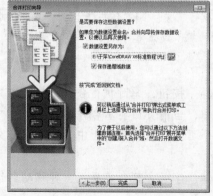

图12-29

数据文件的扩展名为".rtf"，可以使用写字板打开。每个域名均以反斜线符号开始和结束，每行构成一个记录，如图12-30所示。

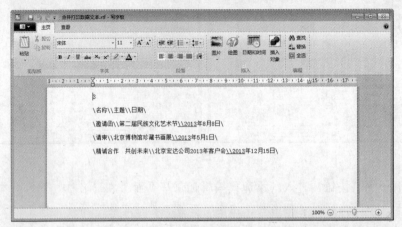

图12-30

06 此时弹出"合并打印"工具栏，在"域"下拉列表中选择域名，单击"插入"按钮，即可在图形文档页面中插入选择的域名，移动域名到适合的位置，然后插入其他域名，如图12-31所示。

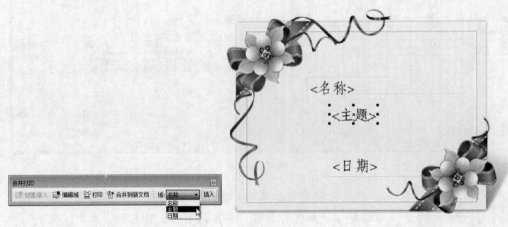

图12-31

提示 若需要对域名中的数据进行修改，可以执行"文件"|"合并打印"|"编辑合并域"命令，或在"合并打印"工具栏中单击"编辑域"按钮重新打开"合并打印向导"对话框，对需要的内容进行修改即可。

07 在"合并打印"工具栏中单击"合并到新文档"按钮，此时执行合并，将文本数据与图形文件合并，并将合并文档保存到新文件中，当前页面显示合并的新文档，文本数据有三条记录条目，在合并新文档中就有三个页面，第一个页面中显示不同的文本数据，如图12-32所示。

08 选择文本并在"对象属性"泊坞窗中设置字体、字号、颜色等属性，并移动到适合的位置，如图12-33所示。

图12-32   图12-33

09 执行"视图"|"页面排序器视图"命令，查看全部页面的内容，如图12-34所示。

页1

页2

页3

图12-34

10 效果满意后，执行"文件"|"打印"命令，弹出"打印"对话框，选择打印机，并选择需要打印的页面，如图12-35所示。单击"打印"按钮，即可打印输出合并文档。

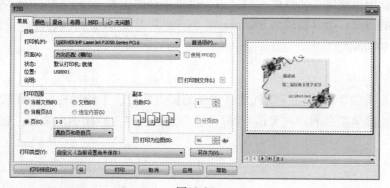

图12-35

提示

要打印所有记录和页面，可启用"当前文档"选项。

12.3 印刷知识

要使设计出的作品能够有更好的效果，设计人员还需要了解相关的印刷知识，这样在文稿的设计过程中对于版面的安排、颜色的应用和后期制作等都会有很大的帮助。

1. 四色印刷

四色印刷，一般指采用黄、品红、青三原色油墨和黑色油墨来复制彩色原稿的种种颜色的印刷工艺。生活中经常看到的宣传册、杂志、海报等，都是使用四色印刷而成，设计的稿件印刷时必须是CMYK颜色模式，在印刷中使用的油黑都是由C（青）、M（品红）、Y（黄）、K（黑）这4种颜色按不同的比例调配而成。

四色印刷是经过4次印刷叠合而成。在印刷时，印刷厂会根据具体的印刷品来确定印刷颜色的先后顺序，通常的印刷流程为先印黑色，再印青色，接着印黄色，最后印品红色。经过4次印刷工序后，具有不同色相的油墨叠印为所需要的各种颜色。

2. 分色

分色是一个印刷专用名称，它是将稿件中的各种颜色分解为C（青）、M（品红）、Y（黄）、K（黑）4种颜色。通常的分色工作就是将图像的颜色转换为CMYK颜色模式，这样在图像中就存在有C、M、Y、K四个颜色通道。印刷用青、品红、黄、黑四色进行，每一种颜色都有独立的色版，在色版上记录了这种颜色的网点。需要黑色色版，是因为青、品红、黄三色混合产生的黑色不纯，而且印刷时在黑色的边缘上会产生其他的色彩。印刷之前，将制作好的CMYK文件送到出片中心出片，就会得到青、品红、黄、黑4张菲林。

印刷品中的颜色浓淡和色彩层次是通过印刷中的网点大小来决定的。颜色浓的地方网点就大，颜色浅的地方网点就小，不同大小、没颜色的网点就形成了印刷品中富有层次的画面。

通常情况下，用于印刷的图像在精度上不得低于280dpi。不过根据用于印刷的纸张质量的好坏，在图像精度上又有所差别。用于报纸印刷的图像，通常精度为150dpi；用于普通杂志印刷的图像，通常精度为300dpi；对于一些纸张较好的杂志或海报，通常要求图像精度为350~400dpi。

3. 菲林

菲林胶片类似于一张相应颜色色阶关系的黑白底片。不管是青、品红或黄色通道中制成的菲林，都是黑白的。在将这4种颜色按一定的色序先后印刷出来后，就得到了彩色的画面。

4. 制版

制作过程就是拼版和出菲林胶片的过程。

5. 印刷

印刷分为平版印刷、凹版印刷、凸版印刷和丝网印刷4种不同的类型，根据印刷类型的不同，分色出片的要求也会不同。

- 平版印刷：又称为胶印，是根据水和油墨不相互混合的原理制版印刷的。在印刷过程中，油质的印纹会在油墨辊经过时沾上油墨，而非印纹部分会在水辊经过时吸收水分，然后将纸压在版面上，就使印纹上的油墨转印到纸张上，就制成了印刷品。平版印刷主要用于海报、DM单、画册、书刊杂志以及月历的印刷，它具有吸墨均匀、色调柔和、色彩丰富等特点。

- 凹版印刷：凹版印刷的印版，印刷部分低于空白部分，所有的空白部分都在一个平面上，而印刷部分的凹陷程度则随着图像深浅不同而变化。图像色调深，印版上的对应部位下凹深。印刷时，印版滚筒的整个印版都涂满油墨，而后用刮墨装置刮去凸起的空白部分上的油墨，再放纸加压，使印刷部分上的油墨转移至纸上，从而获得印刷品。

- 凸版印刷：在凸版印刷中，印刷机的给墨装置先使油墨分配均匀，然后通过墨辊将油墨转移到印版上，由于凸版上的图文部分远高于印版上的非图文部分，因此，墨辊上的油墨只能转移到印版的图文部分，而非图文部分则没有油墨。印刷机的给纸机构将纸输送到印刷机的印刷部件，在印版装置和压印装置的共同作用下，印版图文部分的油墨则转移到承印物上，从而完成一件印刷品的印刷。凸版印刷品的种类很多，有各种开本，各种装订方法的书刊、杂志，也有报纸、画册，还有装潢印刷品等，其特点是色彩鲜艳、亮度好、文字与线条清楚等，不过它只适合于印刷量少时使用。

- 丝网印刷：在印刷时，通过刮板的挤压，使油墨通过图文部分的网孔转移到承印物上，形成与原稿一样的图文。丝网印刷应用范围广，常见的印刷品有：彩色油画、招贴画、名片、装帧封面、商品标牌以及印染纺织品等。丝网印刷有设备简单、操作方便，印刷、制版简易，并且色泽鲜艳、墨层厚实、立体感强、适应性强等优点，但4种色彩以上或有渐变色的图案产品报废率较高，所以很难表现丰富的色彩，且印刷速度慢。

12.4 上机实训：打印图书封面校样

本节实例练习打印图书封面的彩色校稿。通常在设计作品出菲林之前，会打印黑白或彩色的校稿，让客户提出修改意见，按校稿修改，再次出校稿，让客户修改并提出修改意见，直到定稿，客户签字后才出菲林。打印校稿的具体方法如下。

01 打开图书封面设计文档，执行"工具"|"选项"命令，在打开的"选项"对话框中，单击"页面尺寸"选项，选择"自定义"，"宽度"输入388mm、"高度"输入260mm，选中"显示出血区域"复选框，并设置"出血"量为3.0mm，如图12-36所示。

图12-36

02 单击"确定"按钮，页面中显示出血虚线边框，如图12-37所示。

图12-37

03 检查图形，封底的矩形图案没有达到出血边缘，修改其长度至出血边缘，如图12-38所示。

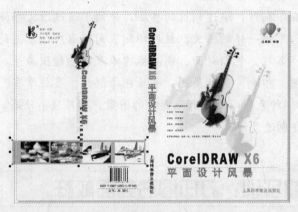

图12-38

> 提示　出血是指图像超过最终页面尺寸的量。大多数印刷机都不能把图像打印到纸张的边缘。如果想把作品的某部分扩展到页面的边缘，需要把作品打印在一张比最终作品尺寸大一些的纸张上，然后对这张大纸裁边，这样裁切后的纸张边缘才不会有白边。通过使图像出血，可以给印刷和裁边处理中的错误留有余地。

04 执行"文件"|"打印"命令，弹出"打印"对话框，如图12-39所示。选择打印机，单击"首选项"按钮，在弹出的对话框中选择纸张大小为A3。

图12-39

提示

如果未安装打印机，或安装的打印机无法打印A3纸张规格，可以选择虚拟打印机"Microsoft XPS Document Writer"，此时由于默认的纸张规格是A4，无法显示封面的整体设计，并且在打印校样时还需要在封面外围打印标记，因此需要选择A3张纸规格，选择方法如图12-40所示。

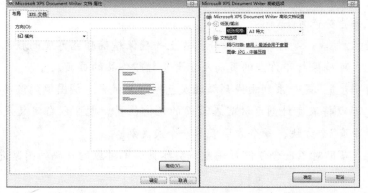

图12-40

05 单击"打印预览"按钮，打开"打印预览"对话框，单击"标记放置工具" ，在该工具属性栏中单击需要输出的打印机标记按钮：出血限制 、套准标记 、颜色校准栏 、浓度计刻度 ，此时预览窗口中显示出标记，如图12-41所示。

06 效果满意后，单击"打印"按钮 ，即可打印输出封面设计校样。

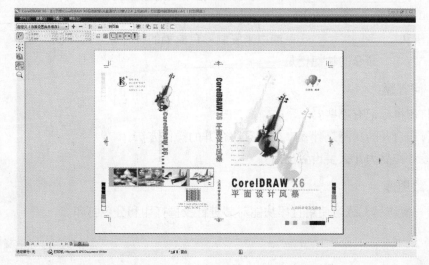

图12-41

第9章 位图

第10章 滤镜的应用

第11章 图层、样式和模板

第12章 打印与输出

347

通过打印打印机标记，可以在页面上显示关于文档打印方式的信息。可用的打印机标记功能如下。

- 文件信息🔲：打印文件信息，如颜色预置文件、半色调设置、名称、创建图像的日期和时间、图版号码及作业名称。
- 裁剪/折叠标记🔲：打印在页角，表示纸张大小。可以打印裁剪/折叠标记，作为修剪纸张的辅助线来使用。如果每张工作表打印多页（例如，两行两列），可以选择将裁剪/折叠标记打印在页面的外边缘上，以便在裁剪完成后移除所有的裁剪/折叠标记，也可以选择在每行和每列的周围添加裁剪标记。裁剪/折叠标记确保这些标记出现在单独的 CMYK 文件的每个图版上。
- 出血限制🔲：确定图像可以超出裁剪标记的距离。使用出血将打印作业扩展到页面边缘时，必须设置出血限制。出血要求打印用的纸张比最终所需的纸张大，而且打印作业必须扩展到最终纸张大小的边缘之外。
- 套准标记✛：必须对齐彩色打印机上的胶片以对打印图版进行校样。套准标记会打印在每张分色片上。
- 颜色校准栏▬▬：是打印在每张分色片上并确保精确颜色再现的颜色刻度。要看到校准栏，可确保打印作业的页面尺寸大于打印作品的页面尺寸。
- 浓度计刻度▮：是一系列由浅到深的灰色框。测试半色调图像的浓度时需要用到这些框。可以将浓度计刻度放置在页面的任何位置。也可以自定义灰度级，使浓度计刻度中有7个方块，每个方块表示一个灰度级。
- 页码▬：帮助对不包含任何页码或与实际页码不对应的页码的图像进行分页。

12.5 练习题

一、填空题

1．执行＿＿＿＿＿＿＿＿命令，可导入其他格式的图像文件。

2．四色印刷，一般指采用＿＿＿＿＿＿＿、＿＿＿＿＿＿＿、＿＿＿＿＿＿＿三原色油墨和＿＿＿＿＿＿＿色油墨来复制彩色原稿的种种颜色的印刷工艺。

3．"打印"命令的快捷键是＿＿＿＿＿＿＿。

二、问答题

1．打印机标记有哪些？

2．打印合并的功能是什么？简述打印合并的操作方法。

3．设计作品为什么要设置出血？

三、绘图题

打开一幅作品，练习使用打印功能对其进行校稿打印和分色打印。

第13章 综合案例

通过前面12章的学习内容，读者已经掌握了CorelDRAW软件的绘图和图像处理等基本知识，下面通过不同类型的典型实例，使读者巩固和加深所学的软件知识，并提高读者在软件方面的实际工作能力。

13.1 三折页宣传单

折页设计是企业在建立品牌形象和促进产品销售中非常重要的宣传手段，具有不可忽视的作用。本节实例就练习制作口腔诊所的三折页宣传单，效果如图13-1所示。该宣传单主要是放置在诊所候诊区，供人等候的时间阅读，封面、内心的设计要求形式、内容具有连贯性和整体性，统一风格气氛，围绕口腔保健一个主题，具体操作方法如下。

图13-1

01 按组合键Ctrl+N，在弹出的"创建新文档"对话框中设置宽度为420mm、高度为288mm、分辨率为300，如图13-2所示。单击"确定"按钮，即可新建空白文档。

02 执行"工具"|"选项"命令，在打开的"选项"对话框中单击"页面尺寸"选项，选中"显示出血区域"复选框，并设置"出血"量为3.0mm，如图13-3所示。

03 单击"确定"按钮，可在空白文档页面的周围显示出血线框，如图13-4所示。

04 执行"视图"|"设置"|"辅助线设置"命令，打开"选项"对话框，在"类别"列表中单击"水平"，在"水平"辅助线设置界面的文本框中输入数字268，单位按默认的"毫米"，然后单击"添加"按钮，如图13-5所示。

图13-2　　　　　　　　　　　　　　　　图13-3

图13-4　　　　　　　　　　　　　　　　图13-5

05 在"类别"列表中单击"垂直"，在"垂直"辅助线设置界面的文本框中输入数字10，单位按默认的"毫米"，然后单击"添加"按钮，采用同样的方法添加其他位置的垂直辅助线，如图13-6所示。

图13-6

06 单击"确定"按钮，页面中显示新添加的辅助线，如图13-7所示。

07 执行"文件"|"导入"命令，导入位图，并调整其尺寸，如图13-8所示。

08 在工具箱中单击"矩形工具"□，绘制矩形，用鼠标右键单击调色板中的"无"轮廓按钮☒，取消轮廓线。

图13-7

图13-8

在工具箱中单击"填充工具" ，在展开的工具列表中选择"渐变填充工具" ，
打开"渐变填充"对话框，渐变"类型"选择"线性"，"角度"设置为"-90"，
"颜色调和"选择"双色"，设定"从（F）"颜色为淡蓝色，"到（O）"颜色为
白色，单击"确定"按钮，矩形填充渐变色效果如图13-9所示。

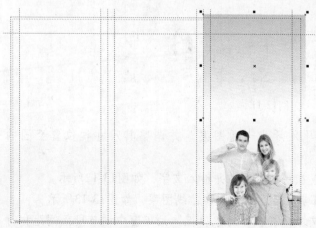
图13-9

10 单击"椭圆形工具" ◯，按住Ctrl键的同时，在页面中按下鼠标左键并拖动光标，松开鼠标后完成圆形的绘制，在属性栏中调节位置和大小，"轮廓宽度"选择20px，在调色板中用鼠标右键单击白色色样，白色圆绘制效果如图13-10所示。

图13-10

11 在工具箱中选择"阴影工具" ◻，在圆的中点按住鼠标左键并拖动鼠标到合适的位置，松开鼠标后，即可为圆对象创建阴影效果，使圆在封面图案中更加突出，如图13-11所示。

图13-11

12 执行"文件"|"导入"命令，导入牙齿卡通图案，并调整其尺寸和位置至圆的内部。

13 在工具箱中单击"文本工具" 字，在封面上单击并输入文字，如图13-12所示。

14 使用"椭圆形工具" ◯和"钢笔工具" ◖，绘制圆和曲线图案，如图13-13所示。

15 单击"文本工具" 字，创建段落文本，并在"对象属性"泊坞窗中调节段落间距和行距，如图13-14所示。

图13-12   图13-13

图13-14

16 采用同样的方法创建第二个段落文本，如图13-15所示。

图13-15

17 执行"文件"|"导入"命令，导入三个位图。

18 选择新导入的位图，并在属性栏中修改宽度为35mm，等比例调节尺寸，使三个导入的位图尺寸相同。

19 框选三个位图，执行"效果"|"调整"|"颜色平衡"命令，在弹出的"颜色平衡"对话框中进行选项设置，使色调偏红的位图调节为偏冷色调，使其与折页整体设计相和谐，如图13-16所示。单击"确定"按钮。

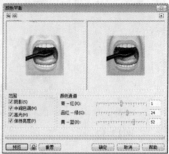

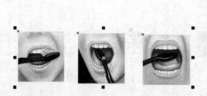

图13-16

20 执行"排列"|"对齐和分布"|"对齐和分布"命令，打开"对齐与分布"泊坞窗，单击"顶端对齐"按钮，使三个位图顶端对齐；单击"分散排列间距"按钮，使选择的对象水平间隔距离相同，如图13-17所示。

图13-17

21 单击"文本工具"字，创建位图的说明文本，使用对齐和分布工具对齐和等距分布段落文本对象，如图13-18所示。

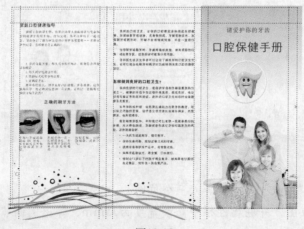

图13-18

22 在页面控制区单击"插入页面"按钮 ⊕，插入一个新页面，如图13-19所示。

⊕ ∣◀ ◀   1 / 2   ▶ ▶∣ ⊕   页1   页2

图13-19

23 在页面控制区单击"页2"，切换到新建的页面2，页面2的布局和页面1相同，并有相同的参考线，如图13-20所示。

24 执行"文件"｜"导入"命令，导入位图，并调整尺寸和位置，如图13-21所示。

图13-20

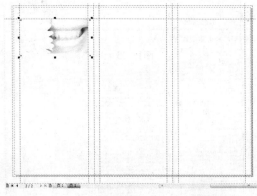

图13-21

25 在工具箱中选择"阴影工具" ▢，在位图上按住鼠标左键并拖动到合适的位置，松开鼠标后，即可为对象创建阴影效果，如图13-22所示。

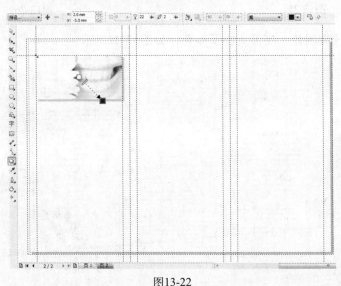

图13-22

26 执行"文件"｜"导入"命令，导入位图，并调整其尺寸和位置，如图13-23所示。

27 单击"文本工具"字，绘制文本框，将文本文件中的内容拷贝到文本框中，并在属性栏中设置文本框的位置和宽度，使其与参考线对齐，如图13-24所示。

28 单击"选择工具" ▢，选择段落文本对象，单击文本框下方的控制点 ▣，光标将变成 ▣ 形状，在页面中间位置按下鼠标左键拖出一个段落文本框，并调整宽度和位置，如图13-25所示。

29 采用同样的方法拖出第三个段落文本框，如图13-26所示。

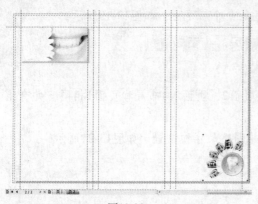
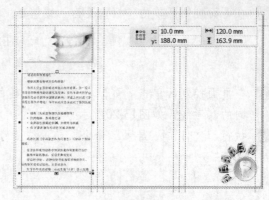

图13-23 图13-24

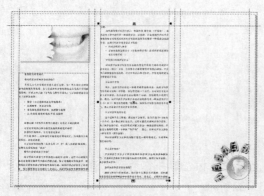
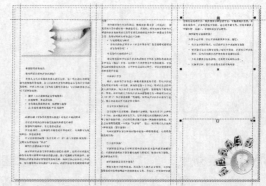

图13-25 图13-26

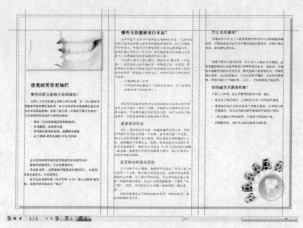

图13-27

图13-27

30 设置文本的段落间距、字号大小及颜色，如图13-27所示。

31 执行"视图"|"页面排序器视图"命令，查看全部页面的内容，如图13-28所示。

提示　　在"对象管理器"泊坞窗中还可以将页面中的内容分层，如页面1中设有"封面"图层和"封底"图层，方便管理内容，如图13-29所示。

32 效果满意后，执行"文件"|"打印设置"命令，在打开的"打印设置"对话框中选择打印机，单击"首选项"按钮，在弹出的"文档属性"对话框中单击"高级"按钮，然后在弹出的"高级选项"对话框中选择"纸张规格"为A2，如图13-30所示。

单击"确定"按钮，完成打印纸张的尺寸设置。

页 1	页 2

图13-28   图13-29

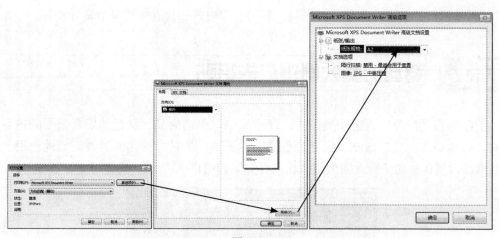

图13-30

33 执行"文件"|"打印预览"命令，打开"打印预览"对话框，如图13-31所示。

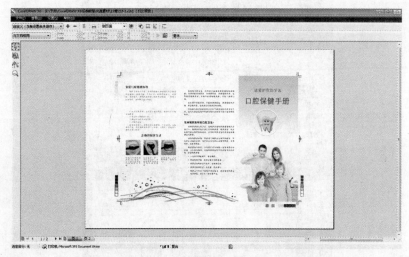

图13-31

34 在状态栏中单击"页2"，观察第2页内容，如图13-32所示。

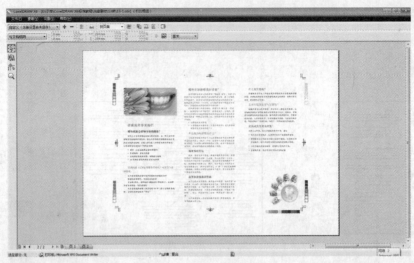

图13-32

35 效果满意后，单击"打印"按钮 ⬚ ，即可打印输出三折页宣传单的设计校样。

13.2 移动话费大回馈广告招贴

招贴海报是户外广告的主要形式。商业招贴以促销商品、满足消费者需要的内容为题材，特别是市场竞争激烈，商业广告越来越重要，招贴海报越来越被广泛地应用。本节实例练习制作移动话费大回馈广告，设计方案如图13-33所示。具体操作方法如下。

图13-33

01 按组合键Ctrl+N，在弹出的"创建新文档"对话框中选择页面"大小"为A2、分辨率为300，如图13-34所示。单击"确定"按钮，即可新建空白文档。

02 打开图书封面设计文档，执行"工具"|"选项"命令，在打开的"选项"对话框中，单击"页面尺寸"选项，选中"显示出血区域"复选框，并设置"出血"量为3.0mm，单击"确定"按钮，可在空白文档页面的周围显示出血线框，如图13-35所示。

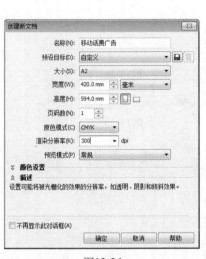

图13-34

图13-35

03 在工具箱中单击"矩形工具"□，绘制矩形，在属性栏中设置矩形的宽度和位置，如图13-36所示。

04 用鼠标右键单击调色板中的"无"轮廓按钮⊠，取消轮廓线。

图13-36

05 在工具箱中单击"填充工具"，在展开的工具列表中选择"渐变填充工具"■，打开"渐变填充"对话框，渐变"类型"选择"辐射"，"颜色调和"选择"双色"，设定"从（F）"颜色为桔黄色、"到（O）"颜色为黄色，单击"确定"按钮，矩形填充渐变色效果如图13-37所示。

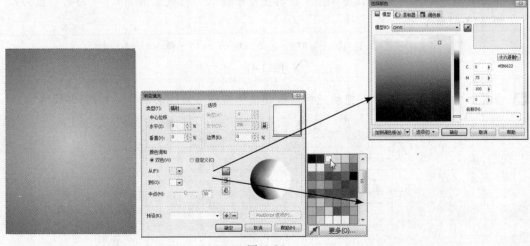

图13-37

06 使用"钢笔工具" ✎ 绘制曲线图案，并填充黄色，如图13-38所示。

07 在工具箱中单击"透明度工具" ♈，然后在属性栏中单击"无"按钮，在弹出的"透明度类型"下拉列表中选择"标准"透明度类型，设置透明度为48，如图13-39所示，使曲线对象产生透明效果。

08 采用同样的方法，绘制其他曲线对象，如图13-40所示。

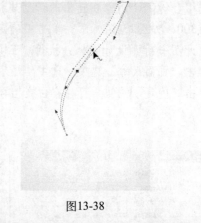

图13-38

图13-39

图13-40

> **提示** 读者也可以绘制直角三角形，并进行复制和旋转，然后应用工具箱中"变形工具" ⟳ 中的"扭曲变形"按钮 ⟳，并设置对象扭曲变形的旋转角度，使三角形产生旋转扭曲的效果。

09 在工具箱中单击"表格工具" ⊞，在属性栏中输入"行数"值为8，"列数"值为7，如图13-41所示。

x: 210.0 mm ⟷ .0 mm ⊞ 8 背景: ⊠▼ ▼ 边框: ⊞ 5 px ▼ ■▼ 选项 ▼
y: 297.0 mm ⥮ .0 mm ⊞ 7

图13-41

10 在页面中按下鼠标左键并拖动光标，松开鼠标按键后可绘出表格，如图13-42所示。

x: 17.208 mm 389.024 mm ⊞ 8 背景: ⊠▼ ▼ 边框: ⊞ 5 px ▼ ■▼ 选项 ▼
y: 166.133 mm 133.523 mm ⊞ 7

图13-42

第13章 综合案例

11 在单元格上按下鼠标左键，拖动光标，松开鼠标后，即可选中多个单元格，然后单击鼠标右键，在弹出的快捷菜单中选择"合并单元格"命令，合并效果如图13-43所示。

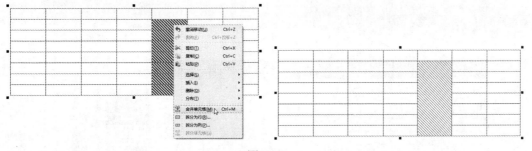

图13-43

12 采用同样的方法合并另一列单元格，如图13-44所示。

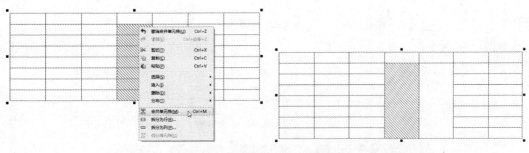

图13-44

13 将光标移至边框线上，按下鼠标左键并移动鼠标，即可进行边框线的调整，改变表格的结构，如图13-45所示。松开鼠标完成调整。

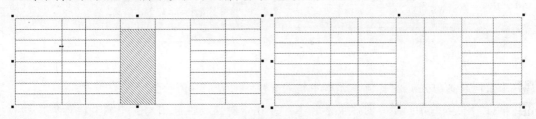

图13-45

14 将光标移到第一行左侧的表格边框上，当光标变为➡状态时，单击鼠标，即可选中该行，如图13-46所示。

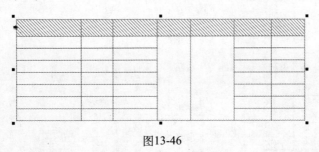

图13-46

15 执行"窗口"|"泊坞窗"|"对象属性"命令，打开"对象属性"泊坞窗，在"填充"栏中单击"均匀填充"按钮■，并选择"CMYK"颜色模式，在下面的颜色选择

器中选择桔黄色，即可为选择的第一行单元格填充颜色，效果如图13-47所示。

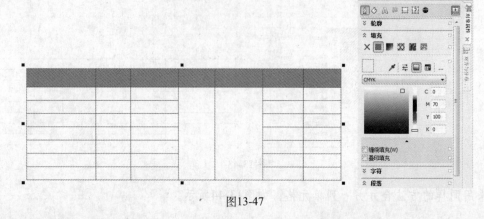

图13-47

16 单击第一个单元格，在属性栏中选择字体、字号大小和居中垂直对齐，并输入文字，如图13-48所示。

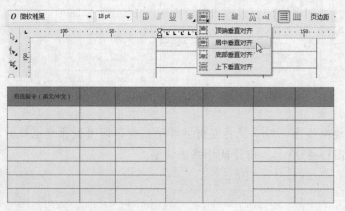

图13-48

17 采用同样的方法，在其他单元格中输入文字，如图13-49所示。

18 单击"文本工具"字，创建段落文本，并在"对象属性"泊坞窗中调节段落间距和行距，如图13-50所示。

短信指令（英文/中文）	预存话费（元）	赠送电子充值卡（元）	协议期（月）	返还期（月）	每月返还（元）	承诺消费（元）
CSS200/存十送四200	200	80			20	38
CSS400/存十送四400	400	160			40	58
CSS600/存十送四600	600	240		从活动办理起的第4个月起，分10个月返还	60	88
CSS1000/存十送四1000	1000	400	12个月		100	128
CSS1500/存十送四1500	1500	600			150	158
CSS1800/存十送四1800	1800	720			180	188
CSS2400/存十送四2400	2400	962			240	288

图13-49

一、活动时间
2012年10月23日至12月31日
二、活动内容
客户预存指定金额话费并承诺最低消费12个月，即可获赠相当于预存话费40%的电子充值卡，电子充值卡密码将在活动成功受理起的3日内发送至客户手机上。活动预存话费将从活动办理后的第4个月开始分10个月返还。活动具体档次和内容如下：

短信指令（英文/中文）	预存话费（元）	赠送电子充值卡（元）	协议期（月）	返还期（月）	每月返还（元）	承诺消费（元）
CSS200/存十送四200	200	80			20	38
CSS400/存十送四400	400	160			40	58
CSS600/存十送四600	600	240		从活动办理起的第4个月起，分10个月返还	60	88
CSS1000/存十送四1000	1000	400	12个月		100	128
CSS1500/存十送四1500	1500	600			150	158
CSS1800/存十送四1800	1800	720			180	188
CSS2400/存十送四2400	2400	962			240	288

图13-50

19 执行"文件"|"导入"命令，导入多个素材元素文件，并调整其尺寸和位置，如图13-51所示。

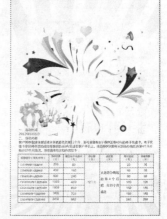

图13-51

20 单击"文本工具"字，创建多个美术文本，并移动和旋转角度，如图13-52所示。

21 单击"选择工具"，单击表格上面的段落文本对象，用鼠标右键单击对象，在弹出的快捷菜单中选择"到页面前面"命令，将段落文本对象移到页面上所有其他对象的前面，如图13-53所示。

图13-52　　　　　　　　　　　　　　　　　图13-53

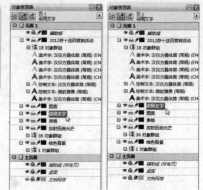

提示 也可以执行"窗口"|"泊坞窗"|"对象管理器"命令，打开"对象管理器"泊坞窗，调整段落文本对象的顺序，使其在导入的图形上方，如图13-54所示。

图13-54

22 在标准工具栏中单击"打印"按钮，打开"打印"对话框，如图13-55所示，选择打印机（也可以选择虚拟打印机），单击"首选项"按钮，在弹出的文档属性对话框中单击"高级"按钮，在弹出的高级选项对话框中选择"纸张规格"，单击"确定"按钮，完成打印纸张的尺寸设置。

图13-55

23 单击"打印预览"按钮，打开"打印预览"对话框，观察打印效果，如图13-56所示。效果满意后，单击"打印"按钮，即可打印输出广告招贴设计的校样。

提示 在"打印"对话框中可以查看打印存在的问题，如图13-57所示，本实例存在的打印问题可忽略不计。

图13-56

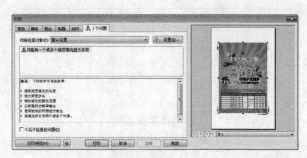

图13-57

13.3 练习题

绘图题

设计并制作音乐狂欢节广告，并打印输出。

364